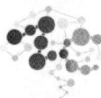

ETHICS FOR
THE INFORMATION AGE
(6th Edition)

互联网伦理

信息时代的道德重构

［美］迈克尔 J.奎因◎著　　王益民◎译

Michael J. Quinn

第6版

电子工业出版社
Publishing House of Electronics Industry
北京·BEIJING

推荐序 1

互联网伦理，是全球性的难题

仲昭川

承蒙王益民先生信赖，第一次推荐国外的著作，深感责任重大。

互联网伦理，是全球性的难题。本书中文版的翻译，功德无量。

互联网的本质，是关系。

人们在现实中的关系，与在互联网上的关系无法逐一对应，甚至并无直接关系。

伦理的作用，是借助无形的关系，在人人都寻求方便的时候，彰显什么是正确。

因此，伦理是建立自觉，而不是说教。

互联网的用处，是发生关系。

这还是伦理问题。它是约定俗成的一种平衡：顺应人心，约束人性。

一切互联网都是人联网，人心万变，人性不变。伦理未及约定俗成，互联网就已全面作用于人类社会。故而，这是一部伦理学新篇，也是人类学的拓展。

伦理是生物界的课题，不限于人类，它是生存规范，犯规是有代价的。

可是，包括所谓的互联网英雄，网上犯规者并不清楚是否犯规、需要支付什么代价。科技的发展，只在助长作弊心理。玩弄世人的欲望，也被视为成功。伦理遭遇了全面挑战。

互联网是生态的，是多元共生。探索基于全球互联网的伦理，可谓荆棘遍地，举步维艰。

比如，数据挖掘纵容入侵，而网络安全禁止窥探，哪个更合乎伦理？开源，也是个悖论。

再如，用现实世界的方式去管理互联网，还是个悖论。时刻都有几亿人在发布内容，为防止社会危害，理论上需要几亿人负责审查。技术手段难以识别语意暗示、图片激发，最终仍要消耗社会人力资源。这合乎伦理吗？

从行政角度，是职责所在，也是社会义务。在市场角度，互联网的价值是用出来的，不是管出来的。怎么用互联网是所有人的事，怎么管互联网是部分人的事。这是博弈，少数人对所有人，千古不变。这便突出了两个问题：

现实伦理和互联网伦理是什么关系？

社会如何承载接受两套并行的伦理？

在人心上，充满了悖论，难以自圆其说。在人性上，根本没有悖论，一切取其方便。

互联网带来的是方便，而不是正确。这又是悖论，直接叩问人类的理性。

本书从一开始，就展示了哲学上各种相对的伦理参照，帮助读者从平衡中寻求理性的支点。这是作者的高明之处。

然而，现实逻辑的演绎和归纳，赖于琐碎的事例和情景，本就不胜其烦，再套用到虚拟世界中，会有哪些相似或不同呢？

比如书中所及知识产权的伦理，本是利益博弈，到了互联网上，业态变生态，再作别论。

各种就事说理的铺述，显示了作者功力，极尽可能地在生态新时空里寻找是非善恶的坐标。

对常人而言，这是个不可能完成的任务。

单凭这点，本书的阅读，便是一次寻宝或探险，颇有风光。

互联网有三种基本属性：科技的、人文的、自然的。

因此，物伦、人伦、天伦，是三个不同的伦理体系。

物伦，是基于数理的科学体系，一切可度量、可比较。所以在认知上，人人信奉进化论。

基于功利，物伦不易受到质疑。人工智能的伦理问题，就属于物伦。

每一次物伦的变迁，人类社会都在方便上飞跃一大步，所有人都觉得这是效率的提高，并痴迷于此。伦理，恰要在此时复苏人类的心智。

人伦，是人文的。

我们对世界的认识都是局部的，美国人也一样。任何科学研究，也都是局部的，并且不断在细分。逻辑文明，就是无限的细分，最终目标就是寻找真假对错。

突破人文的地域局限，找到普遍的价值，需要道心的支撑。

这就涉及天伦。普天之下，人同此心。这个心，是道心。

在正常的交互中，即便不是人，一只狗也能知道基本的好坏。这是灵性。它是生物的自然属性，也是互联网的自然属性。

自然的伦理，只能去认知，而不是建立。人世间的混乱，就在于把天伦纳入人伦的轨道，进行各自的设计。

互联网的妙处，在于为人类的思维提供了无限的可能性。行为上，却完全是两码事。

于是，探索天下共识的互联网伦理，就有了非凡的价值和意义。

这本书涉及了互联网的方方面面，堪称百科全书式的结构。

伦理，代表众生利益。但是，全球化从来都是瓜分，而不是共荣，互联网从来都是局部的，而不是整体的。这与人们的愿望相反，出乎意料。至少截至目前，世界范围都是如此。

以我在西方生活的经验，很多人为了消除文明落差，不得不穿越思维的隔膜，去啃国外的书。这不是为了享受知识的益趣，而是在克服对无知的恐惧。倒有一个好办法：顺着读，反着理解。逻辑是对称的，真理也是。否则这个世界不成立。

尤其美国人的书，偏重一丝不苟的方法论。中国读者不仅要有东方视野的自信，还要有生成自己的真知。人家说的是另一个世界的事儿，咱不能总把自己当美国人。

有些无法借鉴的东西，可以忽略。正如中国发展中的生态破坏，面对西方各国完整的经验教训，也只能视而不见。我们的取舍习惯，看起来不太合乎伦理，只因"真假对错"与"尊卑荣辱"，是两个不同的知行体系。

最后，需要再次强调：伦理跟道德大不相同。

伦理的最终效果，是平衡，而不是正确。所以，伦理无法用于表演，也无法用作武器。伦理更多是作用于自身，而不是他人，因此也没有制高点，它是一种基于灵性的默契。

互联网伦理不是标准，却是每人心中共有的标尺。迟早，人类会拥有它。作者写书、读者看书，只是分工不同，伦理的使命，最终是一起来达成的，不分东方西方、男人女人。阴阳合一，方为太极。一切都是圆的，这是宇宙观。

因此，在互联网混沌初开的当今，著述伦理纲论，是在为上帝分忧。

互联网是陌生人世界，贸然置喙，不敢算作序言，只是向作者致敬。

（仲昭川，"互联网学"三部曲《互联网黑洞》《互联网哲学》《互联网博弈》作者）

推荐序 2

寻求融合空间社会新契约

张晓峰

这个世界，你是最了解自己的人吗？

答案有可能是否定的。

的确会有人比你更了解你，一直有很多双"眼睛"在窥视你，详尽记录你的一言一行、一举一动，比如你现在所处的位置，你前几天打开了什么网页，你哪天患了感冒，你什么时间进入的孕期，这些都是你在网络空间、物理空间的"脚印"，也就是电子轨迹。"一条数据库记录就是人的一次快照"（迈克尔 J.奎因），它们孜孜不倦对你进行分析、研究、聚类、画像、评估、预测；即便你遗忘了，它也忠实地帮你记录在案，你的个人数据甚至有可能已被交易过数次；而且关键是你不知道它是谁，它在哪里，它在什么时间用什么方式把它的"研究成果"示众。

想象这样一个世界，你是感觉更人性化、个性化了，还是感觉有点不寒而栗？

技术哲学和技术伦理逐步进入更多人的视野，而互联网则加速了这个进程。的确，互联网带给我们开放性与便利性、向我们洞开一个迷人的物理虚拟融合空间的同时，也引发了越来越多广泛争议与让人担心的话题。

每一个人都不得不面对垃圾信息、泛滥广告的骚扰，也几乎都有网购假货的切肤之痛；即便没遭受过网络暴力，没被网络攻击、网络劫持，也难逃蠕虫病毒、后门木马、流氓软件、色情资源的"入侵"。

欺骗、欺诈借助互联网多了些"技术派"的色彩，甚至实现了产业链化。一家曾经宣称"只跑步、不跑路"的 P2P 网贷机构两次厚颜无耻地发布"跑路公告"；而庞氏骗局、麦道夫黑洞、郁金香泡沫似乎也都发现了虚拟空间这个绝佳的道场。

著作者迈克尔 J.奎因（Michael J. Quinn）在本书中描述道："互联网包含超过一万亿个网页。它包含壮美的和残酷的画面，振奋人心的诗歌和仇恨言论，条理清晰的百科全书和富有想象力的虚构故事。简言之，这是对人性善恶的反思。"

网络中立还是看人下菜？根服务器、主干网、协议如何确立多边共同治理规则？数字鸿沟及其引致的社会鸿沟如何破题、怎样协同？分享经济成为"互联网+"的红利，但如何界定分享、融合、协同带来的知识创新与技术创新的产权？

个人隐私的担忧是否在国家安全面前已经微不足道？就在日前，示威者聚集在美国各地的 Apple Store 外，支持苹果拒绝为美国政府留后门。

几天前，我所在的一个活跃的微信社群还在热火朝天地讨论一个话题，既然无人驾驶成为必然，假如面临突然出现的一个行人，它应该怎样选择，是急刹车，不顾及后面的汽车追尾，还是转向撞上另一侧的加油站？

当入口、流量、转化率、留存率、日活月活、获客成本、ARPU 值（用来衡量每一用户带来的平均收益）成为孜孜以求的目标，许多商业公司不惜僭越底线，引流、导流手段五花八门，甚至拿技术直接换取商业利益，连部分大型互联网公司都不能免俗。去年底，某公司的社区"斑竹"更替掀起一场不大不小的道德风波，进而引发社会对该公司价值观的广泛质疑；而快播案更是广受关注也备受争议。恰如作者所言，"法律体系尚未赶上发送色情短信的速度"。我们如何建构竞争伦理，如何缩小技术催生的政策真空？

信息越来越成为有价值的商品，"隐私让我们摘下在公众前的面具"（迈克尔 J.奎因）。而反观中国个别大数据公司将公众隐私当作赚钱的工具，特别是在互联网金融领域。那么，大数据挖掘的"深度"和红线应该怎样设定？使用的合理性边界在哪里？监管侧监管控制的广度与力度、深度如何把握？

凡此种种，都和互联网伦理相关。技术是双刃剑，互联网亦然。"伦理是对道德的哲学研究，是对人的道德信念和行为的理性审视"（迈克尔 J.奎因）。我们恐怕难以抗拒"互联网+"，而互联网及其虚拟空间也是我们价值观、文化与行为模式的一个映射。我们不禁自问，我们追求互联网带给我们的愉悦和价值感知的时候，能不能迎来一种更具道德感，更被尊重隐私权、产权、选择权的生态性智慧化生存体验？

作者迈克尔 J.奎因探讨关于道德决策的九个框架，其实是构建了关于伦理的"伦理"，特别是伦理及其理论对于互联网技术、空间、行为的适用性、动态性。他还在本书中大胆尝试了一种特别的体例来阐述信息时代的道德重建：一面是使用康德主义、功利主义、规则功利主义、社会契约理论、美德伦理等不同的伦理理论视角，评估因社会引入信息技术而出现的各种不同的情况；一面是不同的场景、鲜活的案例、精练的总结、正反的比较、大拿的访谈。深入浅出，让人不忍释卷。

我们都知道移动互联网、物联网深刻影响着我们的未来，互联网重构了连接、关系与信任，带来了社会结构、关系结构、权力结构、组织结构的重塑和关系模式的再造；但我们甚至无法预见互联网的下一个未来是什么，我们处于一个确定性越来越小、边界越来越模糊、动态性越来越强的时代，我们的规制、监管、法制无法超前。互联网虚拟空间自成生态，但又与实体物理空间不断交汇、融合。未来世界，网络空间与物理空间一定是平滑过渡、无缝连接、融为一体的。对于互联网和融合空间，你爱或者憎恨，它就在那里，不偏不倚；你笑或者怒骂，它都围绕你，不离不弃。

新空间、新结构、新模式下亟须新准则、新规则、新伦理的重建，动态形成新的社会契约。互联网所融合的现实、虚拟社会的契约精神，也许就是最好的互联网伦理。在信息时代的道德、伦理重建过程中，既有的尊重人性、社会信任与分享利它等核心价值观不应该被扬弃，反倒应该得到强化。善于包容，懂得敬畏，用心连接，尊重产权、隐私、多元化、多样性和法制，使得道德约束、责任引导、社会契约与法律多管齐下，才会创造价值体验新空间。

互联网伦理貌似针对技术，其实还是对我们每一个人、每一个组织而言。网络社会是充满欺诈还是蕴含温情，是处处垃圾还是让价值不断创新，是被利用为居心巨测小集团的工具还是成为凝聚"WE 众"群体智能群体力量的连接器，其实，这个秘密武器的密码掌握在每一个人手中和内心里。

也许某一天，我们醒来时不需要区分是在现实物理空间还是在虚拟网络空间，不需要重新适应规则变化带来的不适，不需要为自己不同的 ID 锁定的脚本亦步亦趋，不需要担心自身的安全与隐私。也许互联网让我们的选择更易表达，让我们的契约更易达成，让融合与创新创造更易发生，让整体空间的法制、安全呵护成为一道共同维护的屏障，迎来共同期待的美丽新世界。

（张晓峰，管理学博士，互联网+百人会发起人，价值中国会联席会长，《互联网+：国家战略行动路线图》主编。）

目　录

CONTENTS
目　录

CHAPTER3 第三章
知识产权

CONTENTS
目　录

CONTENTS
目　录

CHAPTER5 第五章
隐私与政府

CHAPTER6 第六章
计算机与网络安全

CHAPTER7 第七章
计算机可靠吗？

CONTENTS
目　录

CONTENTS
目 录

第一章
——CHAPTER1——

伦理导言

　　没有谁只是一座小岛，完全能自保；人人都是大陆的一部分，整体少不了。哪怕一粒土坷垃被海水冲掉，欧洲就会减少，恰似一个海角，正像你朋友的庄园，或自己的领地被冲跑：任何人死去都使我相形见小，因为我卷入人类的怀抱，因此永不要派人去打听钟声为谁而敲；它为你我哀悼。

　　　　　　　　——约翰·邓恩（John Donne），《祈祷文集》第十七篇

导言

　　试想在一个万里无云的夜晚，乘坐宇宙飞船在地球上方盘旋俯瞰，布满人造光的美丽星球映入眼帘（图 1.1）。这颗耀眼的行星就是我们的家园。

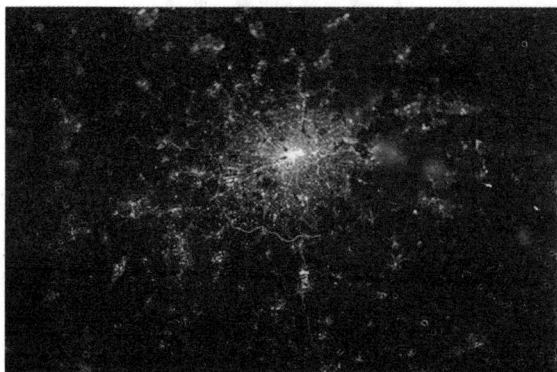

图 1.1　夜晚自太空俯瞰英国伦敦（图片由 NASA 提供）

　　与离群索居相比，社区的形成可以让我们享受更好的生活。社区促进货物和服务的流通。个人可以专注于特定的活动，而不是每个家庭在食品、住房、服装、教育和医疗卫生等方面自给自足。专业化带来更高的生产效率，提高人们的生活质量。社区促进个人关系的发展，而且使人们安全躲避外界的风险。

作为社区的一部分也存在相应的代价。社区禁止某些行为，并且强制某些行为。对不遵守禁令、不履行义务的人可予以处罚。即便是这样，人们仍然确确实实生活在社区中，这是社区生活利大于弊的强有力证据。

有责任感的社区成员在做决定时会考虑到其他人的需求和意愿。他们认识到几乎每个人都有对于生活、幸福和目标达成的"核心价值观"。那些只顾自己需求和欲望的人是自私的。"从伦理角度考虑问题"要求不自私的人及其核心价值是值得尊敬的。

"从伦理角度考虑问题"的人可能对"在特定情况下采取什么行动算是恰当的"这一问题存有异议。有时，问题是存在争议的。人们由于竞争伦理理论产生不同的价值判断，甚至做出相反的结论。出于这个原因，对流行的道德伦理标准有一个基本了解很有必要。在本章中，我们将阐述道德和伦理之间的区别，探讨多种伦理理论，评估其利弊，并展示如何使用更可行的道德理论来解决道德问题。

定义术语

社会是由人构成的有组织的规则系统，旨在促进其成员的利益。个人之间的合作有利于促进共同利益。然而，人们在社会中也相互竞争，如他们之间在决定如何分配有限利益的时候。有时，竞争是微不足道的，比如许多人争夺一张音乐会的门票时。有时，竞争又是很重要的，如在两家初创公司寻求一个新兴市场的主导地位时。每个社会都有一个行为准则，描述人们在不同情况下应该做什么，不应该做什么。这些规则就是道德。

一个人可能同时属于多个社会，这可能导致道德困境。例如，如何看待让一个和平主义者（根据他的宗教信仰）在部队服役（根据他所在国家的法律）这件事呢？

伦理是对道德的哲学研究，是对人的道德信念和行为的理性审视。如下面的类比（图1.2）。社会就像一个有许多驾驶者的小镇，道德是城市里的道路网络。

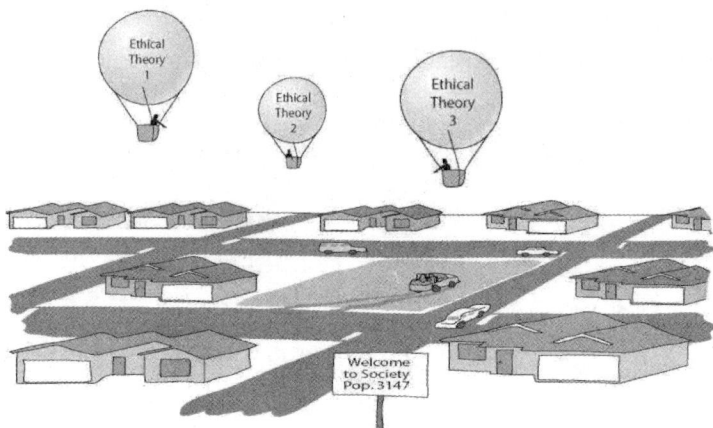

图1.2　伦理和道德之间的差异如图中所示，设想社会是一个城镇，道德是镇内的公路网。"坚持伦理"的人们在城市上空飘浮着的气球中。

人们在道路上行驶，那些选择"坚持伦理"的人像是坐在飘浮在城市上空的热气球里。从这个角度看，一个观察者可以评估个人的道路（特别是道德准则）以及整个道路网络（道德系统）的质量。观察者也可以判断司机是遵守规矩（道德行为）还是在走捷径（做出不道德行为）。

最后，观察者可以提出并评估建设道路网络的不同方式（可供选择的道德系统）。虽然事实上可能存在明确的答案或者最好的方式来构建和运营道路网络，但对观察者来说很难确定并认可这个答案，因为每个观察者都有不同的观点。

当前伦理学的研究尤为重要。随着信息技术的最新进展，我们的社会正在迅速改变。试想一下，手机、便携式数字音乐播放器、平板电脑和社交应用程序是如何改变我们消磨时间和与人互动的方式的。这些发明给我们带来了好处。然而，一些人利用新技术谋取私利，损害了其他人的整体利益。这里举两个例子。我们在为能给世界各地的人发送电子邮件而感到高兴的时候，有人却通过"网络钓鱼"窃取财务信息。通过访问万维网，图书馆获得了重要的新信息资源库，但是否应该允许孩子们链接色情网站呢？

当我们遇到如"网络钓鱼"或色情网站这类新问题时，我们需要判定哪些活动是道德上的"好""中立"或者"坏"。不幸的是，现有的道德准则似乎已经过时或者模棱两可。如果我们不能依靠"常识"来回答这些问题，我们就需要通过学习来解决这些问题。

四种场景

以下四个场景为伦理研究的引入部分，请仔细阅读每一个场景。经过思考，根据问题给出你自己的答案。

场景 1

亚历克西斯（Alexis）是一名很有天赋的高中生，梦想成为一名医生。由于她来自一个贫穷的家庭，她需要获得奖学金才能上大学。她学习的一些课程要求学生做额外的研究项目，成绩才可以达到 A 等级。她所在的高中只有几台旧计算机，而且在校期间要使用计算机的学生人数太多。放学后，她又要去做兼职以贴家用。

一天晚上，亚历克西斯访问了离她家不远的一所私立大学的图书馆，她发现有许多空闲的可联网计算机。她偷偷地记下了另一个学生的用户名和登录密码。从那以后，亚历克西斯一周返回图书馆几次，使用那里的计算机和打印机，高效地完成了额外的研究项目。高中以优异的成绩毕业，并获得了全额奖学金，如愿以偿地进入了一所著名大学学习。

问题：

1. 亚历克西斯有没有做错什么？

2. 谁从亚历克西斯的行为中受益了？

3. 亚历克西斯的行为伤害了哪些人的利益？

4. 跟她的高中同学相比，亚历克西斯是否存在不公平的优势？

5. 如果亚历克西斯没有获得大学奖学金，而是去了汉堡店工作，你的答案会改变吗？

6. 有更好的方式可以帮助她完成目标吗？

7. 如果有的话，哪些额外信息可以帮助你回答之前的问题？

场景 2

一个致力于减少垃圾邮件的组织试图让东亚国家的互联网服务提供商（ISP）通过保护他们的邮件服务器进而阻止垃圾邮件发送者。若这一举措不成功，反垃圾邮件组织就把这些互联网服务提供商（ISP）的地址列在黑名单上。在美国，许多互联网服务提供商（ISP）会查阅黑名单，并拒绝接受来自黑名单的互联网服务提供商（ISP）发出的邮件。这样会导致两个结果。第一，美国普通电子邮件用户收到垃圾邮件的数量下降了 25%。第二，东亚国家成千上万的无辜计算机用户无法给美国的朋友和商业伙伴发送电子邮件。

问题：

1. 反垃圾邮件组织的做法有没有错？

2．互联网服务供应商（ISP）拒绝接受来自黑名单的供应商邮件，这种做法有错吗？

3．谁从该组织的行动中获益？

4．谁的利益因为该组织的行动受损？

5．该组织能否通过使用更好的办法来实现目标？

6．有哪些额外的信息可以帮助你回答之前的问题？

场景 3

为防止超速，东达科他（the East Dakota）警察局在所有的高速公路立交桥上安装了摄像机。摄像机连接到计算机，能够可靠地检测出行驶超速每小时 5 英里以上的车辆。计算机上安装了先进的图像识别软件，能够读取车牌号码和捕捉司机的高分辨率照片。如果照片中的司机与驾驶证上的照片一致，而且是汽车车主，系统就会向司机发出以照片为证的超速罚单。该系统运营 6 个月后，东达科他（the East Dakota）高速公路超速人数下降 90%。联邦调查局向警察局索要视频摄像头采集的实时数据，警察局按要求提供了信息。3 个月后，联邦调查局利用这些信息逮捕了一个恐怖组织的 5 名成员。

问题:

1．东达科他警察局有没有做错什么？

2．谁从东达科他警察局的做法中受益了？

3．警察局的做法伤害了哪些人的利益？

4．警察局可不可以通过其他方法达成目的？比较其他方法的优、缺点。

5．有哪些额外的信息可以帮助你回答之前的问题？

===== 场景 4 =====

你是一家新兴公司的高级软件工程师,开发了一件令人兴奋的新产品,可允许销售人员通过智能手机生成和发送有关销售报价和客户发票的邮件。

你公司的销售队伍已经努力让一家大公司在下周使用这款产品。不幸的是,该软件还有几处错误。测试组领导表示,目前知道的都是小错误,但会花上一个月时间测试改进,确保产品没有灾难性的大错误。

由于智能手机软件行业的激烈竞争,你的公司能否"第一个抢占市场先机"至关重要。据你所知,一家有良好基础的公司将在几个星期之内发布一款类似产品。如果被该公司抢占先机,你的公司可能会就此歇业。

问题:

1. 你建议在下周发布该产品吗?
2. 如果公司遵循你的建议,谁会受益?
3. 如果公司遵循你的建议,谁的利益将会受到损害?
4. 因你的决定受到影响的人,你是否该对其承担相关责任?
5. 有哪些额外的信息可以帮助你回答之前的问题?

反思你在以上每个场景中给出答案的过程。你是如何决定某些特定的行动或决定是正确的还是错误的?你的理由与下一个案例是否一致?你是否在不止一个场景中使用相同的方法?如果有人不同意你对某一问题的回答,你会怎样说服那个人同意你的观点?

伦理是理性、系统的行为分析,这些行为会对别人产生有益或有害的影响。因为伦理是建立在理性基础之上的,因此人们需要解释为什么他们持某一观点或做某件事的原因，从而让我们比较伦理评价。当两个人得出不同的结论时，我们就可以权衡其背后的事实和推理过程，以决定谁的思路更为合理。

值得注意的是：伦理更多地关注自愿、道德的选择，因为人们决定了哪些该做哪些不该做。非自愿的选择和道德范畴之外的选择不是伦理学要关注的问题。

例如，我想要买一辆车，我要选择它的颜色是红色、白色、绿色，还是蓝色？这种选择不属于道德范畴，因为不涉及其他人的利害问题。

但如果我在城市街道上驾驶新买的红色汽车，视线被另一辆停着的汽车挡住了，没有看见行人跑入车流中，为了躲避他，车子急转弯失去了控制，撞死了路边行走的另一个行人。虽然我的行为对另一个人造成了伤害，但这也不是伦理决策的案例，因为我的决定是一种本能应激反应，而不是理性的选择。

然而，如果因为我醉酒驾车而没有控制好汽车，这种情况下，我在驾车前饮酒是自愿选择的，且后果是伤害了一个无辜的行人。这个问题就属于道德范畴。

伦理理论概述

对伦理的正式研究至少要追溯到 2400 年前，希腊哲学家苏格拉底（Socrates）时期。苏格拉底并没有将他的哲学思想记录下来，但他的学生柏拉图（Plato）将其记载了下来。在柏拉图的对话录《克里托篇》（Crito）中，狱中的苏格拉底用伦理解释为什么他要面对不公正的死刑而不是乘机与家人一起逃亡。

哲学家们在过去的 2000 年中提出了许多伦理理论，在本章中将进行回顾。我们如何判断一个理论是否有用？一个有用的理论会使其支持者审视道德问题，得出相应结论，并且能够在持怀疑态度且视野开阔的观众面前捍卫这些结论（图 1.3）。

图 1.3　一个好的伦理理论能够对多样化的听众做出有说服力、有逻辑的论证

假设你和我在一群无党派群众面前讨论道德问题。你认为某一行动过程是正确的，而我认为是错误的。我自然会问你："为什么你认为这样做是对的？"如果你不能给出符合逻辑的理由，你不可能说服任何人。相反，如果你能进行推理、解释，从而得出结论，就很有可能使听众相信你的立场是正确的，起码会有助于揭示有争议的事实或价值。因此，我们拒绝偏离合理事实或普遍接受价值观的伦理理论。

在接下来的章节里，我们将探讨 9 个伦理理论——关于道德决策的 9 个框架。我们会针对每一个理论提出动机或者见解，解释它是如何决策一个行动是正确或者错误，并提供理论的"正面案例"和"反面案例"。可行的理论使人面对多样的听众时，仍能提出有说服力、有逻辑的论述。

主观相对论

"相对论"认为，不存在普遍适用、永远正确或错误的道德准则。根据这一理论不同的个体或群体可能对某一道德问题持有截然相反的观点，且两种观点可能都正确。有两种特殊类型的相对论：主观相对论和文化相对论。

主观相对论认为每个人自己决定对错。这一概念可以表述成："你认为正确的，我不一定那么认为。"

主观相对论正面案例

1. 好心的人和聪明的人可能对道德问题持完全相反的观点

例如，美国堕胎合法化的问题。理性支持和反对的人数都很多。主观相对主义者争辩道，人们之所以无法达成一致的结论是因为道德不像重力。不是"就存在着"（out there）让理性的人可以发掘和试图理解的，相反，我们每个人都创造了自己的道德。

2. 伦理争论令人不快且毫无意义

回到堕胎合法化的问题，有关辩论在美国持续了 40 多年。关于堕胎是否合理的问题，答案仍未一致。没有人是无所不知的。当面对一个困难的道德问题时，谁能给出正确的答案呢？如果道德是相对的，那么我们就不必试图调和对立的观点，因为双方都是对的。

主观相对论反面案例

1. 主观相对论视角下，"做你认为正确的事"和"做你想做的事"的界线并不清晰

人们擅长把他们的不良行为合理化。主观相对论为某人的一些遭受质疑的行为提供最后一道理想防线。当被强迫解释某一决定或行动的时候，主观相对论者会说："你是谁？凭什么要教我哪些该做哪些不该做？"如果道德意味着做任何你想做的事，那其实并不意味着什么。

2. 主观相对论主张每个人判断自己的正误，因此不同人群的行为，并没有道德上的区别

事实上，一些人已经导致了数百万人的痛苦，但另一些人服务了人类。正如阿道夫·希特勒（Adolf Hitler）和特蕾莎修女（Mother Teresa），都是倾其一生做他（她）们认为对的事情，但是两个人的一生都会被赞扬吗？

主观相对论最初制定的修正也许是这样的："只要我的行动不伤害其他人，我可以决定做什么是正确的。"这就解决了希特勒和特蕾莎修女的问题。然而，一旦你提出不应该伤害别人这个想法，你必须与别人达成一致意见，即什么样的做法算是伤害别人。这一过程不再是主观的或者完全看个人。换句话说，"只要我的行动不伤害其他人，我可以决定做什么是正确的"这种表述与主观相对论不一致。

3. 主观相对论和宽容性是不同的

有些人可能会因为支持宽容性而选择相对论。关于宽容性有许多值得探讨的地方。宽容性允许人们在像美国这样多元化的社会和谐生活。然而，宽容性和主观相对论并不是一回事。主观相对论认为应由个人（自己）决定什么是对什么是错。如果你是一个宽容的人，有人不宽容你，你会同意吗？如果一个人只与他自己的种族群体公平相处怎样？请注意任何形式的陈述，如"人们应该宽容"是一个普遍的道德规范或准则。相对论基于这样一种观点：没有普遍的道德规范，所以一个宽容性需求的苍白陈述是不符合主观相对论的。

4. 我们不应该赋予"非理性决定的伦理理论"合法性

个人决定什么是对什么是错，他们可以用任何他们认为合适的方式达到结论。他们做决定时可能不考虑逻辑和理性。像骰子或塔罗牌一样，与逻辑和理性没有任何关系。

如果你的目标是说服别人你解决实际道德的方案是正确的，采用主观相对论就是自我矛盾。因为主观相对论是基于"每个人自己决定自己做什么是对或错"的这种想法。根据主观相对论，没有人的结论比自己的更正确，无论这些结论有多离谱。因此，我们拒绝用主观相对论作为一种可行的伦理理论。

文化相对论

如果主观相对论不可行，那么同一时期不同社会或者同一社会不同时期对于对错是怎样理解的呢？

现代人类学家们已经收集了欧洲与北美社会道德准则不同的证据。威廉·格雷厄姆·萨姆纳（William Graham Sumner）描述了"习俗"最终会演变为制度化的社会道德准则：

> 人生的第一要务是活着。维持生存的斗争并不是单独进行，而是在群体中进行的，从其他人那里汲取经验；因此，最终都采取了那些被证明是最有效的合作。为同样的目标采取同样的方式，因此，方式转变成为习惯，最后变成群众现象，成为本能。在这种情况下，习俗出现了。年轻一代通过传统、模仿和权威习得了这些。同时，习俗提供生活各方面的需要。他们是一致的，普遍的，必要的，恒久的。随着时间的推移，习俗变得更加随意、积极和必要。如果问原始人为什么在某些场景有某些举动，他们总是回答说：因为他们的祖先总是这样做。同时，群组的道德性也是由禁忌和计划定义的。"好"的习俗适应情景，"坏"的习俗不适应情景。

文化相对论是伦理理论，认为"正确"和"错误"的含义与社会的实际道德准则相关。这些准则随着时间和地点的变化而变化。

查尔斯·汉普顿·特纳（Charles Hampden Turner）和弗恩斯·特朗皮纳斯（Fons Trompenaars）进行了一项现代研究，揭示了不同社会，正确观念和错误观念也有很大的不同。以下是他们向 46 个国家的人提出的一个思考的困境：

> 你乘坐好朋友驾驶的汽车，他撞倒了一名行人。你知道他在最高时速为 20 英里/小时的城市街道上以至少 35 英里/小时的速度超速行驶。除了你之外，没有其他目击证人。他的律师说，如果你能宣誓替他做假证说他没有超速行驶，他就不用承担严重的后果。

> 你的朋友有哪些权利要求你保护他？

> ● 作为朋友，他有明确的权利要求我为他作假证说他没有超速。

> ● 作为朋友，他有一定的权利要求我为他作假证说他没有超速。

> ● 作为朋友，他没有权利要求我为他作证说他没有超速。

> 考虑到作为宣誓证人的责任和你对朋友的责任，你认为你会做什么？

> ● 证明朋友以 20 英里/小时的速度行驶。

> ● 不证明朋友以 20 英里/小时的速度行驶。

约 90%的挪威人不会为朋友证明，也不认为人们有明确的权利要求朋友帮助。相反，只有约 10%的南斯拉夫人这样认为。3/4 的加拿大人和美国人同意挪威人的观点。但是墨西哥人的态度则是一半一半。文化相对论认为我们应该注意这些差异。

文化相对论正面案例

1. 不同社会背景道德要求不同

设定一套道德准则并期待适用于全世界各年龄段的人是不现实的。试想我们与环境的关系是如何变化的。在过去的一万年里，人类花费大量时间试图生产足够的食物来生存。随着科技的发展，世界人口数量在过去的一个世纪里成倍地增长。生存的斗争已经从人类转向大自然。人口过剩产生了一系列环境问题，如物种灭绝、渔业对海洋的破坏、温室气体的积累。人们必须改变过去有关"哪些是可接受的行为，哪些不是"的观念，否则，他们将会毁了这个星球。

2. 用一个社会去评判另一个社会的做法是傲慢自大的

人类学家已经记录了不同社会有关道德行为是否适当的不同看法。我们可能比其他社会的人技术先进，但是我们没有比他们更聪明。一个生活在 21 世纪的意大利人，去评判 15 世纪印加帝国的行为，这种做法是傲慢自大的。

文化相对论反面案例

1. 两个不同的社会有不同的判定对错的标准并不意味着它们本应该不同

或许某一社会有好的准则，另一个社会没有。或许两个社会都没有。

设想两个社会都正在遭受严重的干旱，第一个社会建造输水管道将水输送到受影响的城市。第二个社会以人为牺牲品去呼唤雨神求雨。这两个"解决方案"同样可以接受吗？当然不是。然而，如果我们接受文化相对论，我们就不能反对这种错误的做法，因为没有一个社会中的人能够对另一个社会的道德观作出评价。

2. 文化相对论不能解释特定社会中个人是如何决定道德准则的

设想我初入社会，明白要遵守道德准则。我怎样判定那些准则是什么呢？

一种方法是进行调查，但是这引出了一个问题，即为什么。假设我问人们某一行为道德上是否可以接受，并不是想知道他们个人认为该行为是对是错，我想让他们告诉我整个社会认为该行为是否道德。这样会把参与调查的人放在跟我一样的立场上，即试图确定一个社会的道德准则。但他们怎么知道这种行为是对是错呢？

也许这些准则都是从社会法律中总结出来的，但是制定实行法律需要时间。因此，在过去的某个时候，法律规范是同一社会道德准则的最好体现，但这不适用于今天的社会，因为任何社会的道德都会随着时间的变化而变化。这促使我们寻找下一个目标。

3. 没有文化准则的时候，文化相对论不能决定正误

有时，社会中不同群体对某一行为是否正确意见不同。这种情况经常发生在新技术出现时。例如，互联网使大规模数字化信息交流成为可能，数以百万计的美国人认为可以共享有版权的音乐，但是其他群体却坚持认为这跟偷盗没什么区别，那么谁是正确的呢？

4. 在道德准则的演变过程中，文化相对论在描述行为方面表现并不好

到 20 世纪 60 年代，许多南美洲国家的大学都实行种族隔离政策，今天都变成了各种族融合的大学。一些勇敢的有色人种促使人们态度发生改变：他们挑战现状，去只允许白人学生就读的大学注册入学。当时，这些学生做了他们"不应该"做的事，根据当时的道德准则，他们的行为是错误的。但是按照今天的道德准则，他们并没有做错什么，甚至有些人认为他们是英雄人物。这难道没有让"一直做自己认为正确的事"更加有意义吗？

5. 文化相对论不能为文化和冲突之间的和解提供框架

想想在加沙地带拥挤的难民营里生活 60 多年的巴勒斯坦人的文化。其中一些人完全致力于对以色列的武装斗争，与此同时，以色列的一些人认为犹太国家应该更大些，于是致力于在加沙地带的扩张。每个社会的价值都导致了伤害他人的举动。然而文化相对论认为每个社会的道德准则都是正确的。文化相对主义不能为双方寻找共同立场提供出路。

6. 许多可接受的文化惯例的存在并不能说明任何文化惯例都是可接受的

由于某些行为是可接受的，就做出判断认为任何行为都可接受，称为许多/任何谬论。为了阐释这一谬论，拿计算机程序的文档样式来说，有很多好方法可以为程序添加评论，但这并不意味着任何评论都是好的。

认为所有可能的文化习俗都有平等的合法性是错误的。如果一个社会想要运转下去，一些习俗必须被禁止，另一些行为必须被授权。这有助于我们理解下一条。

7．事实上，社会分享共同的核心价值观

对不同社会文化习俗的肤浅观察可能会让你误以为它们有很大不同。仔细观察后，会发现潜藏在这些习俗下的相似价值观。詹姆斯·雷切尔（James Rachels）认为所有社会为了运行，都需要一系列核心价值。拿依赖性很强的新生儿来说，一个社会想要正常运行下去，必须关注婴儿问题。因此，每个社会都有这个核心价值，即照顾婴儿。一个社区需要在其生活的人们能够互相信任，因此，说真话就成为了一种核心价值。最后，为了共同生活，人们不能轻易攻击其他社区的成员。因此禁止谋杀就成为任何一个社会的核心价值。

所有社会中共同价值观的存在，强烈反驳了"不同社会背景下要求不同的道德准则"这一观点，有助于支持文化相对论。因为不同社会确确实实共享某些核心价值观。我们有理由相信，可以将这些价值观作为普世伦理理论的出发点，且不存在文化相对论的缺陷。

8．文化相对论不直接基于理性

正如萨姆纳（Sumner）观察到的，许多道德准则都是传统的结果。传统的发展是因为它们满足了需要，但是传统一旦被建立，人们就会按某种方式执行，因为这是他们普遍觉得应该做的，而不是因为根深蒂固的传统的合理性。

文化相对论作为道德说服的工具，有着明显的弱点。根据文化相对论，把社会中对道德问题的伦理评估拿到另一个社会中并不适用。文化相对论认为没有普遍的道德准则。它认为传统的伦理评估比事实和理性更重要。由于这些原因，向多样化的受众构建有说服力的伦理评估体系，文化相对论不是一种有力手段。

神命论

中东有三大宗教传统——犹太教、基督教和伊斯兰教。它们都认为神是宇宙的创造者，人类也是神创造的一部分。每个宗教都有神圣的神启示录。

犹太人、基督徒和穆斯林都信奉是神创造了律法。以下是《利未记》（《旧约全书》第三卷）第19章的节选：

> 你们要尊重父亲、母亲，也要遵守我的安息日。当你们收割田地的庄稼时，不要全部收完，要留有一角，也不要拾取遗落的粮食。不可将葡萄园里的果实全部摘完，也不可拾取掉落的果实，要把它们留给穷人和寄居的人。不可以偷盗，不可欺骗行诡诈。不可以我的名起假誓。不能欺瞒邻居。不得犯抢劫罪。劳动者的工资要及时发放，不能在你那里留到第二天早上。你不可以侮辱聋哑人，或者在盲人面前放绊脚石。不可以对亲戚家属报仇或者怀恨在心。像爱自己一样爱你的邻居。

神命论基于"良好的行为与神的意愿一致、不好的行为违背神的意愿"这一观点。因为圣书中包含神的旨意，我们可以用圣书作为道德决策的向导。神说我们应该尊敬父母，所以孝顺父母就是好的。神说不要撒谎和偷盗，所以撒谎和偷盗是不好的（图1.4）。

图 1.4 神命论的伦理基于两个前提：好的行为与神的旨意相一致，
神的旨意已经展现给我们。

值得注意的是，并不是所有犹太人、基督徒和穆斯林都遵守神命论。
原教旨主义者相信圣书的真实性和权威性。在发展道德规范时，宗教传
统中的大部分教派都会拿圣书论辩。

神命论正面案例

1. 我们顺从创造者

神是宇宙的创造者，神也创造了我们，赋予我们生命，因此，我们
要遵循神的旨意。

2. 神是极善而先知的

神爱我们，想把最好的给我们。神是无所不知的，我们不是。因为神比我们清楚如何生活更幸福，因此我们要遵循神的旨意。

3. 神是最高权威

因为大多数人信奉宗教，与服从人类制定的法律相比，他们更倾向于服从神的法律。我们的目标是创造一个人人都遵守道德法规的社会，因此，我们的道德法则应该是建立在神对我们指示的基础上。

神命论反面案例

1. 圣书有许多，但其指导意见并不相同

没有一本圣书可以被所有宗教的人信奉，让社会中的所有人信奉同一个宗教也是不现实的。即使同是基督教教徒，也会有不同版本的《圣经》。天主教圣经中有六本书是新教圣经里所没有的。一些新教教派信奉詹姆斯国王钦定的《圣经》版本，但是其他教派则使用现代新译的版本，而且翻译也是有差别的。即便人们读的是同一翻译版本，产生的理解也是不同的。

2. 多文化的社会采用基于宗教的道德是不现实的

最典型的例子是美国，在过去的两个世纪里，不同种族、不同信仰、不同文化的移民来到美国这个大家园。一些美国人是无神论者。当一个社会由不同宗教信仰的人构成时，那么这个社会的道德准则是源自世俗权威，而不是宗教权威。

3. 有些道德问题没有直接呈现在圣书中

例如，《圣经》中并没有提到互联网。当我们探讨信息科技的问题时，神命论的支持者认为可以进行类比。但是结论的得出不光是跟圣书中的文字有关，还跟进行类比的人的理解有关系。因此，单单靠圣书是无法解决道德问题的。

4. 神等同于美德是谬误

宗教人士很容易同意"神是好的"这一说法。但这并不意味着神和"好"是完全等同的。试图让两个有联系但也有差别的事物对等，叫作等价谬误。"神是好的"这种说法意味着存在一种神要完全符合的有关"美德"和"好"的客观标准。

此外，还存在一个问题，即到底是因为神要求某个行为，所以该行为是好的？还是因为行为本身是好的，所以神要求这么做？这是一个古老的问题：2400 年前，柏拉图在苏格拉底的对话录《游叙弗伦篇》（Euthyphro）中提出。苏格拉底总结道："人因虔敬而被神喜爱，被神喜爱是虔敬的结果，拿虔敬的这个结果来定义虔敬，显然是错误的。"换句话说，"善"是客观存在于神之外的，而不是由神创造的。

我们可以理性地得出同样的结论。如果"善"是"神的命令"的话，那么"善"就是专制的。那么我们为什么要赞美神？如果是这样，那就无所谓神吩咐什么。"不可奸淫"和"要犯奸淫"都没有关系，因为无论哪种命令，都会被赋予"善"的意义，就看神怎么定义。如果这时你反对说："神不可能让我们去做奸淫的事，因为忠贞是正确的，奸淫是错误的。"那你就恰恰证明了我们的观点：脱离神之外也是有关于对错的客观标准的。那就是说，我们可以跨过神谈美善，我们可以从非神学的角度讨论美善。

5. "神命论"基于服从，而非理性

如果善是指"神的旨意"，宗教条文包含了神的所有意愿，那么就没有收集和分析事实真相的空间了。因此神命论不是通过逻辑推理而达到的合理的结论。人们没有必要去质疑戒律的正确性，因为这可是神命令的。

想想《创世纪》中亚伯拉罕（Abraham）的故事。神吩咐亚伯拉罕杀死自己唯一的儿子以撒（Isaac）当作燔祭。亚伯拉罕听从神吩咐准备用刀杀以撒时，天使出现了，告诉他不要伤害孩子。由于亚伯拉罕的虔诚，神保佑他。但在早前，《创世纪》中神曾谴责该隐（Cain）杀死亲弟弟亚伯（Abel）。为什么亚伯拉罕做出的牺牲就认为是善的？按照虔诚读者的逻辑说，神的谴责与这个故事无关，亚伯拉罕是善人，是虔诚的英雄，因为他顺从神的意志。

"神命论"认为，道德准则不是一系列基本原则逻辑发展的结果。这是一个很重要的问题。虽然你可以选择过自己的生活，让你的行为与神的旨意一致，但是往往不能用"神命论"说服对不同信仰持怀疑态度的人们。因此，我们得出结论：在世俗社会中，"神命论"不是捍卫伦理争辩的有力武器。以本书的目的来看，"神命论"也不是可行的理论。

伦理利己主义

与"神命论"按照经文规定"像爱自己一样爱邻居"的思想形成鲜明对比，伦理利己主义是仅仅关注自身利益的哲学。换句话说，根据伦

理利己主义，在某一特定情况下，一个人的道德行为取决于是否能够给自己提供长期最大化的利益。

如果你读过《源泉》（*The Fountainhead*）或者《阿特拉斯耸耸肩》（*Atlas Shrugged*），就一定对这种观念不陌生。小说的作者艾茵·兰德（Ayn Rand）倡导类似伦理利己主义哲学（尽管不能把对伦理利己主义部分的描述当作作者的思想总结）。兰德的道德哲学是"把人的生命作为价值标准，把自己的生命作为每个个体的伦理目标"。在人际关系方面，她写道："从个人与社会的关系，到公私关系，再到精神与物质的关系，交易原则是符合所有人际关系的唯一合理的伦理准则。"

伦理利己主义并不是禁止帮助别人，但仅仅发生在施助者本身可以得到利益的情况下。以道格拉斯·波什（Douglas Birsch）作品中的例子来说：假设我的朋友每天载我去上班，如果他的车坏了，需要 100 美元修理，我应该借给他，因为我还要坐他的车去上班赚钱。如果我不借给他钱，我损失的就是收入。所以借给我朋友 100 美元是正确的选择，因为这样能使我整体利益最大化。

伦理利己主义正面案例

1. 伦理利己主义是一种实际的道德哲学

我们天生倾向于把最好的留给自己，因为我们每个人都只有一次生命，我们要做最好的自己。不像其他的道德规范，要求我们牺牲自己的幸福为别人着想，伦理利己主义认为我们应该专注于我们自己的幸福。

2. 最好让其他人都自己照顾好自己

对其他人来说，我们不能确定做什么是为他们好。通常看似是一件"好事"，可事实上却弊大于利。即使是在感激别人为自己利益所做的事时，仍觉得不合理。依赖他人的施舍会导致自尊的丧失。相反，人们通过自己的努力达成自己的目的会有很强的自尊心，并且能与其他同等成功的人相互帮助。

3. 当人们把个人利益放在第一位的时候，整个社区都从中受益

当个体追逐自身利益的时候，他们不仅让自己受益，同时也能让他人受益。例如，成功的企业家赚很多钱的同时也创造了许多就业岗位，促进了经济发展。

4. 其他道德准则同样根植于自身利益

伦理利己主义是一种理性的哲学。任何一个理性的人都会明白，不要违背承诺，因为不遵守承诺的人得不到信任，将会失去下次合作的机会。因此，打破承诺不能实现自身长期利益。同样的，撒谎和欺瞒别人也是不对的，因为长此以往是损人不利己的。因此，我们可以发现，其他的著名道德准则实际上也是根植于利己主义原则的。

伦理利己主义反面案例

1. 容易的道德哲学可能并不是最好的

遵循某一特定的道德哲学可能很容易，但却不一定是最好的。此外，伦理利己主义符合我们把最好的留给自己这一自然倾向。有一个被忽略

的事实是人们很难拒绝短期的快乐（如聚会）。为了实现目标，需要长期的利益驱动，如想要获得学位就要修够相应的课程。

2. 事实上，我们很了解什么是对别人有好处的事

如本章开头所指出的，几乎每个人都有生活、幸福和达到目标的"核心价值观"。弄清哪些有助于他人并不是很难。问题是，我们该如何回应他人的需要？慈善通常不会导致依赖，相反，会让人有机会变得更加独立。举例来说，奖学金可以让贫困家庭走出的品学兼优的孩子上大学、找工作，然后自给自足。

3. 以自我利益为中心会产生公然的不道德行为

这是一个真实的故事：20 世纪 70 年代，南方小镇的一名比较富裕的医生接待了一位没有受过教育的黑人妇女，这名妇女喋喋不休抱怨个不停。医生很快判断出她患有营养不良症。他知道她打各种收入微薄的零工养家糊口。整个看病过程没有超过 5 分钟，而且没有采取什么治疗手段。医生还要收 25 美元的诊费。妇女只有 12 美元，于是医生收取了这 12 美元。妇女身无分文再也没有钱买吃的。医生的行为没有产生负面的结果。按照伦理利己主义，医生做得很对：他只考虑了自己的利益，收取了妇女身上仅剩的 12 美元。但这个回答显然是错误的，医生的做法很显然是不道德的。

4. 其他道德准则优于利己准则

假设你有机会救起一个溺水的人，代价是会湿了衬衫袖子。根据伦理利己主义，只有自己利益最大化的时候，救人才是正确的。救人的可能利益包括赢得那个人无限的感激，获得良好的口碑。但这难道不是一种降低人格的评估方式吗？在人们的价值观里，这一行动有没有更重要

的意义？如果你在不严重损害自己利益的前提下，有机会营救一个人的生命，那么即使你的行动没有回报也应该去做。这个例子阐释了维护生命的原则优于利己主义原则。

5. 为别人着想的人生活得更幸福

在弗雷明汉（Framingham）的心脏研究中，20 年间研究了 5000 多名试验者的心脏，科学家们发现幸福是可以通过亲密关系传递给家人、朋友甚至邻居的。为了与他人创建并保持亲密关系，为他人着想是十分必要的。

伦理利己主义不尊重伦理观点：伦理利己主义不承认生活在社区里的人们为了获取利益，必须考虑其他社会成员的利益。出于这个原因，我们拒绝把伦理利己主义作为可行的伦理理论。

康德主义

康德主义是德国哲学家康德（1724—1804）的道德理论的名称。康德一生都在东普鲁士的哥尼斯堡度过，在那里他是一名大学教授。康德认为，人的行为应该遵循道德法则，而这些道德法则是普遍存在的。他认为，为了适用于所有理性的人，任何道德的最高原则必须是基于理性的。虽然许多康德描述的道德法律也可以在圣经中找到，康德的方法允许这些法律通过推理过程得到。

康德哲学可以超越简单的陈述并通过引用章节来说明一个动作是

正确的还是错误的；康德哲学可以解释为什么它是正确的还是错误的。

善意和绝对命令

康德以"什么是永远无条件的好？"这个问题开始他的调查。许多事情，如智慧和勇气都是好的，但它们在某种情况下又可能是有害的。例如，一群歹徒可以用智慧和勇气去抢银行。康德的结论是世界上唯一可以称为无条件的好的东西是很好的意愿。人有好的意愿会经常做好事，但是产生有益的结果并不是让好的意愿变好，一个好的意愿本身就是好的。哪怕一个人尽力而为做好事有不足和伤害，做好事背后的努力也是好的。因为好的意愿是唯一的普遍的好东西，原因是培养意愿本身就是好的。

我们中的大多数人可能有过许多经历，我们在想做的事和我们应该做的事之间左右为难。康德认为，我们要做的是不重要的，我们应该关注我们应该做什么。我们的"应该"叫作守本分。一个尽职的人认为必须以某种方式行事并尊重一些道德规则。那么，我们的意志，就应该以道德规范的观念为基础。行动的道德价值取决于内在的道德准则。因此，这是至关重要的，因为只有这样我们才能够确定我们的行动是否基于一个适当的道德规则。

是什么使一个道德规则合适？为了使我们能够回答这个问题，康德提出了绝对命令。

绝对命令（第一公式）

只从道德规则行动，同时将成为普遍的道德法律。

　　为了说明绝对命令，康德提出了这样的问题，一个人在困难的情况下必须决定他是否会做出日后会打破它的意愿的承诺。这一道德法则的翻译可以说是："一个人可能会做错误的承诺，这是唯一的逃避困难局面的方式。"

　　为了评价这一道德标准，我们使它一般化。如果每个人都在极端的情况下做出虚假承诺，会发生什么？如果是这样的情况的话，没有人可以相信承诺，我们个人也不可能在危机的情况下做出让人可以相信的承诺。当我们试图将这一规律普遍化的时候，我们会发现道德规范将会自我毁灭。因此，一个人在危机的情况下做出有意识日后要打破它的承诺是错误的。

　　重要的是要看到，康德并不是说，每个人的承诺的后果是破坏人际关系，增加暴力，使人痛苦，这就是为什么我们不能想象把我们的假设道德规则变成一个普遍规律。相反，康德说简单的意愿让我们的道德规则成为普遍的法律将产生一个逻辑矛盾。

　　让我们来看看怎么做。假设我是一个做出一个日后打算打破的承诺就能从困境中逃离出来的人。一方面，这是我的意志，我可以做出被相信的承诺。毕竟，这是承诺的。如果我的承诺不被相信，我将无法走出我现在的困境。但是，当我普遍化了道德法则，我希望每个人都可以打破承诺。如果那些是现实的话，那么承诺将不可信，也就意味着不会有作为承诺这样的事情。如果没有承诺这一概念，我也就没有能力逃出困境。这样看来，试图使我们提出的道德准则普遍化将导致矛盾。

　　接下来我们用另一种方式来看看为什么建议的行动是错误的。为了我的虚假承诺被相信，我想每个人除了我自己在所有的时间都是诚实的。因为我想做什么和我希望别人在类似的情况下做什么之间存在矛盾，我知道我正在考虑的是错误的。

　　如果你想知道对其他人做一些事情道德上是否可以接受，那就对调角色。如果那个人对你做了同样的事，你会怎么想？如果你不希望被其他人用那种方式对待，你有证据表明你去对待其他人这种方式的意志违反了绝对命令。

康德还提出了一个绝对命令第二公式，有许多人发现更容易操作。

绝对命令（第二公式）

你总是以自己和他人作为目的本身来行动，绝不只是达到目的的一种手段。

使用流行的术语，绝对命令的第二公式是说一个人"使用"另一个人是错误的（图 1.5）。相反，每一个与其他人的互动，必须尊重他们作为理性的存在。

图 1.5　绝对命令第二公式表明一个人仅仅作为手段利用自己或另一个人是错误的。

下面是一个例子，说明我们如何应用第二公式。假设我管理一家大公司的半导体制造厂。该厂生产集成电路的 8 英寸硅片。我知道，在一年内，该公司将关闭工厂，将其所有的生产转移到其他能够生产 12 英寸硅片的网站上。同时，我需要新员工在洁净室工作。许多优秀的求职者都来自于异地。我担心，如果他们知道该工厂明年将关闭，他们将不想承担搬到这一地区的麻烦和花费。如果发生这种情况，我就不得不雇用更少的合格的本地工人。我应该向求职者透露这个信息吗？

根据绝对命令的第二公式，我有义务告知求职者，因为我知道这个信息很可能会影响他们的决定。如果我拒绝告知给他们这些信息，那么我就是将他们作为一种手段来对待（一种获取硅片生产力的方法），而不是以他们自身为目的（理性的人）。

使用康德主义评价场景

场景

卡拉（Carla）是一位单身母亲，她在努力完成她的大学教育的同时也在照顾她的女儿。卡拉有一份全职工作，每个学期上两门夜大课程。如果她能通过这学期的两门课程，她将毕业。她知道，如果她能花更多的时间在家里，孩子会受益。

她的一个必修课是现代欧洲历史。除了期中考试和期末考试之外，教授还布置了四个冗长的报告，这远远超过了一门课程所需的一般工夫。学生必须提交所有四份报告，以便通过这门课。

卡拉的前三份报告都获得了 A。在学期的期末，她工作的地方要求她投入大量的时间加班。她根本没有时间去研究和书写最后的报告。卡拉在网络上发现有一个公司出售学期论文。她从这家公司买了一份报告，并把它当作自己的作业。

卡拉的行为道德上正当吗？

分析：

很多时候用康德的绝对命令第二公式分析一个道德问题更加容易，所以我们从这里入手。通过提交其他人的工作作为她自己的作业，卡拉就在以达到目的的手段对待教授。卡拉以用别人的工作获得分数为目标欺骗教授。卡拉把教授作为成绩产生机器而不是一个理性的主体，其实她本可以与教授沟通她的不寻常的境遇，所以卡拉的行为是错误的。

我们也可以使用绝对命令的第一公式来看待这个问题。卡拉希望用她购买的报告获得分数。这里提出的道德准则可能是，"我要声明我获得分数的报告出自他人之手"。然而，如果每个人都遵循这条准则，报告将不再是衡量学生知识的可靠指标，教授们也不会再给报告打分。那么这里提出的道德准则就是自相矛盾的。因此，卡拉购买报告并把它作为自己的作业上交，这是错误的。

评论：

注意，康德分析的道德问题侧重于行为背后的意志。它提出的问题是"当卡拉以她的名义上交了别人写的论文时她想要做什么？"这种分析忽略了例外情况，非康德主义的人可能引用这些情况来证明她的行动。

康德主义正面案例

1. 绝对命令与共同道德问题一致，"如果每个人都那样做会怎样？"

根据康德主义哲学，如果你不能让每个人在相似的场景下做同样的事情，那么你以特殊的方式做事就是错误的。这是从主流、常识和公平的视角看待问题。

2. 康德主义哲学产生普遍的道德准则

与许多人的直觉一致，康德主义哲学认为同样的道德准则存在于整个历史中。这些准则指引我们做出明确的道德判断。例如下面这样的判断："牺牲人类的生命来安抚神灵是错误的。"21 世纪的欧洲认为这是错误的，但在南美洲，15 世纪时就认为是错的了。

3. 所有人都应该在道德上被平等对待

一种流行的观点是"所有人生来平等。"因为它认为在相似情景下的人们应该受到相似的对待，康德主义哲学为打破歧视提供了伦理框架。

康德主义反面案例

1. 有时候，没有单独的规则能够描述某一行为特征

康德认为每个行动都受规则的驱使。适当的规则取决于我们怎样描述行为。一旦我们了解规则，就可以用绝对命令来检验它的价值。当没有单独的规则可以充分解释某一情景时会发生什么呢？道格拉斯·波什（Douglas Birsch）举了这样一个例子：假设我想偷食品杂货店的食物喂饱我饥饿的孩子。我该如何描述这一行动？我是在偷盗吗？我是在照顾我的孩子吗？我是在试图拯救无辜人的生命吗？除非我能定义描述我的行为，不然我就不能决定规则并检验它。然而，没有单独的规则可以充分捕捉并描述伦理问题。

2. 有时没办法解决规则之间的冲突

解决前一个问题的方法是对于某一特定行为，允许多个规则同时作用。在前面的例子中，我们或许可以说相关的规则有：（1）你不应该偷盗；（2）你应该努力挽救人的生命。那么问题来了，如果这两条规则有冲突，应该遵循哪个？

康德区分了完全义务和不完全义务，完全义务是我们在任何情况下都有责任去完成的，不完全义务是总体而言我们有义务做的，而不是每种情况下都要完成的。例如，你有完全义务说实话，意味着你必须毫无例外、时时刻刻地说实话。另一方面，对于自己的天赋，你有不完全义务。如果你有音乐天赋，就去发展它，但你不用学习每一种乐器。

如果完全义务和不完全义务之间有冲突，完全义务需占上风。回到我们的例子，对于偷盗，我们有完全义务。相反，对于帮助别人，我们有不完全义务。因此，根据康德的理论，偷面包喂饥饿的孩子是错误的做法。

在这种情形下，我们是幸运的。因为冲突仅仅存在于完全义务和不完全义务之间。在那些冲突存在于两个完全义务之间的案例，康德主义不能为我们提供选择方法。

3. 康德主义完全义务不允许例外存在

常识告诉我们，如果我们想和其他人相处的话，有时我们应该稍微"改变"一下规则。例如，你的妈妈问你她的新发型怎么样，你心里觉得丑极了，但你会如何回答？常识决定了批评母亲的发型是没有意义的。因为不管你说什么，她都不能再把发型复原。如果你赞美几句，她会非常开心，但是如果你说她发型难看，她可能会伤心、生气。她希望你会赞美她，尽管你心里不是那么想，可说谎并没有坏处。但是康德争辩道，只要是说谎就是错的，因为我们对于讲真话有完全义务。任何伦理理论如果如此"倔强"，都不能解决"现实世界"的问题。

虽然反对意见指出康德主义的弱点。但康德主义支持建立在事实和共同价值观的逻辑推理上的道德决策。它是文化中立的，且平等对待所有人。因此满足我们对可行伦理理论的要求，所以我们会在书中用到这种评估道德问题的理论。

行为功利主义

英国哲学家杰里米·边沁（1748—1832）和约翰·斯图亚特·密尔（1806—1873）共同提出了一个理论，与康德哲学形成了鲜明的对比。在边沁和密尔看来，倘若一种行为所带来的好处超过其坏处，那么这样的行为就是好的。倘若一种行为所带来的坏处超过其好处，就是不好的。他们的伦理理论也叫功利主义，是基于效用原则提出来的，因此又称最大幸福原则。

效用原则

效用是客体的一种倾向和趋势，其目的是为个体和群体带来幸福，避免不幸福。基于这样的概念，你可能会认为幸福是一种优势、一种益处抑或是快乐，而不幸福就是一种弱势、负担、邪恶和痛苦。

效用原则（最大幸福原则）

一种行为不论是正确的还是错误的，它的增加或者减少都会影响整体的幸福感。

我们可以应用效用原则作为一种衡量标准来评判道德境界的一切行为活动。假设在一种特定情况下，我们会有一系列可能的行为活动。对于每一个可能发生的行为来说，我们必须确定每个受到影响的人的幸福感是增加还是减少，然后增加所有价值来达到一个较大的总量：这就是幸福增加或者减少总量，由特定行为引起（图 1.6）。我们对于这一系列可能动作中的每个动作都要重复这个过程。道德行为就是最大限度产生幸福的行为。（如果每一种可能的动作都会导致幸福的减少，那么道德行为的目的就是最大限度减少不幸福的产生。）

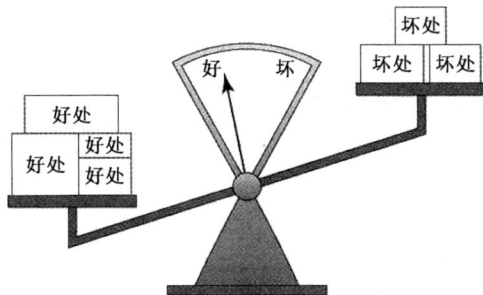

图 1.6 功利主义是以效用原则为基础，认为一种行为的好坏某种程度上会影响群体的总幸福感的增加或者减少。

行为道德与行为背后的态度无关。边沁写道："没有任何一件事情本身的动机是坏的，动机的好坏只在于它们所产生的影响。"我们可以把功利主义称为结果主义理论，因为其焦点就是行为所产生的影响。

行为功利主义是一种道德理论，认为一种好的行为其产生的净效应（全部受影响群体）就是带来更多的幸福。假设我们用正数来衡量快乐，用负数来衡量痛苦，为了制定道德行为评价标准，我们可以简单地改变受影响群体的幸福感。如果总数是正值，那么这种行为就是好的，如果总数是负值，那么这种行为就是坏的。

有没有注意到我在前面的段落里面用的"存在"这个单词而不是"用人"这个单词？行为功利主义者必做的重要决定就是确定哪一个群体是道德高尚的群体。边沁指出曾经一度只有成年白人男性才被认为是道德高尚范畴。边沁认为任何一种存在，只要经历了痛苦和快乐，都可以被认为是道德高尚的。当然，女人和有色人种依据其定义来说属于道德高尚范畴，然而此外，所有的哺乳动物（有可能是其他物种）都属于道德高尚的范围，因为它们也同样经历痛苦和快乐。当然，随着道德高尚群体人数的上升，评价行为结果的难度也随之增加。这就意味着我们在进行功利计算时，决定所产生的环境影响必须包含在内。

用行为功利主义评价场景

场 景

一个国家正在考虑更换绵延弯曲的漫长的公路，这条公路穿过大城市的市郊。那么建造公路这一行为是一种好的行为吗？

分析：

为了对这一问题进行分析，我们必须确定谁会受到影响以及公路建设会带来怎样的影响。我们的分析是用美元和美分进行衡量，因此我们用获益和成本来代替幸福和不幸福。大约有 150 户人家住在新建设高速路的旁边或者是附近。如果使用征用的权力，国家就会谴责这些住户，因为国家要花费 2000 万美金给住户作为公平的赔偿。在建的新型高速路全长 3 英里，花费纳税者 1000 万美金。倘若新高速路所带来的环境影响，比如道德高尚的物种丧失栖息地，那么这样损失的价值将近 100 万美元。

每个工作日，15 000 辆轿车要驶过这段新的高速路，这段笔直的高速路要比弯曲的高速路短 1 英里。假设每英里车主花费 40 美分进行道路养护，那么新高速路的建设将会每天节省司机 6000 美元的养护费用。高速路有 25 年的通行寿命，在这 25 年里，预期为司机节省开支为 3900 万美金。

我们假设高速路项目不会对任何人产生积极或者消极的影响。因为修建高速路的总花费为 3100 万美金，而其所带来的收益为 3900 万美金，因此修建高速路属于一种好的行为。

评价：

进行收益—成本（或者幸福—不幸福）的计算对于功利主义来说是极其重要的，当然这也是备受争议的。在刚才的例子中，我们把所有的衡量事项都转化成美元或者美分。试问，这是合理的吗？周围群体是各种重要关系的所在。我们不可以把欲建高速路多产生的坏处的价值施加于周围群体的身上。因为即使给周围群体一个合理的房产赔偿金，倘若他们被迫迁居他地，也同样会让他们感到愤怒。我们怎么可以仅仅用金钱的价值来衡量其情感的苦闷？另一方面，我们不能增加苹果和橙子。把任何事情都转换成美元或者美分其实就是把每件事都转化成普通单位。

边沁认为完整的分析必须超越简单的收益和伤害的衡量。因为不是所有的收益都有同等的价值和重量。为了衡量他们，他提出了 7 个能够用来增加或减少特定快乐或痛苦价值的要素。

- 强度：经验幅度

- 持续时间：经历持续多久
- 确定性：会真正发生的概率
- 接近：经验在空间和时间上如何接近
- 繁殖力：其产生相同类型的经验的能力
- 纯度：快乐不被稀释的程度，反之亦然
- 范围：受影响的人数

我们可以看到，进行完整的特定道德问题的计算是一项多么浩大的工程！

行为功利主义正面案例

1. 行为功利主义是针对幸福而言的

依据衡量道德行为的最大幸福原则，功利主义符合许多人的直觉，那就是生活的目的就是要幸福快乐。

2. 行为功利主义具有实践性

功利主义计算能够提供一种直观的方式来确定行为的正当合理性。首先要做的就是确定可能的选择。然后，依次考虑每一种选择。对于每种选择来说，统计行为所影响的群体的积极或消极结果。最后，依据最大值来确定选择。这种选择就是一种正确的行为。这一过程是以一种公开的方式进行的，其中所有的信息的关键利益相关者都可以获得，对多样人群来说是一种好的方式，能够就一个备受争议的话题进行集体决定。

比如，假设你的国家需要筹建一个新的监狱，因为服刑人员正在逐渐增加。任何人都知道监狱需要建在国家的某个地方，但是没有人想要让监狱建在自己家的周围。一群值得信赖的居民拿出一些解决方案，经历了一系列公共听证会收集证据，衡量每个地点的利弊。最终，人们制定出公共个人得分和总数，得出得分最高的地点。一些人会因为监狱建在自己家的附近而感到不开心，然而一个公开公正的解决过程会加速人们对于最终决策的接受程度。

3. 行为功利主义是全面综合的

行为功利主义要求道德机构要考虑到特定情境的元素。你还记得在妈妈理了糟糕的发型之后，你不得不说点什么的情景吗？功利主义要求你要考虑到感情产生痛苦的因素，告诉你自己和妈妈事实。这种行为所产生的坏处会使你失去平衡，朝着妈妈期望的方向说话。

行为功利主义反面案例

1. 在进行功利主义计算时，在哪里划界并不清晰，然而不管我们在哪里划界都可以改变评价的结果

为了进行由行为产生的净幸福感的计算，我们必须确定谁要参与计算以及将来何时对结果探究。在高速路的例子中，我们计算出失去家园的人数和那些在以后的 25 年里将要使用高速路的人数。高速路的建设可能会把周围的人分成两组，孩子们上学更加困难，但是我们并没有把结果因素考虑进去。高速路的建设可能会改变人们的判断，增加了城镇其他地方的交通阻塞问题，但是我们也没有把这部分人算进去。高速路可能会存在 25 年之久，但是我们并不期盼那个时候的到来。我们不可能随时把道德相关的存在囊括进未来。我们必须在某些其他地方划界。

确定在哪里划界是一个非常困难的问题。

2. 在每个道德上决定投入很多精力是不实际的

正确进行功利主义计算需要投入大量的时间和精力。这似乎并不现实，因为在人们面临道德问题的时候，往往会遇到很多麻烦。

对于这一批判的一种回复就是行为功利主义总会提出经验原则。例如，有一条经验原则是这样的：撒谎是错误的。在大多数情况下，很显然，这是正确的事情。即使不进行完整的功利主义计算也是正确的。然而，行为功利主义总是保留违反经验原则的权利，如果特定情况应该对其进行必要保障。在这些案例中，行为功利主义需要对结果进行详细的分析，确定行为的最佳做法。

3. 行为功利主义忽视了人们与生俱来的使命感

功利主义似乎与普通人如何做道德决定的方式矛盾。人们的行为都会带有使命感，但是行为功利主义理论却认为这种使命感无足轻重，反而认为所有的事物都是行为的结果。

W.D.罗斯举出这样一个例子。假设我对 A 已经许诺，倘若我遵守诺言，那么我这样行为的发生就是为被许诺者带来 1000 单位的好处。如果我食言，我就做出一种可以为 B 带来 1001 单位的好处。根据功利主义理论，我就应该对 A 食言并且为 B 带来 1001 单位的好处。然而大多数人都认为正确的行为方式就是我遵守诺言。

其实，对于功利主义者来说，他们会产生一种很矛盾的心理，这种心理是由自己没有对 A 信守承诺而产生的，而这种心理将会对总体的幸福感（N 单位）产生消极的影响，这种情况并没有好处。因为我做的所有事情就是要改变场景，使得虽然我没有对 A 信守承诺，但是这样我可以为 B 带来 1001+N 单位的好处。我们得到相同的结果，即不信守承诺比信守承诺可以多带来 1 单位的好处。真正的问题在于功利主义迫使我们把所有的结果都归到一个正数或者负数。但是"做正确的事情"其价值很难进行量化。

4. 我们无法预测行为结果的确定性

在进行功利主义计算时，我们可以确定这种行为所带来的可能结果，但是我们可能会误判其确定性、强度以及这种结果所持续的时间。这种行为可能会产生其他不可预见的结果，以至于我们忘记进行计算。这样的错误可能致使我们去选择行为的错误方面。

5. 行为功利主义易受道德运气问题的影响

我们之前提到过，有时行为会产生不可预见的结果。那么试问在这些结果不完全受道德主体控制的情况下，对于一种行为的道德价值来说仅仅依靠其结果是正确的吗？这就叫作道德运气问题。

假设我听说我的阿姨住院了，我送她一束鲜花，她收到鲜花之后，由于对某种外来品种的鲜花不适应而产生严重的过敏反应，继续留院观察。我送的礼物非但没有产生好的结果，反而让阿姨的情况更加糟糕，在医院花费更大。因为我行为的结果产生的消极影响大于积极影响，功利主义者就会认为我的行为是坏的，这似乎很不公平！

与功利主义对立的还有两种其他的学说。我们将会在接下来的功利主义规则部分进行详细概述。

虽然功利主义并不完美，但却非常客观。理性伦理理论认为可以允许人对特定行为的对与错进行解释。在合理可行的伦理理论体系中，我们还可以应用康德哲学来评价道德问题。

规则功利主义

功利主义的弱点使得一些哲学家以效用原则为基础探究其他伦理理论。这个理论就叫作规则功利主义。一些哲学家认为乔治·斯图尔特·密尔的理论实际上属于规则功利主义范畴，而其他哲学家却不以为然。

规则功利主义的基础

规则功利主义属于伦理理论，倡导我们应该遵循一些道德规则，认为倘若所有人都遵循这些规则，所有受影响的群体都会得到最大程度的幸福。因此，规则功利主义把效用原则应用到道德准则中，而行为功利主义则把效用理论仅仅应用到个体的道德行为中。

规则功利主义和康德主义都重视规则，两种理论有很大的重叠。然而，两种伦理理论在创建各自的道德规则时却采用了截然不同的方式。规则功利主义选择遵从道德规则本身，那是因为全部采用道德规则将会得到最大限度的净幸福感。而康德伦理理论也遵从道德规则，但是规则须与绝对命令相适，即所有人都把自己当作最终目的，而不仅仅是达到目的的手段。换言之，规则功利主义注重行为的结果，而康德伦理则注重行为背后的意志动机。

用规则功利主义来评价场景

场 景

千年虫是一种独立完备的程序,通过入侵联网计算机的安全漏洞在整个计算机网络进行传播。2003 年 8 月,一个名叫冲击波千年虫的病毒入侵很多装载 Windows2000、Windows NT、Windows XP 操作系统的计算机。冲击波千年虫使得感染该病毒的计算机每几分钟就重启一次。

不久,另一种计算机病毒利用 Windows 系统同样的安全漏洞再一次大肆在互联网广泛传播。然而,此次这个名叫 Nachi 的病毒的目的攻势相对温和。因为 Nachi 与冲击波利用了同样的安全漏洞,因此那些对冲击波病毒免疫的计算机不会再受到入侵。只要 Nachi 利用安全漏洞与计算机成功连接,它就会扎根并且摧毁冲击波的文件和副本。Nachi 也会自动从微软上下载系列操作系统软件来修复安全问题。最后,Nachi 会利用计算机作为发射台继续寻找其他存在安全漏洞问题的个人计算机。

请问:发布 Nachi 病毒者的行为在道德上是正确的还是错误的呢?

分析:

如果要从规则功利主义视角分析这个道德问题,我们必须制定一套合理的道德规则,并且确定这种全方面应用是否可以增加受影响群体的幸福感。在这个案例中,合理的道德规则可能是如下这样的:"如果我可以编写并且发布一个有益的病毒来帮助受侵计算机提高安全性能,我应该做这样的事情。"

如果所有人都遵守新制定的道德规则,那么好处又是什么?很多人都不会利用最新的操作系统来维持计算机的正常运行,而是会选择病毒入侵计算机本身自动清除网络隐患的方式,这样他们会获益良多。

规则的全部应用会产生什么样的坏处?如果所有人都遵守规则,每个新型有害病毒的出现就会激发铲除有害病毒的其他病毒的出现。病毒的出现会制造很多额外网络故障的发生。比如,Nachi 致使两个金融部门的取款机瘫痪,因此道德规则的全部应用会减少网络的有用之处,反而很多"有益的"病毒会应运而生。

另一个消极结果就是对计算机造成的潜在危害,这些危害都是由有益病毒产生的。因为即便是温和的病毒也会存在漏洞。如果很多人发布这样的病毒,就会给一些病毒提供可乘之机来有意破坏数据或程序,造成病毒入侵计算机。

第三个有害结果就是给系统管理者增加额外的工作量。系统管理者在检查新病毒时,很难立刻识别出这种病毒到底是有害的还是有益的。因此,系统管理者最保险的办法就是对抗袭击他们计算机的任何病毒。倘若人们采用道德规则,那么会有更多的病毒被释放,迫使系统管理者花费更多的时间对抗病毒。

总而言之,道德规则的全部应用弊大于利,因此,人们发布 Nachi 病毒的行为在道德上就是错误的。

规则功利主义正面案例

1. 并不是每个决定都需要进行功利主义的计算

一个依赖行为准则的人并不需要花费大量的时间和精力去分析每一个特定的道德行为,判定这种行为到底是对还是错。

2. 例外情况不能完全颠覆道德准则

还记得前面提到的那个例子吗？就是到底选择对 A 保守诺言并为 A 带来 1000 单位的好处，还是选择对 A 食言并为 B 带来 1001 单位的好处的案例。一个规则功利主义者绝不会令自己陷入这种进退维谷的窘境。一个规则功利主义者认识到任何人信守诺言的长期结果产生的好处要比给与每个人失信的自由多，因此在这样的情况下规则功利主义者认为正确的做法就是对 A 遵守承诺。

3. 规则功利主义能够解决道德运气的问题

因为规则功利主义主要注重动作行为的结果，因此非正常的结果不会影响行为所产生的好处。规则功利主义者认为买花看望病人是好的行为。

4. 规则功利主义降低偏见

行为功利主义的弱点就是其很容易产生带有偏见的分析。试问，"我这样做可以吗？"行为功利主义者可能会认为有意识或无意识地抬高个人利益或降低对他人的潜在危害的行为是可以接受的。相反，规则功利主义者会问这样的问题："任何人在类似的情况下做出这样的行为是可接受的吗？"回答后一个问题的人更倾向于在行为的利益或危害上增加合理的比重。

5. 规则功利主义关注社会的大环境

伯纳德·伯特指出："功利主义自相矛盾，这种道德理论通常由那些本身没有提出任何道德理论的人所倡导，他们的想法是这样的，只要人不受伤害，做什么事情都是对的。这就是实际结果，并不是愚蠢的规则。重要的是事情向最佳方向发展，而不是人们如何让它发生。道德体系中，并不是一件违法行为的结果能够完全决定其正当性，而是这样的行为能否为大众所允许和接受。"换句话说，行为是否正当的前提条件是这种行为能够比不作为带来很多的净幸福感。

规则功利主义反面案例

我们可以看到，规则功利主义似乎是试图解决关于行为功利主义相关的些许问题。然而，功利主义理论又存在两种批判。不论是行为功利主义抑或是规则功利主义都会存在这样的问题。

1. 功利主义迫使我们应用单一衡量标准去全面评价不同的结果

为了进行功利主义的计算，所有的结果都会以同样的单位进行衡量。此外，我们无法将它们叠加。比如，如果我们要计算由修建新公路所产生的幸福感总量，很多成本和收益（例如修路成本，司机的汽油花销）可以很容易用美元表示。其他成本和收益是无形的，但是我们还必须将其用美元的形式表示出来，为的就是计算出这个项目创造或毁坏的幸福感总量。假设一个社会学家告诉国家 150 户家庭需要迁居他处，那么这样的行为很有可能引起 5 户人家的婚姻破裂。那我们如何把 1 美元的价值惠及这不幸的结果上呢？在某些情况下，功利主义者必须对生命进行量化。那么生命的价值又是如何用金钱进行量化的衡量呢？

2. 功利主义忽视了有利结果不公平分配的问题

对功利主义的批判，即功利主义的计算完全着重于所产生幸福感总量的计算。假设一个行为导致社会的每一个成员都得到 100 单位的收益，而另一个行为则导致社会半数成员得到每人 201 单位的收益，而剩下半数成员则分文没有。根据效用计算原则，第二种行为更好，那是因为全体幸福感更高。但是很多人都认为这样的行为是不对的。

这种批判的一种解释就是我们的目标是为更多人争取最大限度的收益。事实上，这就是功利主义。一位这种理论的支持者可能会说我们应该运用这两种原理来指导我们的行为：（1）我们的行为应该以最大限度产生收益为目的；（2）我们应该更加广泛地分配这些收益。这些原则的第一条就是效用原则，但是第二条就是分配公平的原则。换言之，"行为的目的就是要为更多人谋求最大幸福"这样的原则并不是纯粹的功利主义。哲学内部并不统一，因为很多时候两种原则理论自相矛盾。为了让理论更加有用，我们需要一种理论来解决调和两者之间的冲突。在接下来的章节里，我们详细阐述分配公平。

那些支持功利主义的批判学说指出，在某些情况下人们会得出道德问题的"错误"答案。然而，规则功利主义对待每个人都是平等的，并且赋予那些功利主义者们阐释特定行为对错与否的能力。因此，规则功利主义是继康德主义和行为功利主义之外第三个能够对道德问题进行评价的哲学理论。

社会契约论

在 2003 年春季，由美国领导的军队武装力量入侵伊拉克，并推翻了萨达姆·侯赛因（Saddam Hussein）政府。当警察消失后，成千上万的巴格达居民洗劫了政府部门。人行道上的军火商人出售 AK-47 突击步枪给需要防贼的居民。伊拉克居民和其他国家的居民有很大的不同吗？或者我们应该认为巴格达的事件是典型的无政府控制的状态吗？

社会契约

哲学家托马斯·霍布斯（1603—1679）生活在英国内战时期，他直接地看到了社会无政府的糟糕状况。他在著作《利维坦》中，提出了这样的观点：如果社会没有了规则，以及去约束人民执行这些规则的力量，那么人民就不会创造价值，因为他们无法确定这些价值是否属于自己。相反，他们会投身于抢夺自己所需之物的行为之中，并不断抵抗来自他人的抢夺行为。这样，人民将活在"无止境的恐惧之中，随时都面临着暴力死亡的威胁"，他们的人生则是孤独、贫穷、下贱、野蛮并且短暂的。

霍布斯将这种生活状态称之为"自然状态"，为了避免这种悲惨局面的发生，理性的人们意识到了合作的重要性。然而，只有当人们都遵循某种特定的规则时，合作才能得以达成。自此，道德规范就成为了"我们为了在社会生活中获取利益所必须遵从的法则"。霍布斯认为，生活在文明社会的每一个人都应该同意这样两件事：(1)形成一种道德规范来管理人与人的关系；(2)建立一个政府来确保这个规范得以执行。他将这种约定称为"社会契约"。

法裔瑞士哲学家让-雅克·卢梭（1712—1778年）发展了社会契约论。在他的著作《社会契约论》中，卢梭这样写道："每个人本身都不具有超越同类的自然权力，而某种权力自身并没有效力，因此存在于公民间的任何一种合法权威都必须基于契约。"

卢梭认为社会最需要的是一个既能够保护公民人身和财产安全，又能确保公民人身自由的组织。而他自己对这一问题的结论是，公民要把他们作为个体以及个体的权利交付给社区，社区将为其公民制定出一定的规则，而每个人都有遵循这些规则的义务。

社区并不会制定出不合理的规则，因为没有人凌驾于规则之上，大家都处在同等的地位，对他人来说不合理的规则同样也适用于自己。

但这种情况下，也极易出现个人私欲合理化的情况。那么该如何避免个人责任诉诸于群体的情况出现呢？假如，比尔欠政府 10 000 万美元的税金，但他发现了一种骗税方法能让自己只还 8 000 美元即可。他想："政府每年都能收到数十亿税金，2 000 美元对他们来说只是九牛一毛，而对我来讲却是一大笔钱。"，而比尔没有这么做，是因为他知道如果真的这么干了就会被抓起来关进监狱。为了让社会契约得以生效，社会需要的不光是一系列规则，还有能确保这些规则得以执行的系统。

根据卢梭的理论，生活在文明社会的人们，其行为中带有自然状态行为中不具备的道德品质。"只有在文明社会，人们心中本能的冲动将会被义务所替代，欲望被权利替代，原本只考虑自己利益的人，会发现如今必须遵循某种法例，人们开始承担一定的责任而非一味追求个人喜好。"

詹姆斯·雷切尔将上述理论总结成了社会契约论的定义。

社会契约论

"道德存在于规则之中，决定了人对待他人的方式。在大家都遵从这些规则的情况下，理性的人为了达到互惠互利的目的，也会接受这些规则。"

社会契约论和康德主义都建立在一个理论基础之上，即通过理性的过程可以得出一个普遍适用的道德规范。但二者在如何使道德规范符合伦理这个问题上，有着细微的差别。康德主义认为如果这个道德规范是被普遍接受的，那么我跟着遵从就对了。而社会契约论则认为，如果理性的人都认为这个道德规范能够使社区受益，应该遵循，那么我跟着遵循就是对的。

霍布斯、洛克以及十七八世纪的其他一些哲学家认为，所有重要的道德规范本来就具有其权利，比如生存的权利、自由的权利、财产的权利。一些现代哲学家会加上其他的权利，比如隐私权。

权利和义务是紧密相对的。如果你有生存的权利，那么其他人就有不能杀掉你的义务或者职责。如果你有享受免费医疗的权利，那么其他人就有确保你享受了这项权利的义务。根据其带给他人的义务，权利可以分为几类。消极权利就是在你单独行使这项权利时，他人不能够对你进行干涉的权利。例如，言论自由的权利。为了让你行使这项权利，在你发表自己的观点时，他人不能对你进行干涉。积极权利就是在你行使这项权利时，他人必须为此做出相应的行为。例如，你有享受义务教育的权利，那么社会其他人就有为了确保你上学而拨出一定资源的义务。

另一种分类方法是绝对权利与有限权利。绝对权利是没有例外所有人都享有的权利。消极权利，比如生存的权利，就是一种绝对权利。有限权利就是根据情况可能有所限制的权利。一般来讲，积极权利都属于有限权利。

例如，美国公民享有接受教育的权利。然而，由于国家财政预算有限，所以公民只能享受 12 年的免费教育，而更高层次的学习则需要缴纳一定的费用。

罗尔斯正义论

批判功利主义的原因之一是功利主义考量只考虑总体幸福感。从功利主义的角度，对公共设施的有差别分配要优于平等分配。

社会契约论意识到了财富和权力集中的潜在危害。卢梭曾这样说："只有当人人都有，而且没有人超出很多的时候，社会的状态才是对公民有利的。"在 20 世纪，约翰·罗尔斯（1921—2002）的理论让人们重新对社会契约论感兴趣。他提出两种公平原则来扩充社会契约的定义，其中包括对财富和权力的有差别分配原则。

约翰·罗尔斯公平原则

1. 每个人都想享受充足的权利与自由，例如思想自由、言论自由、结社自由、人身安全与个人财产不受侵害等。在这些方面，每个人都追求同等的权利与自由。

2. 任何社会和经济不平等都必须满足两个条件：第一，社会条件，即社会上每个人都能够追求平等、公平的权利；第二，这些人是社会底层人群中的最受益者。

图 1.7 展示了罗尔斯的公平原则。第一个公平原则与我们之前说到的社会契约论的原本定义十分接近。不同的是，它是站在权利与自由的角度而非道德规范的角度。第二个公平原则则集中讨论了社会与经济不平等的问题。社会中所有人都享受同等地位和待遇的情况实在无法想象（图 1.8）。

例如，想让每位公民都能够参与每次决策是不现实的。相反，我们选出能够为自己区域发言的代表和能够代表我们形象的官员。同样，社会中每个人都拥有同等的财富也是不可想象的。如果我们允许人们拥有私有财产，我们就应该考虑到会有人想要比他人拥有得更多。根据罗尔斯的观点，如果符合上面的两个条件，那么社会和经济不平等是可以存在的。

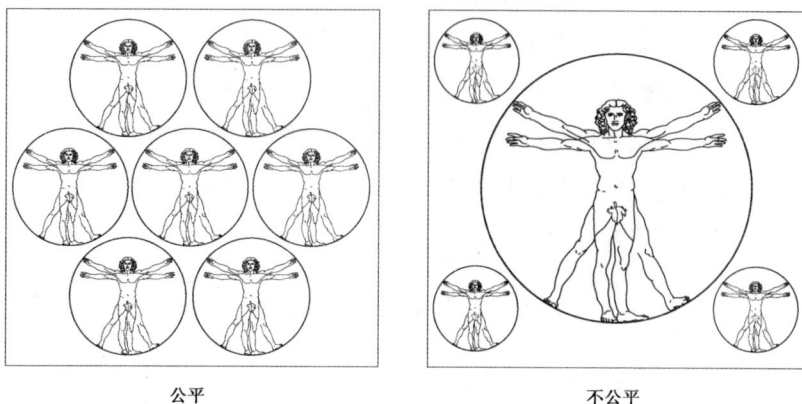

公平　　　　　　　　　　　　　不公平

图 1.7　罗尔斯第一公平原则表示：在社会其他人享受一定权利和自由的前提下，社会的每个人都能享受同等的权利与自由。

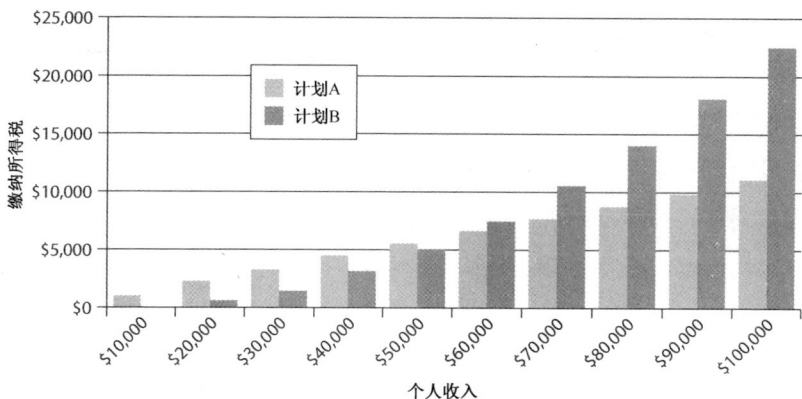

图 1.8　假设这两种收入税结构都能为政府带来同样的收入。方案 A 是统一税，意思是每位公民都按照同等的比例缴纳税金。方案 B 是累进税，其税金是随着公民收入的增长而增加的。方案 B 并没有平等对待每位公民，但由于其让底层人民享受到了最大的利益，因此在罗尔斯的差别原则中这种不公平是正当的。

第一种，每位公民都有追求更高社会地位和经济地位的平等机会。这意味着在忽略所属社会等级的前提下，两个人生来就有平等的智力、平等的才能以及平等的动力，聪明地运用则有同样的可能来得到更好的社会地位。例如，就算某人姓布什或者肯尼迪，在竞选美国总统时也不会比同等智力、才能和决心的美国其他公民有更高的获选概率。

第二种，差别原则称社会和经济的不公平必须是正当的。而体现其正当的唯一方式是证明这能给底层人民带去最大利益。这项原则的目的是确保社会人民的自由和平等。差别原则可以拿分级所得税来做例子，即收入高的人缴纳更高比例的税金。而违背这种原则的当属征兵系统，因为贫穷的人被选中的概率更高。

用社会契约论评价场景

场 景

比尔在大都会区拥有几家 DVD 连锁店，他通过计算机来管理 DVD 的租借情况。通过这些信息，他可以建立顾客的个人档案，例如，租借过很多迪士尼 DVD 的很可能家里有孩子。比尔把这些档案卖给邮购公司，然后顾客开始莫名其妙地收到一些邮购商品目录。一些顾客很高兴并且会通过此种方法订购商品，也有一些人因为增加了很多垃圾邮件而不高兴。

分析:

运用社会契约论来分析这个情境，我们需要考虑到其中理性主体的权利。在这个案例中，理性主体有比尔，比尔的顾客以及邮购公司。比尔的行为是否是道德的？这个问题的答案取决于他是否侵犯了顾客的隐私权。

如果某人在比尔店里租借过 DVD，那么这双方都获取了交易信息。他们得到信息的权利是平等的吗？如果是，那么你可以说比尔把顾客的信息卖给邮购公司是没有错的。但如果不是，假如顾客希望交易信息是保密状态，那么比尔未经顾客允许就卖掉其个人信息的行为就是错误的。

社会契约论正面案例

1. 社会契约论以权利的语言为框架

许多现代社会的文化，尤其是西式民主推动个人主义，成长在这些文化中的人对个人权利的概念非常强烈。

2. 社会契约论解释了为什么理性的人在没有与别人达到共识的时候会做出出于私利的行为

假设我们生活在一个汽油短缺的城市，如果所有车主一周有两天搭乘公共交通车辆，那么汽油就够用了。我需要做的就是决定是否会在某两天中坐公交车。

一种情况是假设别的车主都没有这么做，只有我一个人坐公交车，我就必须要忍受这样做带给我的不便之处，而整个城市汽油短缺的状况也会持续。相反，我也可以像其他人一样，继续每天都开车直到所有汽油都消耗殆尽。反正两种情况的结果是一样的，而第二种选择能让我生活得更便捷。

　　还有一种情况是假设其他车主都决定一周有两天坐公交车，如果我也坐公交车就会发现车上很挤，因为许多平常不坐公交车的人也都在这一天坐了公交车。如此一来我就必须调整我的工作时间表来配合公交车的时间表，而不是将时间浪费在等车或其他事情上。好消息是我们的城市将不再面临汽油短缺的问题。不过我也可以继续开车，我一辆车的耗油量与整个城市缺油的状况相比微不足道，而且这样对我来说会更方便。最后城市的汽油不会耗尽，我每天都开车生活得也更好。

　　总的来看，如果没人坐公交车，我最好开车；如果人人都坐公交车，我最好继续开车。运用推理的方法能得出：我应该一直开车。但是，所有的人推理之后都会得出这个结论！结果就是我们的城市汽油耗尽。

　　我们自私的行为是因为我们没有达成一个共识。如果所有人都同意一周有两天乘坐公交车，没有遵守规则的人将会被罚款，那么人们最后推理得到的结果就会是搭乘公共交通车辆。

　　道德是理性生命中的一种隐性协议，这些理性生命懂得自我利益和共同利益间存在一种张力，这种理念是社会契约论的基本。当大家合作时，共同利益能最好地实现。合作的发生是对自私的人的一种负面影响。

3. 社会契约论解释了为什么政府会在特定情况下剥夺一些人的权利

　　例如，有人因为犯罪而被惩罚在道德上是可以接受的，社会契约论给它提供了一种合理的解释。你或许会问："如果所有人都有自由的权利，我们如何能将一个犯了罪的人送进监狱？"社会契约是基于每个人都能在因遵守规矩产生的负担下受益这种观念的。明白那些不守规矩的人会被惩罚，这让自私的人不能无视他们的义务。但所有的事都是建立在社会一定会惩罚犯罪的人的基础上的。

4. 社会契约论解释了为什么在某些情况下公民抗命可以是道德上正确的决定

回想一下 20 世纪 60 年代的午餐柜台静坐抗议。1960 年 2 月 1 日，4 名北卡罗来纳农工州立大学的非裔美籍学生走进位于格林斯伯勒南榆树街的沃尔沃斯商店，坐在午餐柜台的"白人专区"点餐。服务员拒绝为他们服务，他们就坐在凳子上直到商店关门。两天后，85 名学生加入了沃尔沃斯静坐行列。这些学生全部都违反了种族隔离政策，但根据社会契约论，他们的行为被认为具有道德正当性。前面说过，社会契约是基于每个人在承担责任的同时能受益。种族隔离法让有色人种比白人承担了更多的责任，但得到的好处却更少。因此，这是不公正的。

社会契约论反面案例

1. 没人签署社会契约

社会契约不是一个真正的契约。实际上我们都没同意公民对社会的义务，为什么要被义务"绑架"呢？

社会契约论的反对者指出，社会契约是一个理论概念，应该用来解释社会采用道德准则的一种理性过程。正如约翰·罗尔斯所言，社会契约是假设性的、非历史性的。社会契约论是理性的人"可以或愿意同意，而不是不得不同意"，从这个意义上说它是假设性的。而它的非历史性是因为那些理性的人"没有假设这个契约会，或者已经真正签订"。此外，即使它能够被签订，也不会产生什么变化。没有变化的原因是因为道德准则应该是分析（事实和价值加上逻辑推理）的结果，而不是历史的结果。社会契约论不是变相的文化相对论。

2. 一些行为可以用好几种方式归类

社会契约论和康德主义都涉及这个问题。有时候情况很复杂，没办法只用一种方式描述。我们对一种情况的反应可以影响我们做分析采用的规则或权利。

3. 社会契约论不能解释当分析反映出权利冲突时如何解决道德问题

这是另一个跟社会契约论和康德主义都有关系的问题。还是棘手的堕胎问题，其中母亲的隐私权与胎儿的生命权相互矛盾。只要接受其中一个问题，那么另一个问题就无法解决。发生在争辩过程中的典型问题是倡导者通过使对手权利打折扣或者拒绝对手权利的方式"解决"问题。

4. 社会契约论对那些不能坚持自己观点的人来说是不公平的

社会契约论为每个人都提供了一定的权利，因此人们也要承担相应的义务。当一个人不遵守道德规则时将会受到惩罚。可是那些自身没有错却不能遵守道德规则的人该怎么办呢？

对这种反对意见的回应是，故意选择打破一个道德规则和不能遵守道德规则的人之间是有区别的。社会必须区分这两个群体的人。那些故意违反道德规范的人应该受到惩罚，但是没能力遵守道德规则的人应该被照顾。

然而，这种方法忽略了很难区分这两种人的事实。比如，我们应该如何对待吸毒上瘾者偷食毒品？一些国家把他们当作罪犯，关进监狱里。另外一些国家把他们当作精神病人，送进医院里。

这些批判表明了社会契约论的一些不足。然而，社会契约论是有逻辑性和分析性的。它允许人们解释一个特殊的行为为什么是道德或不道德的。根据我们的标准，与康德主义、行为功利主义和规则功利主义相配合，可以作为评估道德问题的伦理理论。

美德伦理学

一些道德哲学家批判康德主义、功利主义和社会契约论，他们认为这些观点都忽略了道德生活的一些重要方面，包括道德教育、道德智慧、家庭和社会关系以及情感的作用。在过去的几十年里，对美德伦理的研究逐渐复苏，美德伦理是一个拥有以上所有要素的伦理理论。

与康德主义、功利主义和社会契约论起源于启蒙运动不同，美德伦理学可以追溯到古希腊。arete（常被译作美德或优秀）是指达到某人的最高潜能。对美德最有影响力的论述出现在亚里士多德著于公元前 4 世纪的《尼各马可伦理学》。在这本书中，亚里士多德认为美德是人类通往真正的幸福、达到真正的繁荣的道路。

善恶观

亚里士多德认为美德分两种：智性美德和道德美德。智性美德是与推理和真理相关的美德，而道德美德经常被当今的作家称为性格的美德，它是通过重复相关良好行为而形成的习惯或性情（图 1.9）。例如，你可以通过习惯性地讲真话或做其他诚实行为来培养诚实的品德。本章中，我们的首要焦点是道德上的美德。

道德美德是一种深层的人格特质。以那些具有美德的诚实的人为例。一个诚实的人会认为说实话是理所当然的事，他们甚至在产生做一些虚假的事情的念头时都会不舒服，他们也不会答应别人加入不诚实的行为中。道德上表现良好的人总是做对的事情，这是他们的本性。

图 1.9 亚里士多德说，幸福源于有美德的生活。你可以通过重复正确行为获得道德美德。

请注意，道德美德不仅仅是你怎样做事情，更是你怎样感受事情。亚里士多德认为，通过观察别人的喜恶可以判断出其性格。他写道："我们甚至可以说，一个不喜欢做高尚的事的人不是一个好人。如果一个人行事不公正，没有人会认为他是个公正的人。同样，一个人行为不慷慨，人们也不会认为他是个慷慨的人。"

当然，道德美德中有一些比其他的与情感有更直接的联系。勇气就是其中一例。要勇敢，你必须能缓和你的恐惧。

如前所述，道德品质是一种深层次的性格特征，而性格特征则需要时间变得根深蒂固。试想，一个年轻的童子军受他的教练鼓励，认真对待参加童子军的口号，"认真做日行一善"。

童子军受到口号的鼓励，每天都寻找机会帮助别人，这并不是因为他对帮助别人真的感兴趣，而是因为他敬仰自己的团长并且希望得到团长的肯定和表扬。童子军连续每天为家人、朋友甚至陌生人做出善举，持续了很长时间。最后他意识到他已经坚持做好事很久，这已经成为一种习惯。这种习惯是如此根深蒂固以至于他做好事不再依赖于团长的肯定与赞美。每日行善给了他一种真正的满足感。这时，帮助别人已经成了这个童子军的天性，他天性仁慈了。

如果一个人拥有美德，却偶尔缺失时，一定是有原因的。试想雪莉以她的可靠著称。她说什么就会做什么，参加会议也从来不迟到。每个人都知道雪莉靠得住。一天早晨，雪莉没有出席她本答应参加的会议。当别人注意到她的缺席时，他们会说，"一定发生了什么事"。他们明白雪莉没有准时参会一定是有一个情有可原的理由。

美德伦理学总结

正确的行为是善良的人在相同情况下基于自身性格所做出的反应。善良的人是拥有和实践美德的人。美德是人类为了达到繁荣和真正快乐而必须有的性格特征。

人类为了达到繁荣和真正快乐都需要哪些美德呢？在一定程度上这取决于文化。荷马时代的希腊体育勇气是珍贵的；开拓美国西部时人们看重自立；在今天的多元文化社会，包容是非常重要的。然而，某些核心的美德，如诚实、公正和忠诚，似乎有着普世的重要性。

恶习是阻止人类达到繁荣和真正快乐的性格特质。它是美德的对立面。亚里士多德注意到，在许多情况下，两个不同的缺陷可能都与一种美德有关：一个是美德的过剩，另一个是美德的缺乏。例如，勇敢的美德可以看成是懦弱（过多的恐惧）和鲁莽（缺乏恐惧）之间的中间地带。

友善的美德介于好争论（过分挑剔别人的喜好或他们想做的事）和媚俗（太容易屈服或对别人喜好和所做之事太不挑剔）之间。

美德伦理学特别关注施事者（执行人）、行为（如康德主义和社会契约论）和行动的后果（如功利主义）。一个好人"在正确的时间，由于正确的原因，做正确的事情"。

根据美德伦理学的理论，道德决策不能被简化为一套规则的常规应用。这并不是说没有"经验法则"可言。例如，为了建立可让人信赖的美德，遵循"保持信心"的法则不失为一个好主意。然而，在某些情况下，保持信心可能不是正确的行为。道德智慧和洞察力优先于任何规则。

用美德伦理学做决策

情　境

乔希（Josh）是一所规模很小的大学里计算机专业的大四学生。计算机专业的所有大四学生都是朋友，因为他们大部分的计算机科学课程都是一起上的。乔希与马特关系特别好。他们来自同一个城市，距离学校 200 英里。马特好几次都在假期开始和结束时接送乔希回家和返校。值得注意的是，马特载乔希时从未向他要过任何汽油钱，而乔希也从来没有给过。

当大四学生开始为了毕业项目寻找合作伙伴时，乔希和马特选择了在一队，对此没有人感到惊讶。不幸的是，乔希和其他队友很快后悔邀请马特到他们的团队里。大家都知道马特勤劳且值得信赖，但他的父亲刚死于车祸，这使得他对学校的一切都失去了兴趣。更糟糕的是，马特常常酗酒。他经常不出席集体会议，他所做的代码不符合规格。因为并没有真正可以管控马特行为的权利，乔希和其他队友无法说服马特认真对待项目，他们认为自己将马特所做的系统部分重新做反而更简单。马特做了幻灯片中自己负责的那部分，口头报告时，他站起来，大谈特谈"他的"那部分代码，只字未提这都是由他队友重新编写的事情。

班里的每个人都要给教授发一封邮件给他们的队友们打分。对于那些证明自己可以在软件开发团队里好好工作的人，计算机系予以毕业，而根据队友们的反馈证明表现不好的人可能会留级。马特找到乔希，告诉他自己真的需要通过这门课，因为自己已经无法再在学校多待一年了，所以他请求乔希为他绩效评估时打高分。乔希应该怎么做？

决策：

乔希充分意识到一个糟糕的绩效评估可能会使马特无法毕业，他必须要做出决定是否向教授揭露马特根本没能完成团队项目的事实。乔希是个诚实的人，他想象自己告诉教授马特表现很好这个谎言时自己会非常痛苦。然而，乔希也是一个正直的人，他觉得马特有恩于自己，马特在过去的 4 年中帮了自己很多忙，特别是免费带自己往返于家乡和学校。乔希还很同情马特刚失去父亲的伤痛。失去父亲已然很痛苦，由于他父亲走得太突然，马特甚至都没有机会和他说再见。

乔希思考自己的困境，他开始意识到自己之所以处于这个困境是因为以前某些时间他没有做正确的事情。他利用马特的慷慨（向自己的贪婪冲动投降）乘坐了多次的免费车。如果他交了自己份额的汽油钱，他就不会觉得自己亏欠马特了。乔希也知道他不是一个特别好的朋友，因此马特失去父亲时，他没能好好地和他谈谈，当他因为悲伤影响自己在项目中的表现时，也没能好好和他谈谈。马特对这项学业任务的不关注绝对是性格以外的反常表现，显示出自己正在遭受巨大的痛苦。乔希现在明白了，当马特一开始展现出不参与团队活动时，他和其他队友就应该与负责该项目的教授谈一谈。早期干预也许会导致一个完全不同的结果。

经过一番思考，乔希认为他必须诚实对待教授。然而，他并不只是告诉教授马特的表现不好。乔希决定他也会负起自己的责任，告诉教授自己没能在早期的时候对形势做出回应，导致了这令人不满意的结果的发生。

美德伦理学正面案例

1. 在许多情况下，把重点放在美德比放在责任、权利上，后果更为合理

例如，考虑一下为什么靠偷来满足自私的欲望是错误的。根据康德主义，这个行为是错误的是因为实施偷窃行为的人不把受害者作为自己的目标。根据规则功利主义，偷窃是错误的，因为每个人都偷窃的长期后果产生的害比益多。从美德伦理学的角度解释更简单：靠偷来满足自私的欲望是错误的，因为它使一个人无法获取诚实这项美德。

2. 人际关系可以在道德上影响决策

回想功利主义、康德主义和社会契约论，它们要求我们完全公正和平等地对待所有人类。这一假设导致了大多数人难以接受的结论。例如，当一对夫妻面对选择到底是用 5000 美元带着孩子去迪士尼乐园玩一周还是救助 1000 个饥饿的难民一个月，从功利主义的角度来看是救助 1000 个生命是更好的选择。但是当从美德伦理学的角度看这个问题的时候，这对夫妻与其孩子的关系就会在道德上影响他们的决策。父母通

常会对自己的孩子偏爱一些，这可能会影响到他们所做的决定与行为。

3. 美德伦理学认为我们的道德决策技巧是随着时间的推移建立的

人们通过养成行为习惯建立美德。一个人的性格发展是需要时间的。道德智慧这种智力上的美德也需要时间来发展。我们每个人都处在由"我是谁"通往"我想要成为谁"的道路上，如果我对某件事应该采取什么样的行为感到困惑，我可以去问问在这件事上有经验的人们。这样，美德伦理就可以与我们的日常生活经验相一致。通常人们在真正想要做正确的事情却不确定自己的行为是否是最佳选择时，会请教更年长且智慧的人。

4. 不存在无法解决的道德困境

回想一下，康德主义的一个弱点是，如果两个完全义务之间起了冲突，人们是无法从中做出选择的。而美德伦理学则没有这个缺陷。不同的美德可以将一个人拉上不同的方向，但一个有足够道德智慧的人总能做出正确的决定与行为。这并不是说没有任何困境。坏事可能会发生在好人身上，而且有时人们会面临悲惨的困境且能想象到的每一个选择都是不好的。在这些情况下做出决定的感情后果是在下一点中要讲的。

5. 美德伦理认识到情感在道德生活中扮演的重要角色

美德伦理学认为人不是冷血计算机器。他们是有感情的血肉生物，当事情运行正确时，他们的感情和思想都与其相一致。如前所述，善良的人在正确的时间，因为正确的动因，做正确的事。他们做好事时，心里感到满足。当面对困难的决定时，他们被深深地感染。

美德伦理学反面案例

1. 不同的人可能对人类的繁荣有不同的概念

根据美德伦理学，美德是人类繁荣所需要的特性。我们不是生活在一个同质化的社会中，对于什么样的性格特点能带来最充实的生活，人们有各种各样不同的观点角度。如果我们不能就哪种性格特点是美德达成共识，那么我们就在特定情况下，对一个善良的人应该做什么达成共识。因此，美德伦理学的方法不像康德主义、规则功利主义和社会契约论一样有力，不像它们一样规定了普世的道德标准。

2. 美德伦理不能用来指导政府政策

美德伦理的焦点集中在施事者，也就是一个道德的人，而不是集中在行为或行为的后果。政府政策通常是由政府机构或官员团体制定，而不是个人。考虑在前文中提出的案例，一个国家必须决定是否更换一段公路。从功利行为的角度，可以决定这项提案的金钱成本和收益，并得出一个更好选择的结论。道德伦理可能会影响参与其中的官员的决策，比如说他们应该是诚实、勤勉和谨慎的，但它对分析没有更多的帮助。

3. 美德伦理使得人们尝试为其不良行为负责任

根据美德伦理，人们不是天生就拥有美德。相反，知识和道德的美德是通过时间慢慢获取的。在很大程度上，一个人获取的美德取决于其父母的养育，她所接受的教育以及她所成长的环境。所有这些事情都在这个孩子可控范围之外。在这种情况下，如果一个人沾染了恶习而没有美德的话，我们如何让他负责任呢？

这些批判表明美德伦理学是不完美的。然而，美德伦理学为人们提供了一个分析道德情形的框架，使人们可以得出正确行为的结论，并以合理的论据来证明结论是正确的。因此，我们认为美德伦理学与康德主义、行为功利主义、功利主义和社会契约理论一样，是一个可行的伦理理论。

比较可行伦理理论

神命论、伦理利己主义、康德主义、行为功利主义、规则功利主义、社会契约论和美德伦理学都认为道德行为和道德准则是客观的。换句话说，道德存在于人类的心灵之外。因此，我们说这些理论都是客观主义的实例。

使得伦理利己主义、康德主义、功利主义、社会契约论和美德伦理学与神命论区分开的假设前提是伦理决策是一个理性的过程，从中人们可以通过基于事实和大众价值观的逻辑推理来探求客观的道德原则（图 1.10）。康德主义、功利主义、社会契约论和美德伦理学在定义正确道德行为时考虑进了其他人的因素，这使得这些主义理论与伦理利己主义相区分。所有这些理论中，我们认为康德主义、行为功利主义、规则功利主义、社会契约论和美德伦理学是最可行的。

一个行为功利主义者会考虑行动的后果，计算效用的总变化以确定一个行动是对的还是错的。康德主义、规则功利主义和社会契约论都是基于规则的。根据这些理论，一个行为在道德上是否正确取决于它是否符合正确的道德规则。

每一个以规则为基础的理论都有一个不同的方式来确定一个道德规则是否正确。康德主义者依赖于绝对命令。规则功利主义者认为，每个人都遵循规则的长期后果是对总体有益的。社会契约论遵循者会考虑理性的人会不会同意接受规则，他们为了相互的利益考虑，但前提是其他人每个人都同意遵循规则。

与其他理论不同的是，美德伦理学不将焦点集中在行为本身或行为的结果上，而是集中在施事者身上。分析的目的是仔细检查施事者在特定情况下的行为，以判断这种行为是不是一个正直的人的性格特征。

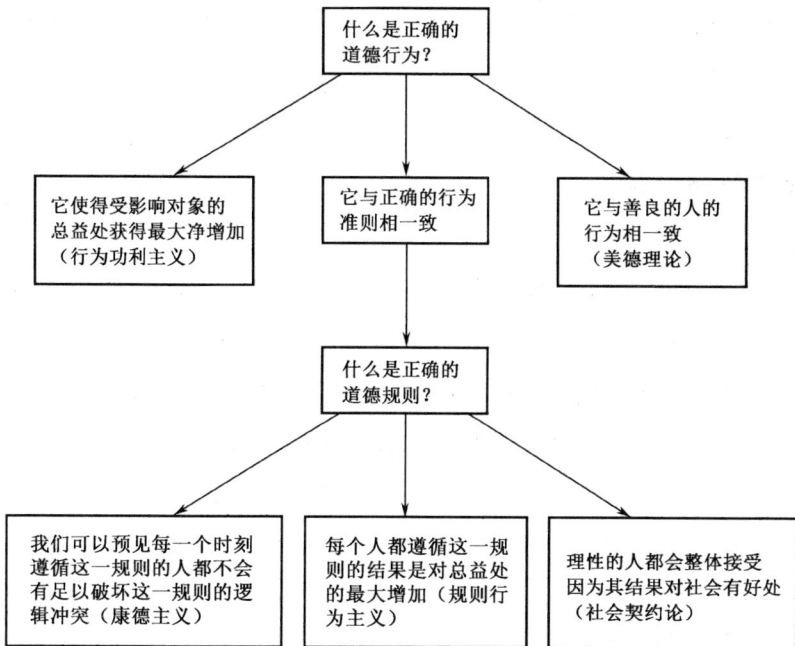

```
                      ┌──────────────┐
                      │ 什么是正确的  │
                      │ 道德行为？    │
                      └──────────────┘
         ┌───────────────────┼───────────────────┐
┌──────────────────┐ ┌──────────────┐ ┌──────────────────┐
│ 它使得受影响对象的 │ │ 它与正确的行为 │ │ 它与善良的人的     │
│ 总益处获得最大净增加│ │ 准则相一致    │ │ 行为相一致         │
│ （行为功利主义）   │ │              │ │ （美德理论）       │
└──────────────────┘ └──────────────┘ └──────────────────┘
                      ┌──────────────┐
                      │ 什么是正确的  │
                      │ 道德规则？    │
                      └──────────────┘
         ┌───────────────────┼───────────────────┐
┌──────────────────┐ ┌──────────────┐ ┌──────────────────┐
│ 我们可以预见每一个时刻│ │ 每个人都遵循这一规│ │ 理性的人都会整体接受│
│ 遵循这一规则的人都不会│ │ 则的结果是对总益处│ │ 因为其结果对社会有好处│
│ 有足以破坏这一规则的逻│ │ 的最大增加（规则行│ │ （社会契约论）      │
│ 辑冲突（康德主义）  │ │ 为主义）      │ │                  │
└──────────────────┘ └──────────────┘ └──────────────────┘
```

图 1.10 理论之间的差异

违反法律的道德和法律并不相同。某些行为即使没有法律禁止也是错误的。例如，美国大多数州没有法律禁止开车时发短信，但司机仍为他们造成的交通事故负道德责任，因为他们是因发短信而分心。那反过来呢？有没有可能某种行为即使是非法的但却是正确的呢？

在讨论社会契约理论时，我们讨论了公民对道德的不服从，得出的结论是，从这一理论的角度看，那些在午餐柜台静坐的行为也是可以接受的，因为这些被违背的法律条款都是不公正的。而现在我们讨论的情况不同，假设这条法律是公正的，在这种情况下，某种非法行动可能是正确的吗？

为了验证这种分析，我们将研究一种特殊的违法行为——在违反许可协议情况下复制受版权保护的音乐光盘并送给友人。这一行为在美国和许多其他国家都是违法的，但并非所有国家。

社会契约论视角

社会契约论是基于这样一个假设：为了利益，每个人在社会中应该承担某些责任。制定法律制度是为了保证人民的权利得到保护，确保人们不会将个人利益凌驾于共同利益之上。因此，遵守法律是首要义务（图1.11）。这意味着，在其他一切不变的情况下，我们应该守法。作为回报，我们自己的合法权益将得到尊重。违背义务的前提是被迫遵循一个更重要的道德义务。

从社会契约论的角度看，复制受版权保护的音乐 CD 给朋友是错误的，因为行动违反了个人或组织的合法版权。对朋友友好并不是压倒一切的道德观念。

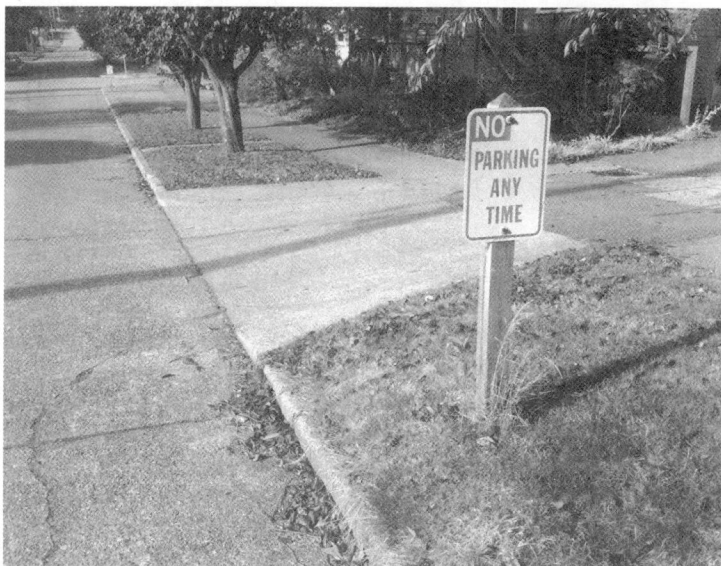

图 1.11　根据社会契约论，我们的首要义务就是遵守法律

康德的观点

康德的观点与社会契约论非常相似。人们需要拥有物质并能自由支配以达到目的。康德认为，产权是通过隐形的共同协议产生的。当你声称一个物品是你的时，也就是说其他人都必须避免使用该物品。为了公正，你也必须尊重其他人类似的权利。国家确保每个人都遵守尊重其他人财产权的义务。

如果你复制一个受版权保护的 CD，你就侵犯了版权所有者的产权，也没有履行作为社会公民的义务。因此，复制 CD 是不对的。

规则功利主义视角

人们随意无视法律的后果是什么？好的方面可能是在无视法律的情况下按照自己的意愿做事后得到的快感。然而，也有很多有害的后果。无视法律的人最终会受到惩罚。普通大众不尊重法律将煽动更多的人违反法律。倘若违法行为日益增多，刑法体系的负担也会随之增重，社会作为一个整体将不得不安排额外的警察、检察官、法官和监狱。如果刑法体系无法控制违法行为，那将造成犯罪行为失控，犯罪者将给受害者造成更大的伤害。因此，从规则功利主义角度看，违法行为弊大于利，是错误的。我们应该采取的道德准则是"遵守法律"。

行为功利主义视角

违法行为利大于弊的情况也是存在的。假设我购买了一张盗版 CD，我觉得播放时效果很棒。一个朋友在车祸中严重受伤，醒过来后需要静养一个月，我知道他没钱花在音乐上。实际上，人们捐钱只是为了用来支付医疗费。我虽然没钱这么做，但我可以用另一种方法帮助他，把 CD 送给他，他会很感激在卧床休养期间有音乐帮助他缓解病痛。

我的举动会产生什么效果呢？我的朋友至少有 15 美元的收益，也就是这张 CD 的价格，我很高兴能够尽绵薄之力让他开心。我们姑且将收益的价值定为 10 美元。我认为送 CD 给朋友是有利无害的，因为我不把 CD 送给他，他也不太可能自己买。事实上，如果我的朋友喜欢这张 CD 并建议别人也去购买，这样我把 CD 送给朋友只会增加 CD 的销量。因此，对于唱片公司来说可能不仅没有负面影响反而会起到积极作用。假设将唱片公司的收益值定为 0，我也不太可能因为送 CD 给朋友而被起诉。因此，不会对刑法制度产生影响，也不会因为我的行为增设警探、检察官或法官，所以我的行为对司法制度的价值为 0。分析所有的结果，我的行为带来的总价值为 25 美元。如果我不给朋友这张 CD 的副本，也就是什么都不做，那什么结果都不会产生，总共的收益值就是 0。因此，复制 CD 送给住院的朋友是正确的行为。

结论

复制 CD 本质上没有什么不道德。然而，社会制定法律，赋予创作音乐并制作 CD 的人知识产权。从社会契约论和康德哲学的角度来看，我们的首要义务就是遵守法律和尊重每个人的产权。从规则功利主义的角度，遵循道德规则——"守法"利远大于弊。综合上述理论，人人应该遵守法律，除非有更重要的道德准则要遵守。为了省下几美元或帮助一个朋友不属于这种情况。

从行为功利主义的观点出发，复制受版权保护的光盘是正确的，这种情况也可能存在。然而，通过这个特殊的案例就得出结论，认为复制 CD 在道德上是可以接受的行为功利主义却有待商榷。

总结

我们同住地球，利益是息息相关的。社会针对人们在不同情况下应该怎么做制定了指导方针，我们称之为道德。道德，也称为道德哲学，理性地检查人们的道德信念和行为。在这一章里，我们讨论了多种伦理理论，目的是识别那些我们在研究信息技术对社会的影响时最常用到的理论。

相对论的理论都是基于人们建立了道德的观点而形成的。相对论者认为没有普遍的道德准则。主观相对主义论认为道德是个人创造的产物。文化相对主义论则认为是不同的社会建立自己的道德准则。如果道德是由社会所建立，且每一套道德准则都独一无二，那就没有客观的标准可以用来决定哪一套更好。在这种情况下，道德的研究就显得十分困难了。

相反，客观主义的基本观点为道德是人思维之外的存在。人们的责任是发现道德。客观主义者声称有一些普遍的道德准则适用于所有的人，不管他们的历史或文化背景有何不同。除此之外，本章中讨论的其他理论都基于客观主义，其中包括康德主义、功利主义、规则功利主义、社会契约论、美德伦理学 5 种最实用的理论，将在本书下文中运用到。

通过分析这些实用理论的优缺点可以发现，每一套理论都有其独特的见解。康德认为，每个人都具有同等价值，每个人在与他人交往时都应该尊重对方的理念和主权。功利主义者认为在做事时考虑正确与否是非常有益的。社会契约论注重个人和集体从保护基本人权如生命权、自由权、财产权等所得到的利益。美德伦理的基本观点是你可以指望一个好人在合适的时间以正确的方式做出正确的行为。

通过讨论这些理论还表明，没有哪个理论是完美的。然而，实际上你在进行道德抉择时，必须考虑美德、义务、权利和后果。如果从各个角度分析之后能够达成共识从而做出正确的行动，那就可以满怀自信地做出决定。若是情况较复杂，你就会发现要想出一个能尊重每一个人权利又能让快乐最大化的行动方针是不太可能的，这也是世事趣味所在！而书中将讨论的大多数情况都属于后者。

在后面的章节中，我们将使用康德主义、功利主义、规则功利主义、社会契约论、美德伦理评估因社会引入信息技术而出现的各种不同的情况。每一项分析都将建立在一个理论之上，从而更好地理解如何将每个理论应用到不同的情况。当你考虑这些情况并与他人讨论时，你将学会如何更好地建立自己的价值观，自己想要成为什么样的人以及想要生活在一个怎样的世界。

人物访谈

詹姆斯·摩尔是达特茅斯学院智力和道德哲学方向的丹尼尔体育教授，也是哲学杂志《思维与机械》的总编，一直担任国际社会道德和信息技术社团主席。

摩尔教授撰写了大量关于计算机伦理、人工智能的哲学、思维哲学、科学哲学以及逻辑哲学的文章。他的出版作品有《为什么我们需要更好的新兴技术伦理学》《道德和信息科技》(7卷，3号(2005)，111～119页)。

詹姆斯·摩尔

他和特勒尔拜纳姆共同撰写了《数字奇迹：计算机如何在改变哲学》（牛津：罗勒布莱克威尔出版社，1998 年，2000 年修订版）和《计算机哲学：计算与哲学的交互》（牛津：罗勒布莱克威尔出版社，2002）。

2003 年，摩尔博士荣获计算机领域的特殊利益集团协会颁发的突出贡献奖。2006 年，他因在哲学和计算机上做出的贡献荣获美国哲学协会颁发的巴斯特奖。他在印第安纳大学修得历史和科学哲学的博士学位。

是什么让您产生研究技术哲学的兴趣？

最初的兴趣是研究计算机。计算机哲学是逻辑、认识论、形而上学和价值理论的结合，完整的哲学以实用和有影响力的技术形式存在。谁会不对此产生兴趣呢？许多标准的哲学问题都以技术形式出现在生活中。举一个简单的例子：在《共和国》一书中，柏拉图讲述一个牧羊人古阿斯发现一枚戒指，戴着它可以使他隐形。作为一个聪明而不道德的牧羊人，他利用戒指的力量接管王国，包括杀死国王，并与王后结婚。通过这个故事柏拉图提出了一个深刻而重要的哲学问题：如果一个人能逃脱而不受惩罚又为什么非要去寻求公正呢？现如今，互联网给了我们每个人成为古阿斯的机会。互联网上的代理机构基本处于隐形状态。那么与柏拉图类似的问题就来了：为什么使用互联网时能够行事不被责罚，为什么非要去寻求公正呢？

计算机领域的伦理问题和其他领域的伦理问题有什么区别？

一些人认为计算机领域的道德问题是独一无二的。但事实上并不那么明显，因为计算机涉及的问题通常与我们的日常伦理问题相关。然而，是什么让计算机领域的伦理问题虽然并非独一无二但又特殊重要？是计算机技术本身。计算机是有逻辑性又可塑的机器，可以适用于任何工作，不管是利用其进行设计、培训还是对其进行改造。计算机是万能的工具，这也是计算机如此常见又经常更新的原因。因为他们被用在很多方面，新情况不断出现，却没有明确的政策来指导行动。计算机的使用给政策的调整提供了空间。例如，无线技术最初运用时，关于在街上开车这种类似情况下是否可以访问他人的无线网络的问题出现。这样的访问是侵入吗？新奇领域的道德权利和义务划分并不总是明确的。因为计算机是普遍的工具，可以应用在许多不同的方面，它们往往比其他技术创建的政策空间大。这是在伦理问题上计算机不同于其他领域的一个方面，一般情况下至少在程度上不同。这使得计算机伦理学对所有人而言都是一个非常重要的学科。

信息技术在过去 20 年是如何影响伦理领域的？

20 年前，我不得不通过搜索报纸和杂志查找计算机/信息伦理的文章。这样的文章并不常见，现在却很普遍，以至于涉及计算机的文章变得非常不起眼。计算机零部件相关的文章在 eBay 上或通过互联网身份盗窃或通过不合法的垃圾邮件被出售，但计算机已经渗透到我们的生活中，它并非稀有，但几乎所有人都使用。从某种意义上说，大多数的伦理已经成为计算机伦理。

为什么认为从政策的角度能更好地看待计算机伦理问题？

当我们做有道德的事时，任何人在类似的情况下都会做同样的举动。我不会自成一派，做出别人在类似情况下不会做的举动。道德政策是公共政策。相反，行为功利主义只考虑某一个方面。由此可以说，如果个人作弊而受益，其他人因为不知情而没有损失，那么作弊不仅是合理的还是必要的。对我而言，这是一个典型的不道德行为，因此我倡导公共政策进行解决。如果允许某些人作弊，那么每个人都应在类似情况下可以作弊。我姑且称之为"道德准则"而不是"道德政策"。但有时道德准则通常无一例外地被视为具有约束力。连贯一致的制度永远无法成为道德理论，因为规则之间存在冲突并且特殊情况下也会出现例外。例如，一个人为了保住性命而撒谎。我更喜欢用"政策"，因为万一有冲突或特殊情况还可以修改。需要注意的是，政策中的例外必须被视为公共政策。如果说谎去拯救一条生命是合理的，那么在类似的情况下，别人这么做也是合理的。

请用公正结果主义理论解释伦理问题的解决过程。

这个观点既有点像规则功利主义又有点像康德的理论，但又不同于它们。规则功利主义者希望将利益最大化，但通常忽视正义。公正结果主义不要求利益最大化，这一点鲜为人知，也不支持不公正的政策，即使这些政策最终的结果是好的。康德的理论要求我们按照格言做事，这样就可以形成一个普遍规律。但康德的理论不允许有例外。康德认为人永远不该说谎。此外，康德测试的典型问题是如果每个人都做出同样的举动将会产生什么结果，这个问题是不对的，因为这个测试脱离了实际。就拿希望成为程序员来说（如果每个人都成为一个计算机程序员呢？）。从公正结果主义论的角度出发，测试问题是如果每个人都做同样的举动那会发生什么。我们不仅需要考虑后果，还需要考虑公共政策的公正性。

伦理论注重的是权利和义务，以及行动的后果。公正结果主义理论认为它是部分义务论和部分结果论的混合体。一般情况下，权利和义务都是在正确行为指南下形成的，但出现不公正的情况或造成严重影响也存在被修改的可能。作为公民享有的权利和作为父母承担的义务就是典型的例子。我们在评估结果时需要考虑所有人共同的价值观，因为我们想建立的是可以公正公开倡导的政策，每个人在类似的情况下都应该遵循它。这些共有的价值观中至少包含幸福、生活、能力、安全、知识、自由、机会和资源。需要注意的是，这些是核心价值观，任何社会形态下有理智的人都有。

伦理决策过程的第一步是要考虑特定情况下的行为政策。第二步是考虑相关的职责、权利及每个策略会产生的后果。第三步是考虑政策是否可以作为公共政策被公正地倡导，也就是说，任何人在类似的情况下都可以以类似的方式采取行动。一些政策可能会被欣然接受，一些也可能被拒绝。还有一些可能会备受争议，因为人们也许会对相关价值的权衡度不同或不认同实际产生的结果。

一般来说，权利和义务是伦理决策首先要考虑的问题，不能草草略过。但如果特定的权利和义务产生的后果很糟糕，那么不被纳入考虑也是可以接受的，只要这样的特殊情况可以是一个可接受的公共政策。有争议的情况下就会出现理性的分歧。公正结果主义论不要求对每一个问题都完全同意，在普通的非伦理决策上也允许存在反对意见。但公正结果主义理论确实给我们指出反对意见出现在哪儿及其出现的原因，以进行进一步的讨论和解决。

您还从哲学的角度研究了人工智能领域。请问您相信可能创建一个真正的具有伦理决策的智能机器吗？若真能如此，还有多久才能实现？

没有人可以说这是不可能的，但我认为确实是任重道远。与其说这个问题与伦理有关不如说与认识论有关。计算机（专用系统）有时存储相当多的专业性知识，但是常识却不多。如果计算机连正常孩子能掌握的常识都无法理解，那也不可能具有伦理决策的能力了。

一个无生命的物体具有内在的道德价值吗？或者一个物体的价值是严格由对另一个或多个人的有效性决定的吗？

我认为价值观或道德价值是以标准化的判断准则作为判断标准。这些标准就是我们人类。我们用自己的标准去判断其他对象，然而这可能不太实际，因为一个没有用处的物体我们也可能认为其能带来审美上的愉悦。如果机器人的意识被开发或我们自己成为拥有全然不同的判断标准的半机械化人，那么人类的判断标准可能在未来的某个时候会受到质疑。请持续关注。

第二章
——CHAPTER2——

互联网+通信

怎么，灵魂，你没有从一开始就看出神的目的？

地球要由一个纵横交错的细网联结起来，

各个种族和邻居要彼此通婚并在婚媾中繁殖，

大洋要横渡，使远的变成近的，

不同的国土要焊接在一起。

——沃特·惠特曼《印度之行》

导言

在华盛顿特区举行的政府会议上，人们常常低着头——不是在祈祷，而是在看手机。"有一半的与会者在桌下开着小会，互发短信，轮到他们发言时却寥寥几句飞速带过。"前美国国务卿希拉里·克林顿（Hillary Clinton）的高级顾问菲利普·莱内斯（Philippe Reines）说。

Posies 乐队的音乐家肯·斯特林费洛（Ken Stringfellow）利用网络与歌迷互动。"30 秒就有 50 人通过脸书（Facebook）的聊天窗口与我攀谈。我总是回复道：'嗨，你想要那张唱片是吗？我这儿还有很多。'"

图 2.1　世界上拥有手机的人比能够获得清洁水源和电的人要多得多。（查尔斯·斯特奇/阿拉米）

根据最新的一项盖洛普民意测验显示，相比报纸，美国成年人更喜欢在互联网上看新闻。2013 年的一项调查显示，21% 的成年人表示他们从互联网上看新闻，而只有 9% 的人称报纸是他们获取新闻的主要来源。然而这两种新闻传播媒介与电视相比微不足道，55% 的受访者通过电视获取新闻。

互联网为政客们积累经费提供了新的平台。2008 年竞选总统期间，奥巴马通过网络筹资，从 300 万投资者手中筹得 5 亿美元。2007 年，草根民众们发起行动，仅在一天之内就为暂时落后的总统候选人罗恩·保罗筹集了 400 万美元。

这些故事说明网络通信已经融入我们的生活。然而，网络是一把双刃剑。一方面，网络和蜂窝网络有效地满足了人与人交流的日常需求（图 2.1）。另一方面，有些人却滥用网络技术，从而降低了我们的生活质量，比如向人们推销他们不想购买的产品，发送骚扰信息，引诱人们从事欺骗或恶性行为，浪费更多人的时间。

本章讨论了与互联网使用和电话系统相关的道德问题。首先针对互联网上应用最广的技术——邮件，本文说明了日益增多的来路不明的邮件或垃圾邮件如何降低了邮件的服务质量。

万维网已成为互联网上最受欢迎的组织信息方式，数百万人使用网络社交服务 Twitter 进行交流。人们交流和访问信息因互联网更加方便，政府服务却因此受到威胁。因此本章探讨了对不同种类的审查制度，互联网给审查制度带来的挑战以及审查的道德问题。

其次，言论自由。本章解剖了英国和美国言论自由的发展历程，并研究其如何被写入美国宪法第一修正案。虽然第一修正案保护言论自由，但却并不具有绝对的权威。美国最高法院裁定，个人言论自由必须与公众利益一致。

对于上述观点的证明，重点将放在对少儿不宜的信息问题的讨论上。本章解释了网络过滤器的工作原理，并阐释了要求由政府基金设立的图书馆必须安装网络过滤器的儿童互联网保护法。该法规将基于道德伦理理论进行分析。在本章最后，我们描述了一种新现象——发送色情短信，即人们通过手机发送个人图像进行性挑逗。技术催化出了詹姆斯•摩尔所称的政策真空的现象，即社会情况尚未决定什么应该被允许，什么应该被禁止以及禁止会产生什么法律后果，发送色情短信就是典型的例子之一。

互联网为实施欺诈提供了新的方式。身份窃贼使用电子邮件和网站获取信用卡账号和其他个人信息。恋童癖者使用聊天室与孩子安排见面。警方虽对恋童癖行为采取强制行动，但这些措施本身就存在道德问题。网民必须意识到网络包含大量的非法信息。本章为网民提供了一种可直接搜索到高质量网站的方式。

有些人利用互联网或电话网络欺凌他人。我们列举了几个著名的网络欺凌实例并讨论了人们对于禁止网络欺凌的立法提议所持有的不同看法。

随着互联网的普及，越来越多的人每周上网时间超过 40 小时。一些心理学家表示，其中不乏网瘾者。有人则认为这些担忧过于夸张。在本章的最后，我们将对此进行讨论并从道德的角度对网瘾问题一探究竟。

垃圾邮件

目前超过十亿人拥有电子邮箱，电子邮件的使用量可想而知。电子邮件每天的发送量约为 3000 亿封。然而，大部分邮件不请自来或被视为垃圾邮件（SPAM）。

垃圾邮件之名源何而来？电子前沿基金会的董事会主席布拉德·邓普顿，从巨蟒剧团的飞行马戏团出的唱片中找到 SPAM 的起源：唱片中一群维京人在咖啡馆里不喝咖啡却大声厌恶地重复着"垃圾"一词。正常的电子邮件往来也会被垃圾邮件"淹没"。

垃圾邮件的猖獗

垃圾邮件的兴起与互联网从非商业的学术研究产业发展到全球商业网络的变革有关。早期，垃圾短信激怒了网民并成为报纸各大版面的头条。例如，在 1994 年，凤凰城律师劳伦斯·肯特（Laurence Canter）和玛莎·西格尔（Martha Siegel）向 9000 多个电子新闻组发送了一封移民服务的广告邮件。肯特和西格尔收到了数以万计的新闻组用户愤怒的回复，他们表示不喜欢看到无聊的商业信息。《纽约时报》随即报道了这一事件，题为《速速围观！网络广告来啦！》。肯特和西格尔却不以为意。他们的广告成功招揽了新客户。"我们一定会再次在网络上做广告"，肯特说，"我相信其他企业在不久的将来也会在网上做广告"。

早在 2000 年，垃圾邮件仅占总邮件量的 8%。到 2009 年，高达 90% 的电子邮件都是垃圾邮件（图 2.2）。而如今，垃圾邮件已占据大量的网络宽带、邮件服务器和个人电脑上的存储空间。每年给企业效率造成的成本浪费达数十亿美元。

垃圾邮件的数量如此之大，是因为垃圾邮件的效果好。相比其他广告形式，垃圾邮件的最大优势在于成本低。一个公司花 500 美元到 2000 美元就可以将广告发送到 100 万个不同的邮件地址，而使用美国邮政服务将同样的广告发到 100 万个地址，光在邮件列表上就要花费至少 4 万美元，大宗邮资则至少花费 19 万美元，其中还不包括宣传册成本！换句话说，电子邮件广告比传统的邮寄传单广告便宜 100 倍。

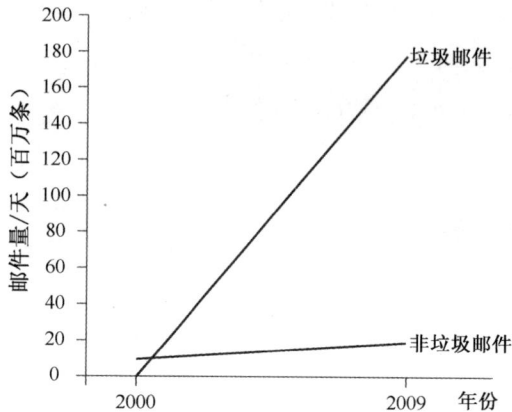

图 2.2　2000 年到 2009 年之间垃圾邮件的增长情况。2000 年，垃圾邮件占全部电子邮件的 8%。到 2009 年，邮件数量已经增加了 20 倍，约 90% 的邮件都是垃圾邮件。

电子邮件广告的成本如此之低，以至于即使 10 万个接收者中仅有一人购买产品或服务，公司依然能够盈利。

垃圾邮件发送者是从哪里找到数以百万计的电子邮件地址的呢？互联网给垃圾邮件发送者提供了很多收集并出售电子邮件地址的机会。例如，电子邮件地址通常出现在网站、聊天对话和新闻组中，一些计算机病毒将储存在个人计算机中的电子邮件地址收集起来并传送给垃圾邮件制造者。

获得电子邮件地址的另一种方法是字典攻击（也称为目标搜索攻击）。垃圾邮件制造者用数以百万计的电子邮件轰炸互联网服务提供商，其中包含虚构的邮件地址，如 AdamA@isprovider.com、AdamB@isprovider.com、

AdamC@isprovider.com，等等。当然，大多数邮件都会因为地址有误而被退回，但如果电子邮件没被退回，垃圾信息制造者就知道这个电子邮件地址是存在的，随即将其添加到邮件列表中。

有时人们自愿透露个人电子邮件地址。你是否参加过网上的比赛？很可能在报名表上有一行小字注明你同意接受"偶尔收到对你有用的产品"，往往来源于公司的营销合作伙伴，换句话说，这些产品就是垃圾邮件。注册邮件列表上通常也有这些小字。

垃圾邮件发送者是如何发送这么多邮件的呢？约 90%的垃圾邮件是由机器人牧民——能够控制庞大计算机网络的人操控的。这些所谓的牧民通过启动程序来创建这些网络，这些程序安全性不强并在脆弱的系统下安装软件机器人程序，也叫机器人。安装了机器人程序的计算机被称为僵尸，因为通过远程计算机就可以指挥它执行某些任务。机器人牧民把邮件地址列表分给受其控制的僵尸，每天可以发送数十亿封电子邮件。

为了解决垃圾邮件泛滥的问题，网络服务器提供者（ISP）安装了垃圾邮件过滤器来阻止垃圾邮件到达用户的邮箱。这些过滤器主要针对大量来自同一电子邮件地址,主题可疑的邮件，或疑似垃圾邮件的邮件。

急求科技解决方案

新技术有时催生了新的社会现象。垃圾邮件的泛滥是一个典型的例子。互联网让人们几乎可以不花任何成本就能发送电子邮件。由于垃圾信息制造者的利润随邮件用户的增加而上升，因此每一个垃圾邮件发送者都力求发送尽可能多的信息。

之所以出现垃圾邮件的问题，是因为互联网和电子邮件技术的开发没有考虑到社会期望。互联网的发明让熟练用户可以隐藏自己的电子邮件地址。垃圾邮件制造者正是利用这一漏洞才得以发送数百万条的消息，因为他们知道收到这种邮件的用户即使不高兴也没有办法做出回应。这与基本社会期望——公平是相悖的。为了公平起见，沟通交流应该是双向的，而不是单向的。

案例学习：阿克米公司的会计

安是一名会计师，在一家拥有 50 名员工的中型公司阿克米工作。所有的员工在同一层楼工作，安第一时间就知道他们的名字，因为安每个月底都要给公司员工发放工资。

安有一个 10 岁的女儿。为了女儿参加的一年一度的童子军饼干销售活动，安给公司所有员工都发送了电子邮件，邀请他们在休息时来她的办公室下订单（公司没有规定禁止使用电子邮件系统发送私人邮件）。有 9 名同事乐于收到安的邮件，他们平均预定了 4 盒饼干，但是其他 40 人并不乐意花时间阅读和删除不需要的信息，其中的一半向同事抱怨安的行为。

安是否做错了呢？

康德主义分析

根据绝对命令论的第二条，我们应该尊重他人的自主权，顾全他人的利益，而不能只把对方当作达到目的的工具。这个故事告诉我们，安并没有"利用"同事为女儿赚钱。她没有虚张声势，也没有强迫任何人阅读邮件甚至买饼干；对童子军饼干销售活动不感兴趣的同事可以收到邮件后将其删掉。收到邮件的人可自愿选择购买饼干。因此，严格意义上说，安并没有做错。

另一方面，如果安能够想办法让对童子军饼干销售活动有兴趣的同事主动"选择"愿意获得信息，之后只联系这些人，那么那些不感兴趣的同事就不会受到她的邮件困扰了。自主 "选择"的方法更恰当，因为这种做法对同事的自主权表现出更大的尊重。

行为功利主义分析

我们从美元和美分方面量化安的收益和成本。先从收益开始。一盒饼干的成本是 4 美元，童子军的利润是 3 美元。买童子军饼干的人明白这是一个筹款活动，对自己花 4 美元换来的结果也是满意的。因为 4 美元的成本是与 4 美元的利益在我们的分析中彼此抵消了，因此暂时不做过多讨论。平均每个购买饼干的人都购买 4 盒，9 名员工参与，相当于卖出去 36 盒饼干，由此可见童子军的收益是 108 美元。

现在我们来计算损失。主要损失就是浪费时间。安上班期间只能利用中途和午餐休息时间帮要买饼干的同事下订单和完成交货，所以我们把重点放在其他对安的宣传不感兴趣的 40 个员工身上。他们平均花了 15 秒阅读和删除安的邮件，这个时间假设如果合理，也就造成了 10 分钟的生产力损失。

一半的员工花 5 分钟跟同事抱怨安的举动。可以想象得到他们的对话。"她是怎么有特殊权利的？""她是怎么搞定的？""如果我为了孩子这样做就会有麻烦了。"把这两个员工的时间加起来，每次类似的对话都会给阿克米公司带来 10 分钟的生产力损失，10 分钟乘 20 个对话，也就是 200 分钟。

总共浪费的时间是 210 分钟，也就是 3 个半小时。假设阿克米的员工平均每小时的产值是 20 美元，那么生产力损失的成本就是 3 个半小时乘每小时 20 美元或 70 美元。

108 美元的收益超过了 70 美元的成本，因此我们可以得出这样的结论：安的行为是正确的。但应该注意到，所有的利益最终由童子军所得，而所有的成本则由阿克米公司承担。因此，如果阿克米公司的股东认为这个举动没给公司带来最佳利益，并因此建立一个新政策，不允许利用公司邮件进行出售饼干或其他筹款行为也是合情合理的。

规则功利主义分析

试想一下，如果每个人都出于不同原因使用公司的电子邮件系统去筹善款，将产生怎样的后果？所有的员工将收到更多与业务无关的信息。这将造成员工怨气增加，士气低下。阅读邮件然后把邮件删除都会浪费时间，毫无疑问会造成损失。如果每个人都出于自己的原因试图筹集善款，不是所有的理由都能正名。很有可能老板意识到这个问题，并且下令禁止员工发送此类电子邮件。因为该行为弊大于利，使用公司邮件系统募集慈善捐款是错误的行为。

社会契约论分析

阿克米公司没有禁止员工使用该公司的电子邮件系统推销个人业务。你可以说安用发邮件慈善筹款是在行使言论自由的权利。当然，她使用了可能引起人们反感的方式，因为即使他们不愿意仔细阅读她的邮件，也不得不花时间浏览标题并删除它。然而，安并没有像垃圾邮件发送者一样掩饰自己的身份，从而给收到邮件不高兴的同事一个表示不满的机会。如果 40 个不喜欢收到她电子邮件的人中很多都回复了邮件，表达其不满，那么安就只能默默地处理抱怨邮件，以后再有类似的活动，她会选择更好的宣传方式。从社会契约论的观点来看，安没有做错任何事情。

美德伦理分析

好同事有很多优点，包括诚实、可靠、公平、友好，还有尊重同事。

其中在这个案例中最重要的三点是诚实、公平和尊重。安在给公司员工们发邮件时很诚实地表明是为童子军筹善款推销饼干。然而，不公平或不尊重之处在于，其他员工并没有使用电子邮件为自己的女儿筹款。显然，安在发送电子邮件时考虑不周，因此公司有一半的员工对此有怨言。

从一个完全不同的角度来看这个案例，我们认为安作为家长的心情可以理解。父母希望给孩子最好的，安在公司宣传出售童子军饼干时肯定是从女儿的利益出发，也许女儿能获得一个好名次，又或者因销售业绩良好而获得精美礼品。从这个角度看，安的行为源于爱子心切。然而，父母也应该教会孩子如何自立自强。安可以利用饼干销售教会女儿这些。毕竟，她的女儿10岁，完全可以自己完成一些任务。相反，安却包揽了饼干的销售任务，只是简单地留给女儿最终的成果。

从这一章中我们看出，安的身上有许多为人父母、为人同事的优点。安想帮助女儿卖饼干的行为应该得到支持，但是她应该让女儿在公司销售饼干的过程中发挥主要作用。例如，她的女儿可以放学后把饼干送去给下单的人并把筹集的钱收集起来。这样安的女儿就可以发现自己花了时间和精力能够达到想要的结果，从而获得满足感。此外，安应该找到另一种广告销售的方式，尊重公司的企业文化，不使用免费电子邮件系统筹集善款。

结论

虽然从这5个方面的道德理论分析安的行为得出了不同的结论，但显而易见的是她完全可以采取另一种减少争议的方式。因为她只有49个同事，要找出下次愿意购买童子军饼干的人并不困难。例如她可以在桌子上或公司公告栏里放一张报名表。只单独发邮件给那些签了名的人。她仍然可以利用电子邮件系统的高效率，没有人会觉得她是在"利用"同事或降低了生产力，同时公司也不太可能颁发禁止使用电子邮件系统进行筹款活动的新规定。最后，安还可以与女儿共同协作完成任务。

网络交互

通过互联网进行沟通和从事商业活动的人数超过 20 亿。本节将从人们使用互联网与他人交流获取信息的方式中选出一些方面进行讨论。

万维网

万维网的出现进一步推动了互联网的使用热潮，它的创造者，提姆·伯纳斯-李（Tim Berners - Lee）最初提出让万维网作为瑞士粒子物理研究中心的欧洲核子研究中心的文件系统，此后，便捷的万维网络浏览器让"普通"的计算机用户也可以访问万维网。万维网是一个超文本系统，凭借一个灵活的信息数据库将万维网页面以任意方式连接起来。人们可以使用 Chrome、Internet Explorer、Firefox 及 Safari 等万维网浏览器轻松浏览这个超文本系统。

万维网的两种属性使其成为全球化的信息交流工具。第一，它是分散的。个人或组织不用请求网络中心就可以在网上添加新的信息。第二，网络上的每个对象都有特定的地址。任何对象都可以通过引用其他对象的地址的方式链接到其本人或组织。万维网用户地址叫作统一资源定位器（URL）。

手机软件（App）的崛起

现如今，人们在智能手机和平板电脑上花的时间比在笔记本电脑或台式电脑上多得多。使用移动设备上的 Web 浏览器在移动设备上可能运行比较慢，因此商家正在开发移动应用程序，也就是能加载到移动设备上的软件程序。一些手机应用程序是独立的，但也有连接到互联网上的应用程序允许人们下载和上传数据。移动应用成为越来越受欢迎的上网方式，人们通过这些移动应用充分利用移动设备的资源（屏幕大小有限、触摸界面等）。

如何使用互联网

直观的 Web 浏览器和移动应用程序让人们无须接受正规的培训就能上网。现在数百万的人们通过网络满足多样的需求。下面是人们利用互联网的几个例子。

1. 购物

购物网站为我们足不出户便能查看和订购商品提供了便利。弗雷斯特研究公司曾预测，美国网购零售额从 2009 年的 6% 增长到 2014 年的 8%。

2. 交流

互联网已经成为流行的与朋友互相保持联系的方式。2013 年 3 月，最受欢迎的社交网络 Facebook 有超过 11 亿活跃用户，另一个著名的社交网络 LinkedIn 为人们提供寻找专业联系方式的服务。

2012 年，荷兰航空公司发起了一项活动，允许在 Facebook 或 LinkedIn 上上传信息的持票乘客可以查看其他乘客的资料来选择自己的邻座。

3. 贡献资料

人们能够通过使用广泛的应用程序上传视频、照片、播客或其他数字内容。拥有超过 1 亿用户的应用程序 Instagram 允许用户在 Facebook 等社交网络上传照片和视频。

Wiki 是能够让用户自由发表和删除信息的网站，其中人们最熟悉的当属维基百科和在线百科全书。维基百科依靠成千上万的用户提供信息，目前已经成为世界上最大的百科全书。该网站上有超过 40 种语言写成的至少 10 万篇文章，但最多的还是英语，2013 年用英文撰写的文章数量超过了 420 万。然而，评论家们对于这种任何人都可以通过浏览器提供的参考内容表示质疑。

4. 写博客

博客（"网络日志"的缩写）是指保存在网络上的个人日记。Blog 作动词表示持续地写网络日记。博客可以包含纯文本、图像、音频剪辑和视频剪辑。

一些评论家使用术语 Web 2.0 表示改变了人们使用互联网的方式，社交网络服务、Wiki、Flickr、Reddit、博客说明许多人现在不仅使用

Web 下载内容，还构建社区，创建上传和共享内容。

5. 互相帮助、避免交通堵塞

在智能手机上下载 Waze，开车时运行程序，便能自动将车上的 GPS 连接到 Waze 上，从而计算出车辆的速度，然后将交通拥堵信息发送给 Waze 用户。Waze 程序通过通勤者收集信息正是众人拾柴火焰高的范例——在线收集大众信息的方法。

6. 学习

2001 年，麻省理工学院首创推出了网络免费公开课。此后，网上免费课程的质量和数量都直线上升。人们纷纷讨论，edX、Coursera 和 Udacity 这三个大规模网络公开课（MOOCs）会打破传统大学教育模式。

7. 追溯历史

过去，对美国移民和人口普查记录感兴趣的系谱学家有两种探究方式，或者写邮件表达请求，然后等待回复，或者亲自去美国国家档案馆查阅文档。

现在，国家档案馆已将 5000 多万份历史记录在线上传，人们可以随时随地查阅相同的资料，当然，上网查询会更快捷（图 2.3）。

8. 虚拟世界

网络游戏是在计算机网络上操作，允许多人参与的游戏。一个持久的网络游戏就是每个玩家在虚拟的网络世界里各扮演一个假定的角色，每个角色的特点各不相同，且游戏以多个回合的形式进行。最受欢迎的网络游戏是《魔兽世界》，在全球范围内每月的用户超过 1000 万。有时，仅中国玩家的数量就可以达到 100 万。

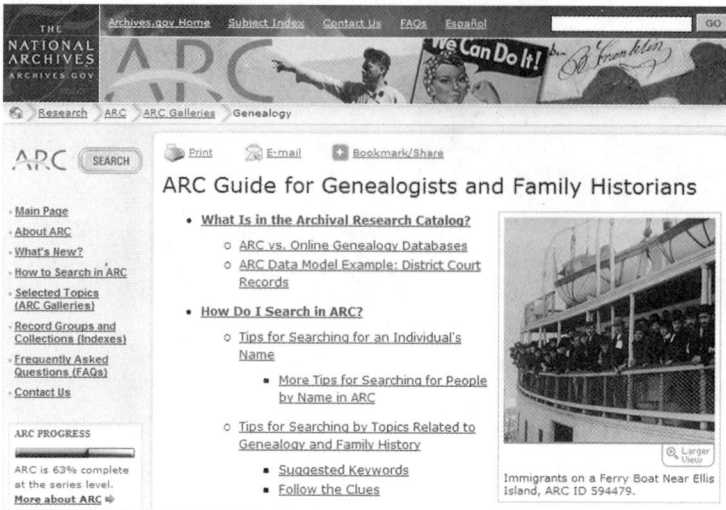

图 2.3 美国国家档案馆与记录管理局将数百万的资料上传网络，简
化了系谱学家的工作。(美国国家档案馆免费提供)

网络游戏的另一个中心是韩国。网吧(在韩国叫个人计算机爆破室)
的大屏幕显示器为观众观看充满虚拟暴力和混乱的网络游戏提供了便
利。有些孩子为了提高游戏水平，每天花 10 小时玩游戏。网络成瘾治
疗中心的主席金贤秀抱怨说，"年轻人正丧失沟通的能力，但在网络游
戏上却十分热络"。我们在下文中会讨论到网瘾的问题。

全球网络游戏的现象促使以虚拟世界为基础的实体经济产生，有些
人甚至靠网络游戏谋生。

中国的"黄金农夫们"在网上杀怪兽，换取虚拟金币和装备，打造
强大的化身在网上出售，每天只要 12 小时，持续一周就可以赚取 3000
美元。

9. 控制物联网

越来越多的非信息技术设备有无线连接，都可以连接上网，从而形成"物联网"，简单地举几个例子，比如恒温控制器、电器、灯光、运动传感器、门锁、车库开门器和婴儿监视器。人们即使不在家也可以通过网络浏览器控制这些设备。

更重要的是，一些有网络连接的设备可以在没有人工帮助的情况下自行相互控制。想象一下家里的设备可以操控你智能手机中的 GPS 坐标——炎热的一天，你开了很长时间的车回家，当你的车距离家只有15 分钟的车程时，家里的空调自行打开了，你进入停车道，门廊的灯就打开了。你把车开进车道，车库门便自动开了。

10. 缴税

现在，大约有 1 亿美国人在网上递交联邦个人所得税申报表。

11. 赌博

网络赌博是一项年交易额可达到 320 亿美元的全球化商业，很多州禁止开设网络赌场，因此，美国很多赌徒都去加勒比海或中美洲进行网上赌博。

12. 践行人道主义

Kiva 网站提供面对面的小额贷款业务。Kiva 与小额信贷机构联合经营，在贫困社区寻找有潜力的企业家，将其信息发布在网站上。人们可以从这些信息中挑出特定人选提供无息贷款。借款人能够与企业家交流，并了解自己提供的贷款对接受者、其家人和社区起到了怎样的效果。

短信

短信的出现让手机作为信息共享平台的多功能性增强。使用短信最广的地区都在发展中国家，因为人们不能像发达国家的人一样便捷地使用网络、银行和其他服务。

改变发展中国家的生活

基于短信的服务，如肯尼亚的 M-PESA，能帮助发展中国家的人们节约成本，绕过银行用手机支付账单。如果要支付账单或转移资金给朋友，用户只要传送短信给朋友，朋友在任何移动支付网（M-PESA）办公室就能兑现。

在过去的 10 年中，肯尼亚的农业大宗商品交易所与 Safaricom（该国最大移动通信公司）合作，用短信向农民提供农作物价格的信息。另一个服务 iCow 则用语音和短信帮助记录奶牛的妊娠期。假药是许多非洲和亚洲国家的一个严重问题。加纳·布莱德·西蒙斯（Ghanian Bright Simons）提出在药品包装上印上特定的条码，客户可以通过刮开条码检测药品的真伪。

推特（Twitter）

Twitter 是一个网络社交服务网站，用户通过 Twitter 发送的短信就叫作推特留言（tweets）。推特留言跟手机短信一样限制在 140 个字符以内。它受欢迎的原因在于人们如果想要朋友知道自己在干什么，用推特留言比用手机发送短信更方便。很多人把 Twitter 作为一个写博客的工具；他们把微博公开供所有人查看。还有一些人虽然不在推特上留言，但也注册用户以关注自己感兴趣的人的动态。

拥有超过 2 亿人用户量的 Twitter 已成为全球最流行的服务网站。2011 年，女足世界杯足球赛美日决赛期间，平均每秒的推特留言达到 7196 条。

业务推广

木匠柯蒂斯·金博（Curtis Kimball）开始业余兼职时，在旧金山经营用货车送法式焦糖布丁业务。他使用 Twitter 让人们知道当日货车的位置和布丁的口味。不久，他便吸引了 5400 名粉丝。生意日渐兴隆，需求量增大，他因此辞去了工作并专职送法式焦糖布丁。许多缺少资金做广告的小公司把 Twitter 作为他们唯一的营销工具。

政治活动

2001 年，短信在促使菲律宾总统埃斯特拉达下台中起了重要作用。

在他接受弹劾审判期间，他在菲律宾国会的政治盟友隐瞒了一些对他不利的证据，希望看到总统埃斯特拉达认罪的菲律宾人用短信组织群众在马尼拉的埃皮法尼奥·德·洛斯·桑托斯大道上示威游行。在接下来的几天，又有数百万的短信发到政府，且内容多以"滚蛋吧"为主，聚众人群超过 100 万。由于无法承受大型抗议活动的压力，埃斯特拉达在菲律宾国会的支持者临时倒戈，公开了总统埃斯特拉达罪行的证据。几小时内，埃斯特拉达的统治结束。

10 年后，Twitter 和 Facebook 在"阿拉伯之春"的示威游行中发挥了明显作用，该游行导致突尼斯和埃及革命、利比亚内战及许多其他阿拉伯国家的抗议行动。2011 年在穆巴拉克总统辞职的开罗抗议活动中，一名抗议者在推特上说，"我们使用 Facebook 来发起抗议，用 Twitter 组织协调，用 YouTube 告诉全世界"。阿拉伯新闻机构半岛电视台（Al Jazeera）创建了一个"Twitter 仪表板"，可以显示阿拉伯国家很多的动荡区域推特活动的进程。

"阿拉伯之春"的研究学者指出一个有趣的现象：人们最初使用 Twitter 等在线社交网络是为了与朋友联系，但是这些交互后来却变得政治化。博主们通过这些社交网络认识新朋友，接触新思想，从而开发了对人权的兴趣。

有人认为社交媒体在促进社会变革的作用被夸大了。他们认为 Twitter 和 Facebook 这样的社交网络为往来不多的朋友建立社交网络平台是非常好的，但高风险的活动分子要求层次组织的成员之间紧密联系。

审查制度

审查制度主要是对公众接触到有攻击性或有害的材料进行压制和调节。历史上大多数审查由政府和宗教机构实施。例如,罗马审查员因作品问题流放了诗人奥维德和朱文诺尔。在中世纪,宗教法庭压制了很多书籍的出版,其中包括伽利略的作品。

随着印刷机的出现,审查制度变得更加复杂。印刷机打破了由政府和宗教机构向听众发布消息的垄断,印刷材料的增加使得有文化的人数也随之增加。这也是有史以来个人第一次可以在很大范围内向别人传播自己的想法。

在西方民主国家,政教逐渐使得政府成为唯一负责审查制度的机构。在世界其他地区,如中东,宗教机构在决定给对公众开放的材料上继续发挥重要作用。

直接审查

直接审查有三种形式——政府垄断,正式出版前的审查,许可与登记。

第一个直接的审查方式是政府垄断。例如,在苏联时期,政府掌控了所有的电视台、电台和报纸。私人组织甚至不能有自己的复印机。政府垄断是一种控制信息流动的有效方法。现代计算机和通信技术使得政府垄断信息的难度大大增加。

正式出版前的审查是直接审查的第二种形式。这种形式的审查对于一些政府希望保密的如有关核武器项目的信息是必不可少的。大多数政府对国家安全威胁的信息出版有法律限制。此外,政府通常对有损统治者声誉的出版材料进行压制。

直接审查的第三种形式是许可和登记。这种形式的审查通常使用限制版宽带控制媒体。例如,并非所有的电台和电视台都可以使用电磁波谱。电台或电视台必须获得在特定频率广播的许可证。要得到许可证就得经过审查。例如,美国联邦通信委员会已经禁止使用某些低俗的字眼,这就给美国最高法院带来了挑战,下文中会详细阐述。

自我审查

也许最常见的审查形式就是自我审查——群体自己决定是否公布材料。在一些国家,出版商可能为了避免被取缔进行自我审查。例如,2003 年 4 月,以美国为首的部队推翻萨达姆·侯赛因的政权后,CNN 的首席新闻主管伊森·约旦承认,十多年来 CNN 为了保住 CNN 巴格达分社和伊拉克分社的员工压制了有关伊拉克政府行动的负面信息。

在一些国家,出版商寻求与政府官员保持良好关系。出版商为了争夺信息互相竞争,通常这些信息只能来源于政府。出版商们知道,如果他们得罪了政府,他们的记者得到的信息可能就比竞争对手少,从而处于不利地位。这种意识可以使"自由"新闻组织进行自我审查。

出版商采用评级系统来帮助人们决定他们(或者他们的孩子)是否应该访问特定的新闻内容。举个例子,美国电视台在夜间播放"成人信息"。自愿评级系统帮助人们决定他们(或者他们的孩子)是否会看电影，看电视节目，听 CD。

网络没有一个公认的评级系统。一些网站采用标注的形式。例如，网站主页可能会提醒用户其内容包含裸照，需要用户点击"我同意"按钮进入站点。然而，有些网站没有这样的警告，那么遇到这些网站的人可能就会被迫看到不愿意看到的图片或文字。

互联网带来的挑战

互联网审查更加困难的五个特征：

1. 与一对多的传统广播媒体不同，互联网支持多对多通信

虽然政府关闭报纸或广播电台相对容易，但却很难控制人们在互联网上发表意见，而能在网上发表意见的人就达数百万。

2. 网络是动态的

每年有数百万的新计算机连接到互联网。

3. 网络范围广

没有任何审查组织能够跟踪控制发布在网络上的一切。尽管可以用自动化工具，但却不可靠。因此，任何试图控制网上存储材料的方法都无法达到 100% 的效果。

4. 互联网是全球性的

国家政府限制境外活动的权力有限。

5. 很难区分互联网上的儿童和成人

"成人"网站如何查证想要进入的人的年龄呢？

政府过滤和监控互联网上的内容

尽管审查互联网内容面临一些困难，但研究表明，实际上，全球各国政府限制访问互联网的形式有很多种。

一种方法就是让人们完全无法使用互联网。古巴和朝鲜政府控制网络使用，普通公民很难通过网络与其他国家的人交流。

在一些国家，政府允许人们上网，却仍在小心地控制。1999 年，沙特阿拉伯在利雅得安装集控中心后，开始使用网络。几乎所有的网络流量都流经这个控制中心，对伊斯兰教或政府不利的许多网页如色情网站、赌博网站等都被限制访问。被屏蔽的网站和页面的类别包括：福音基督教、妇女的健康和性问题、音乐和电影、同性恋权利、中东政治和避免网络信息被过滤的方法。

西方国家的对网络内容的限制有不同的标准。例如，德国禁止访问任何有关新纳粹的网站，但美国网民可以访问许多这样的网站。

美国互联网服务提供商给人们提供了有关政治讽刺和色情相关网站的便利。例如，美国大多数人都关注政治讽刺，但也有很多人关心色情作品的腐蚀作用，尤其是对未成年人。自 1996 年以来，美国国会通过三项法律《通信内容端正法案》《儿童在线保护法案》和《儿童互联网保护法》，旨在限制未成年人在网上浏览色情材料。前两项法律被美国最高法院裁定违宪；2003 年 6 月，最高法院宣布支持第三项法规。

伦理角度看审查制度

有趣的是，康德和约翰·斯图亚特·密尔虽然伦理道德观截然不同，但在审查制度上却有相似的看法。

康德对审查制度的看法

作为传统启蒙运动的思想家，康德的座右铭是"勇敢坚持自己"。康德反问："为什么人不为自己着想？"他回答："懒惰与懦弱占据人性的很大一部分，人类好不容易把这两点从外界影响下解放出来，却依然要被终身监管，为什么别人那么容易坚持自己，不受别人影响？要与众不同并不容易。如果我有一本不看就能理解的书，一个有良心的牧师，一个帮我安排饮食的医生，等等，那我就不需要麻烦自己，也不需要思考，只要我付钱，就会有人欣然帮我做那令人厌烦的工作。"

启蒙运动是对贵族和教会思想控制的回应。康德认为他所处的时代下，人们坚持自己观点的阻力正在消逝。他认为审查制度是一种倒退的表现，持反对态度。

密尔对审查制度的看法

约翰·斯图亚特·密尔还倡导言论自由。他认为思想自由和言论自由是非常必要的，并给出了4点理由。

第一，没有人是绝对可靠的。我们都可能犯错，如果我们阻止一个人表达他们的意见，就是在压制真理。

第二，尽管别人表达的观点可能是错误的，但本质可能包含真理。一般来说，多数人的意见并不是权威。我们应该让所有的意见表达出来，这样才能听到所有的真理。

第三，即使大众意见恰好是真理，也是各种思想斗争下经过例行测试和验证的结果。没有经过验证的真理就是偏见。

第四，以更自由开放的方式验证出的意见更有可能对性格和行为产生重要的影响。

因此，跟康德一样，密尔从根本上支持自由的思想交流，坚信好的想法会战胜坏的。把他们的哲学思想应用到万维网上看，他们会支持自由的思想交流，反对政府任何形式的审查行为。

密尔的损害原则

然而，缺乏政府的审查也会导致损害。什么情况下政府应该干预呢？密尔提出损害原则来决定什么情况下机构应该干预个人的行为。

损害原则

"在任何一个文明的社区，只有在对方做出损害他人利益的事情时，才可以违背对方的意愿行使正当权利。好的身体或心理素质都不是正当理由。"

换句话说，政府不应该参与个体的私人活动，即使他正在做一些伤害自己的行为。只有当个人的活动伤害别人时，政府才应该介入。损害原则可以用来解释大多数西方政府注重审查成人色情材料的原因。一些伦理学家认为查看成人色情材料并不是错误的，有人则认为是不道德的。如果是不道德的，就更说明对个体用户造成了损害，但不能说明对其他人造成了多大的损害。因此，政府可以使用损害原则而不应该阻止成年人浏览色情内容。

言论自由

在美国，言论自由是人们最为珍视也最饱受争议的权利之一。在这一节，我们将阐述美国宪法第一修正案通过背后的历史，并探索为什么言论自由并没有被当作一项绝对权利。

历史

美国独立战争时期，任何对于政府的批评都会被看成是对公共秩序的威胁，并有可能导致罚款和入狱。英国对于言论自由的限制开始于1275年的《诋毁权贵法》。根据这一法律，散布关于国王的谣言且动摇臣民忠诚度的人将会被处以监禁。在接下来的200多年里，经过多次的修订，该法律所作用的范围变得更为宽广。最终，煽动性的言论以及反对政府官员（包括法官）的言论被纳入其中。

《诋毁权贵法》是由英国星室法庭，或者简称"星法院"来负责实施的。星法院直接对国王报告，并且不需要遵循传统的证据规则。星法院的统治表明人们可能因为口头侮辱或私人信件中的一些内容而被判刑。1641年，星法院被废除，但该法案仍由共同法法庭继续执行。

18世纪末，英国及其殖民地的出版自由意味着可以未经许可印刷出版物。换句话说，在出版上再也没有事先约束了。人们可以出版任何他们喜欢的作品。但是，出版的内容若被发现含有煽动和毁谤言论，出版人将会面临严重的后果。

反对毁谤的法律简单地认为，只要印刷材料是有害的，那么即便信息属实也是与诉讼程序不相关的，并不能为出版者辩护。在 1760 年到美国独立战争结束期间，约有 50 人被成功地起诉为诽谤罪。为了阻止这种起诉的继续发生，从英国获取独立后的大多数州采用了《权利法案》。

1787 年 5 月，来自 13 个州的代表在费城集会，修改《邦联条款》。很快，他们起草了全新的宪法。乔治·梅森，《弗吉尼亚权利宣言》的作者，强烈反对宪法提案，因为它并未包含任何关于公民权利的声明。帕特里克·亨利和其他的一些政治领袖也支持梅森的意见。

但是，宪法提案依旧得到了全部 13 个州的批准，大多数州的立法机关通过了宪法，并期望议会可以拿出修正案，解决宪法反对者对于人权的关切。在第一次议会期间，詹姆斯·麦迪逊提出了 12 条这样的修正案。全部 12 条修正案都被送到各州以获得批准。很快，其中的 10 条修正案就获得了批准。这 10 条修正案就是今天人们所熟知的《人权法案》。这些修正案中的第一条，也是麦迪逊认为最基本的一条就是保证言论自由和出版自由。

美国宪法第一修正案

议会不得通过立法确立宗教或禁止自由行使宗教权利，剥夺言论及出版自由，或者剥夺人们和平集会自由和向政府诉冤请愿的权利。

言论自由不是一项绝对权利

第一修正案确保言论自由的最初目的是政治性的。言论自由允许公开讨论公共问题，这就促使政府对人民的意志负责。

但是，第一修正案规定的言论自由并不仅仅局限于政治言论，非政治言论也包含在内（图2.4）。如此一来，就有充分的理由像保护政治言论一样保护非政治言论了。首先，有时候这两种言论是很难划清界限的。请求法官区分这两种言论，其本身就会变成一个政治决定。其次，政治言论能够使社会受益，非政治言论也一样。因此，第一修正案保证言论自由也促进了科学和艺术的发声。同样因为如此，"言论"的定义包含的绝不仅仅是语言，被保护的"言论"也包括艺术以及一些特定行为，如烧毁美国国旗等。美国最高法院的决定已经表明，言论自由不是一项绝对权利。相反，个人的言论自由权必须与公共利益保持平衡。滥用这项权利并且危害公众的人将会受到处罚。譬如，"诽谤、言语鲁莽、蓄意的谎言、中伤、歪曲事实、作伪证、虚假广告、猥亵、亵渎、教唆犯罪、人身攻击或'挑衅'言论"是不会受到保护的，因为这些行为并不是第一修正案所要达到的目的。

图2.4 根据弗吉尼亚州法律，杰里米·杰尼斯因发送数百万条的垃圾短信而被判刑。他的罪行最终被弗吉尼亚州最高法院推翻，因为反对垃圾邮件的法律太宽泛，从而也禁止了非请求性批量邮件的匿名传输，这些邮件往往"含有受《美国宪法第一修正案》保护的政治、宗教的言论或其他言论"。（美联社图/劳登郡警长办公室）

由于符合更广大群众的利益，言论自由的许多限制也是合乎情理的。例如，美国法律禁止电视上出现香烟广告，因为吸烟有害公众健康。一些城市采用分区法把色情书店集中到城镇的一部分地区，因为色情书店的出现会增加犯罪概率。

联邦通信委员会与太平洋基金会之案

要说明第一修正案保护内容的限制，我们想到了美国最高法院在联邦通信委员会与太平洋基金会争议案中所做的决定。

> 1973 年，乔治·卡林录下了在加利福尼亚面向现场观众的一个表演。生成的录音中有一段长 12 分钟的叫作"污言秽语"的独白。在这段独白中，卡林列出了"在公共……啊……电台……呃……不能说，绝对不会说"的七个词。在接下来的独白中，卡林为这些被禁的词创造了口语体，引得观众大笑。

1973 年 10 月 30 日下午，纽约的反主流文化广播电台 WBAI 在提醒听众这段独白包含"可能冒犯他人的敏感词汇"后播出了"污言秽语"。在广播播出的几周之后，联邦通信委员会收到了来自一位男士的投诉。这位男士是在自己的汽车收音机上听到这段广播的，当时他的儿子也在场。针对这位男士的投诉，联邦通信委员会下达了规则，并知会太平洋基金会（WBAI 电台的经营者）将该规则列入电台的许可文件中。联邦通信委员会还提醒太平洋基金会，如果还有投诉发生，就会对其进行处罚。

太平洋基金会起诉了联邦通信委员会，随之而来的法律纠纷被送到了美国最高法院。1978 年，最高法院以 5:4 的票数裁定，联邦通信委员会没有违反第一修正案。多数意见认为，"在所有形式的通讯中，第一修正案对于广播的保护是最有限的"。广播公司受到的保护不及书商和影院业主，其原因有二：

1. "广播媒体以其独特的形式普遍地存在于美国人民的生活中。"

冒犯性的、不雅的内容被传播到居民家里的私人空间。由于人们任何时候都可以换台或打开、关闭收音机，任何提醒都不能完全保护人们避免接触冒犯性内容。虽然一些人会在听到不雅的内容后关闭收音机，即便如此也挽回不了已经发生的危害。

2. "由于其独特形式，广播能够接触到儿童，甚至是尚未识字的儿童。"

相比较而言，在书店和影院限制儿童接触冒犯性或不雅内容是可行的。大多数人强调，最高法院的裁定是狭隘的，并且播报环境也是十分重要的。广播播放的时刻（下午 2:00）是一个重要的考量因素，因为它影响了听众的构成。

案例分析：凯特的博客

凯特是一名新闻专业的学生，其博客因关注校园生活而一直广受欢迎。凯特的朋友杰瑞在校园里活跃在辉格党中，一天凯特参加了在某人的公寓里为杰瑞举办的生日宴会。有人送给杰瑞一件托利党 T 恤，作为恶作剧的礼物，杰瑞把它穿在了身上。当杰瑞看向别处的时候，凯特用手机拍下了他穿着这件 T 恤的照片。宴会结束后，杰瑞开车送凯特回家，但凯特并没有跟他提起照片的事。凯特回到自己的公寓后，把照片发布到了博客上。在博文中，凯特为杰瑞作了说明并解释了照片拍摄的背景。

许多校内外人士都读到了这个故事。第二天，杰瑞与凯特对质，为她发照片的事对她大发脾气，并要求她从网站上删掉照片。凯特按杰瑞的要求照做了，两个人还是朋友。因为这件事，杰瑞在学校变得更受欢迎了，阅读凯特博客的人也增多了。

凯特在事先没有得到杰瑞许可的情况下在自己的博客上发布了他的照片，这种做法是否正确？

康德学派的分析

事先没有经过杰瑞的同意，在博客上传其照片，凯特没有尊重杰瑞的自主权。相反，她把杰瑞当作提高自己博客阅读量的一种手段。因此，根据绝对命令的第二条原则，她的行为是错误的。

社会契约论分析

生日宴会是在杰瑞朋友的公寓举行的。在这种朋友之间的私密环境下，杰瑞拥有合理的权利，要求聚会上的照片不被传播到外界。偷拍杰瑞与自己个性不相符的举动，并把照片发布到博客中，凯特侵犯了杰瑞的隐私权。因此，凯特的行为是错误的。

行为功利主义分析

我们需要判定凯特的行为对两人产生的积极效果和消极后果。凯特提高了自己博客的受欢迎程度，这正是她想得到的积极结果（+10）。杰瑞对凯特生气表明凯特的行为使他伤心烦恼，但是在与凯特对质后，凯特删除了博客上的照片，他们又重归于好。因此，尽管这一消极后果对杰瑞来说力度是很强的，但是其持续时间是短暂的（−5）。照片发布后的结果是杰瑞在学校变得更受欢迎了，这对一个活跃在学校政治圈的人来说是一件非常好的事（+10）。杰瑞应该为提高了知名度而感谢凯特，这也进一步熄灭了他在得知这一事情时的怒火（+2）。因此，我们可以得出结论，短期后果对凯特和杰瑞来说都是有益的（总分+17）。

长期后果则难以判定。也许未来的某天照片会落到别有用心的人手中，被用来败坏杰瑞的名声（-100），但这也要取决于多重因素。杰瑞现在在政治上很活跃，他大学毕业后依然会积极从事辉格党政治活动吗（50%）？照片仅仅只在网上存在了一天，会有人下载它吗（20%）？如果真是这样，照片落入那些想使杰瑞难堪的人之手的概率又有多大呢（10%）？

考虑各种结果的确定性是功利主义分析的重要方面，也就是其发生的可能性。凯特行为的短期后果对两个人来说肯定是积极的（+17×100% = +17）。长期消极后果如果存在的话，是不确定的（100×50%×20%×10% = -1）。把计算出的短期益处（+17）与长期害处（-1）相加，得出总的结果为益处 16，因此我们得出的结论是凯特的行为具有积极效果。

规则功利主义分析

设想一下，如果每个人都经常给碰见的人拍照并把照片发布到网上会怎样。这样会产生一些积极的效果：人们更容易知道他们的朋友在干什么；一想到照片或者视频证据会出现在网上，人们就更不愿意卷入到非法活动中了。当然也会有很多消极后果，一旦人们开始感觉到好像自己总是在被拍时，就会变得不自然，这让他们更难简简单单地做自己。人们更难摆脱公共场合的伪装，表达自己的真实感受。必然，人们发布的照片会招致反感并导致紧张的人际关系。最终，消极后果似乎超过了积极效果，所以我们认为凯特的行为是错误的。

德行伦理学派的分析

凯特和杰瑞是朋友。亚里士多德认为人类是社会性动物，友谊在人类幸福或人类繁荣中扮演着重要角色。真正的朋友彼此信任并为彼此的利益考虑。互惠互利、利益对等是友谊的基本要素。在杰瑞不知情的情况下凯特偷拍了杰瑞不符合互惠互利原则；她利用了杰瑞，从他那儿索取但是并没有给他任何回报。当凯特把自己的利益置于杰瑞之上的时候，这已经不是一个朋友该做的了。宴会结束后，凯特还有一次机会向杰瑞坦白。不幸的是，她对杰瑞并没有足够的信任，向他承认自己偷拍了他的照片并在发布照片之前请求他的允许。相反，她什么也没对杰瑞说就把照片发到了博客上。总而言之，凯特在故事中很多行为都不符合一个好朋友的特点。

结论

虽然康德学派、社会契约论、规则功利主义和德行伦理学派的观点分析使用了不同的推理方式，但都得出了相同的结论，即否定了凯特在没有经过杰瑞许可的情况下发布照片的行为。凯特能够想象到如果自己拍下杰瑞身穿托利党 T 恤的照片他一定会生气（没错，结果正是这样），这也是她为什么要在杰瑞没看见的时候拍照。凯特认为请求原谅要比征求同意更好一些，但是她的做法剥夺了杰瑞的决定权，而这个决定对他们两个人都会有影响。这不是待人之道，更不用说对待一个朋友了。凯特要是尝试劝服杰瑞把照片放到博客上，或者在获得他的同意之后再发，这样对两个人都有利，并且可能会更好一些。

儿童和不适当内容

许多家长和监护人都认为他们应该保护孩子,避免他们接触到色情和暴力内容。几年前,人们关注的焦点是网络,继而大型软件行业兴起,为人们提供可拦截不适当图片的浏览器。现在智能手机变得普及了,一些家长不得不面对令人不快的现实:他们的孩子把自己带有性挑逗意味的照片发给朋友甚至是陌生人。

网页过滤器

网页过滤器是一款阻止浏览器显示某些网页的软件。当你在运行浏览器的时候,网页浏览器作为一个后台进程运行,检查你的浏览器试图加载的所有网页。如果网页过滤器判定网页是有害的,就会阻止浏览器显示它。

网页过滤器可以安装到个人计算机上,或者网络服务提供商会为客户提供过滤服务。被设计用来安装到个人计算机上的程序,如 CyberSentinel、eBlaster 和 Spector Pro,可设置为只要检测到不适当网页就给其父母发送邮件。美国的在线过滤服务被称为"美国在线家长监控"。它使家长能够在孩子的账号上设置过滤的级别,并且也允许家长查看显示孩子所访问过的网页的记录。

典型的过滤器通常使用两种不同的方法来判定网页是否应该被拦截。第一种方法是根据不良网站的黑名单来检查网页的网址。如果网页来自被列入黑名单的网站，就不会被显示出来。第二种方法是查找暗示网站可能包含不良内容的字母或单词组合。这两种方法都不是万无一失的。网络包含上百万个含有色情内容的网页，并且新网页不断被高速创造出来，因此显然任何色情网站的黑名单都不是完善的。一些由保守派赞助的过滤器曾经把与自由主义政治事件相关的网页加入了黑名单，例如受到全国妇女和同性恋组织支持的一些网站。用来鉴别不适当词汇和短语的运算规则可能会致使网页过滤器拦截一些合法的网页。

卡尔文和霍布斯©1990沃特森区环球点击发行。（经许可重印，翻版必究。）

《儿童互联网保护法案》

2003年3月，最高法院对美国政府与美国图书馆协会一案的证词进行了权衡并提出：作为回报联邦资金资助接入互联网，政府能否要求图书馆安装反色情过滤器？

超过1400万人通过公共图书馆的计算机进入互联网。约1/6的美国图书馆已经至少在其部分计算机上安装了过滤软件。《儿童互联网保护法案》规定接受联邦资金的图书馆互联网，必须阻止儿童接触可视化的淫秽描述和儿童色情作品。法律允许想要访问被拦截网页的成年人向图书馆请求删除过滤器。

在最高法庭的证词中，副检察长西奥多·奥尔森认为由于图书馆并不给客户提供限制级的杂志或电影，因此他们也没有义务给客户提供色情网站访问。

保罗·史密斯，代表美国图书馆协会和美国公民自由联盟，辩驳道：在他们屏蔽色情网站的努力中，过滤器拦截了上万个无害的网页。他还称，要求成年人离开网站去找图书管理员并请求关闭过滤器会降低他们的探索精神并使他们遭到蔑视。

2003 年 6 月，美国最高法院支持《儿童互联网保护法案》，以 6:3 的票数判定反色情过滤器没有违反第一修正案的保护内容。首席法官威廉·伦奎斯特写道："公共图书馆并没有获取网络终端内容，从而为网络出版商提供展示自己的公共论坛，它至多只是收集书籍从而为图书作者提供了发表言论的公共论坛……大多数图书馆已经从其印刷馆藏中排除了色情书籍，因为他们认为藏有这些书籍是不当的"。

《儿童互联网保护法案》的道德评价

在本节我们将从康德学派、行为功利主义和社会契约论的角度来评价《儿童互联网保护法案》。

康德学派的评价

我们已经在审查制度的背景下谈及过康德的哲学立场。他乐观地认为允许人们使用自己的理智能够使社会逐渐走向文明。然而在这个案例中，关注范围是较为有限的。所以，让我们来着重审视《儿童互联网保护法案》，而非对审查制度泛泛而谈。

《儿童互联网保护法案》的目的是保护儿童免受色情网站的危害。实现这一目标的手段是使用网页过滤器。研究已经表明，网页过滤器不能拦截所有的色情内容，但是会阻止一些非色情网页。在已安装政府规定的网页过滤器的图书馆，网上的一些非色情信息却不容易被访问。发布这些信息的人不同意自己的观点被封锁。因此，拦截网页仅仅是为了达到限制儿童访问色情网站的目的，要求使用网页过滤器的决定威胁了非冒犯性内容的发布者。通过这一分析，我们得出的结论是《儿童互联网保护法案》是错误的。

行为功利主义评价

对《儿童互联网保护法案》的第二个评价是从行为功利主义的角度展开的。通过《儿童互联网保护法案》的后果有哪些呢？

1．尽管不是所有的孩子都会到公共图书馆上网，网页过滤软件也不是完美无缺的，但是颁布《儿童互联网保护法案》可能会使接触到色情网站的孩子数量更少，这是有益的。

2．由于网页过滤器是不完善的，人们无法访问一些合法的网站。因此，图书馆的浏览器作为访问工具的作用减小了，这是有害的结果。

3．作为想浏览色情网站的人，成年人请求删除过滤器会遭到蔑视（不论对错），这对他们来说也是不利的。

4．一些被拦截的网站可能涉及少数派的政治观点，降低了思想和言论自由，这点也是有害的。

任何时候进行功利主义考量，找出利和害的时候，我们都必须决定如何来衡量它们。这时候是思考功利主义哲学家杰里米·边沁提出的七属性的好时机。具体来说，这个相互影响的团体中包含了多少人？ 有益或者有害情况真实发生的可能性有多大？ 事件要多久才会发生？
程度会怎样？要到什么程度，痛苦才会被快乐抵消，或快乐才会被痛苦
抵消？它会持续多久？这种经历导致相似经历的可能性有多大？实际
上，对《儿童互联网保护法案》进行功利主义考量，每个人的判断都会
有所不同。颁布《儿童互联网保护法案》是否是美国政府该做的？不同
的人会得出相反的结论。

社会契约论评价

在社会契约论中，具有道德约束力的规则是人们为了进行社会生活
而相互约定的。思想和言论自由被认为是非常珍贵的。按照约翰·罗尔
斯的说法，"不限制信仰自由，政府需要维护的公共秩序会遭到破坏，
只有当这种可能性存在的情况下，信仰自由才会受到限制"。

个人浏览色情内容使社会生活难以再继续，要在这个观点上达成一
致意见恐怕有点困难。因此，个人使用色情网站被认为是社会契约之外
的事情，与其他人不相干。但当我们把在公共图书馆色情信息的可获得
性考虑进来，事情就复杂多了。

一方面，一些人认为，允许人们在公共场所浏览色情内容有辱妇女
的人格，否定了她们与男性具有的相同尊严。另一方面， 我们知道过
滤软件也是不完善的。过去它曾通过拦截涉及其他观点的网站被用于推
进保守的政治议程。因此，它减少了思想的自由交流，限制了思想和言
论自由。对一些成年人来说，公共图书馆给他们提供了免费上网的唯一
机会。要视他们为自由平等公民，他们就应该与在自己家里就能上网的
公民一样，享有相同的网络访问权。如果有网页过滤器存在，他们的访
问就不是平等的，因为要禁止过滤器他们必须请求许可。最终，尽管很
多人承认不应该让孩子接触到色情内容，但是要想使一个有理性的人相
信，孩子不小心在图书馆看到了色情内容，社会生活就无法再继续下去

了，这也是难上加难。

　　我们从社会契约论角度的分析得出的结论既支持也反对《儿童互联网保护法案》。但是，安装过滤器对于维持公共秩序来说似乎并不是必需的。因此，这个问题是社会契约之外的问题且信仰自由应予以优先考虑。

色情短信

　　色情短信是指发送包含有裸体或者近乎裸体照片的带有性暗示意味的短信或邮件。在 2009 年的考克斯通信针对 655 名美国青少年的调查中，9%的人承认至少发送过一次色情短信，17%的人表示至少收到过一次色情短信，3%的人表示至少转发过一次色情短信。在发送过色情短信的青少年中，11%的人承认给不认识的人发送过色情短信。有趣的是，当这些发送色情短信的人被问及他们发送的照片是否被转发过给不想看到它的人时，只有两个人的回答是肯定的。但是当这群人被问到他们的朋友是否转发过照片给不想看见它们的人时，30%的人的回答是肯定的。

　　尽管色情短信相对而言是近期才出现的现象，主流媒体已经有众多关于其对人们生活的严重影响的报道。以下是三个近期发生的故事。

　　俄亥俄州的高中学生杰西·洛根把自己的裸体照片发给了男友。他们分手后，前男友把她的裸体照片散布给了她所在高中的其他女孩。杰西在忍受了几个月同班同学的骚扰之后，开始每天逃课。在参加完一位自杀的同学的葬礼之后，杰西回到家里自缢而亡。

　　菲利普·阿尔珀特与 16 岁的女友吵架之后，给女友的众好友和家人发送了她的裸体照片。"我做的事真是愚蠢至极，因为我当时很恼火很厌倦，当时正是半夜，我还是个不成熟的孩子。"阿尔珀特后悔地说道。佛罗里达州奥兰多市的警察逮捕了刚满18周岁的阿尔珀特，指控他给未成年人发送色情邮件，构成重罪。阿尔珀特的女友16岁，他们已经交往两年半，并且最初给他发送裸体照片的人是她，这些都无关紧要。阿尔珀特被判五年缓刑，并被要求在佛罗里达州成为登记在案的性犯罪者，这一记录直到他43岁时才会被消除。

黄廷义，弗吉尼亚南瑞丁郡自由高中一位59岁的副校长，因要求对学生在手机上散布裸体照片的流言进行调查。经调查，一位16岁的男孩承认他的手机上存有挑逗性的照片。照片中是一个穿着三角内裤的17岁女孩的裸体，用手臂遮挡住胸部。黄廷义把照片拿给校长看，校长叫黄廷义复制一份到自己的计算机中以留作证据。两周以后，这个男孩犯错了，黄廷义勒令他休学两周。见到这个孩子的母亲后，黄廷义把之前的照片事件告诉了她。孩子的母亲很生气黄廷义当时没有立即告诉她照片的事情，并要求解除儿子的休学。黄廷义拒绝之后，这位母亲去了警察局并向他们讲述了照片的事情。警长的侦查员来到学校，在黄廷义的计算机上发现了女孩的照片。郡检察官詹姆斯•普洛曼给黄廷义下达了最后通牒：主动请辞或者面对持有儿童色情照片的重罪指控。普洛曼的助理告诉媒体："我们强烈认为这个人不应该再待在劳登郡学校系统里。"黄廷义拒绝辞职，2008年8月大陪审团控告他持有儿童色情照片。学校免除了他作为副校长的职务，把他重新分配到测试中心的岗位。为了支付诉讼费用，黄廷义不得不以自己的房产作为抵押再次办理按揭贷款。2009年4月，劳登郡巡回法庭法官汤姆斯•霍恩撤销了对于黄的指控，仅凭裸体照不足以把未成年人的照片归为儿童色情一类。尽管并没有被定罪，黄廷义最终负债累累，名誉也遭到了玷污，能否回到之前学校的岗位还是个未知数。

人们似乎普遍认为儿童色情法不应该被用于起诉发送色情短信的青少年。2009 年，一些州立法机构确立了在青少年中发送色情短信定为轻罪的法律。

破碎的信任

身份窃贼和性捕食者通过网络寻找新的受害者。

身份盗窃

桃乐茜·顿宁将身份盗窃定义为"他人身份的滥用，如姓名、社会保险号码、驾照、信用卡号及银行账号等。身份盗窃的目的在于利用他人身份做一些事情，如取款、转账、付费、获取信息、以受害者的身份发送文件或信件等"。

在美国，身份盗窃的主要形式是信用卡诈骗。身份窃贼或以某人的名义办一张新卡，或占用一个现有账户。身份窃贼可以通过改变现有账户的账单地址，在受害者意识到问题前积欠大笔债务。这些活动会在受害者的信用历史上留下污点。因此，身份盗窃受害者可能会面临信用卡申请、抵押贷款申请甚至求职申请被拒的情况。如果假冒者出示假证件给警察，受害者甚至会背负假的犯罪记录或未执行的逮捕证。

金融机构让人们便捷地开立新账户，这助长了身份盗窃现象的发生。由于信息顾问在网上销售驾照号码、社会保障号码和信用卡信息，这就使身份窃贼非常轻松地收集到大量关于他人的信息。由于银行允许人们在线开立账户，这就为身份窃贼侵占他人身份提供了便利。

美国身份盗窃的受害者人数从 2009 年的 1100 万左右减少到了 2010 年的 800 百万，但平均损失却由 387 美元增长到了 631 美元。然而幸运的是，美国法律规定，对于由于信用卡诈骗而导致的损失，如果上报及时，消费者最多负担 50 美元的费用。大部分受害者无须支付任何费用，因其银行和信用卡公司提供零负债保护，但受害者要花费 30 多个小时才能解决该问题。

在大多数情况下，身份盗窃并非通过计算机来侵入包含目标人物信息的数据库。相反，身份窃贼更倾向于使用低技术含量的方法来获取他们所需的个人信息。2008 年公布的一份关于身份盗窃受害者的调查表明，43%的情况下，盗贼是通过丢失或被盗的钱包、信用卡、支票簿等物理文档来获取信息的。一些窃贼从事垃圾搜寻工作，在垃圾桶或者回收箱中寻找个人信息。旧账单、银行结单、信用卡结单会包含大量的个人信息，如姓名、地址和账号等。另一种获取信息的简单方式是肩窥——越过肩膀探看别人填写表单。

2008 年的这份调查表明，在 19%的情况下，业务员在顾客购物的时候获取信用卡账号。服务员或店员将通过 skimmer（一个小的电池驱动的信用卡阅读器）进行的非法刷卡与通过收银机进行的合法刷卡匹配起来。身份盗窃团伙将用该种方式收集到的信息制造假信用卡。

令人惊讶的是，在 2010 年，14%的身份盗窃案件是在"近亲盗窃"的情况下被识破的，即家庭成员、朋友或内部员工在未经账号拥有者同意的情况下购物。

然而，相当多的人是因为网购而成为身份盗窃受害者的。通过垃圾邮件收集财务信息的行为被称作网络钓鱼。窃贼会给目标人物发送垃圾信息，这些信息看起来与 PayPal（贝宝）、eBay（易趣）或其他知名网络交易平台发送的信息一样。通过这些信息，他们希望欺骗毫无戒心的收件人进入仿真网站，暴露他们的信用卡账号或其他个人信息。

举例来说，受害者可能会收到一封据称来自 PayPal 的邮件，要求受害者进入 PayPal 网站确认一个交易。邮件会包含一个超文本链接。当受害者点击链接时，他就进入了冒牌 PayPal 网站。2008 年，网络钓鱼、间谍软件或其他在线方法在美国引发了 100 多万起身份盗窃案件。

按常理来说，身份盗窃的受害者应该是上了年纪的不懂计算机的人，但事实恰恰相反。网络盗窃受害者的平均年龄是 40 岁。许多受害者都是经验丰富的计算机用户，他们经常在网上输入信用卡信息。

1998 年通过的《防止身份盗窃及假冒法》宣布身份盗窃为违反联邦法律的罪行。2004 年，国会通过了《身份盗窃处罚加重法》，宣布延长身份盗贼的刑期。调查违反该法律行为的执法机构包括美国特勤局（USSS）、美国联邦调查局（FBI）、美国邮政监察部（USPIS）和社会安全管理局总监察长办公室。不幸的是，网络窃贼被逮捕的概率只有 1/700 左右。

聊天室捕食者

即时通信是两个人或更多的人通过计算机或电信系统而进行的实时通信。聊天室与即时通信类似，只不过聊天室支持多人同时交流。大量的组织为发起广泛话题的聊天室提供赞助。举例来说，2009 年 7 月，美国在线聊天页面列出成百上千个聊天室，这些聊天室被分成 30 个类别，包括艺术和娱乐、黑人音乐、朋友&情调、同性恋、拉丁裔、生活、景点、政治、浪漫及城市广场等。

即时通信的流行程度因国家而异。Nielsen/NetRatings 的调查研究表明，丹麦即时通信的用户人数占全部网络用户人数的 13%，而西班牙却占到 43%。不同国家聊天室的参与情况也不尽相同。据同一调查研究显示，2002 年 1—3 月，英国只有 16%的人拥有聊天室的网络账户，而巴西却高达 41%。保守估计，即时通信或聊天室的平均用户数约占 25%，全世界约有 1.5 亿人使用该技术，至少有时候是。

1995 年，康涅狄格州新迦南的 13 岁游泳运动员凯蒂·塔巴斯在美国在线聊天室结识了一名男子。那名男子声称他叫马克，23 岁。他的语法和词汇非常好，而且凯蒂认为他很特别。凯蒂同意与马克在得克萨斯酒店，也就是她的团队比赛的地方见面。不久，凯蒂进了马克的房间，马克强奸了她。"马克"变成了来自加利福尼亚州卡拉巴撒市的 41 岁的弗朗西斯·库甫洛维奇，曾有侵犯儿童的犯罪史。1998 年 3 月，库甫洛维奇成为了美国第一个因网络恋童癖而获罪的人。他俯首认罪后，在狱中服刑 18 个月。

1999 年，FBI 调查了 1500 起犯罪活动，其中有一个恋童癖者跨州约见并且侵犯了一名在网上聊天室认识的儿童。许多人说这样的问题正在逐渐增多。网络天使公司的执行主任帕里·阿夫塔布表示："我知道我可以以一个 12 岁儿童的身份进入聊天室，什么也不说，然后在两分钟内被搭讪，被询问我是否还是一个处女。"

警察已经开始假装年轻女孩进入聊天室，引诱恋童癖者。在华盛顿斯波坎市为期三周的突击圈套中，一名警官在一个聊天室里冒充 13 岁的女孩。2003 年 3 月月初，警察以试图二级强奸一名儿童的名义逮捕了一名 22 岁的男子。在他的车内，警官发现了手铐、一把折叠刀和一个安全套。嫌疑人仍处于带有性动机的四级攻击罪的假释中。乔·彼得森警官问道："如果那是一个真正的女孩儿，会发生什么呢？"。聊天室突击圈套帮助警察在整个美国逮捕了很多罪犯。

警察突击圈套的道德评价

警官在聊天室假扮儿童欺骗恋童癖者并且同意与他们见面在道德上是正确的吗？

功利主义分析

我们来思考一下这样一个突击圈套的各种后果。一个据称是对与未成年人做爱感兴趣的人被逮捕了，而且被判处蓄意强奸儿童罪。假设此人被判有罪，那么他必须要在监狱服刑。突击圈套的直接影响是对人的自由的否定（害处）以及公共安全的增强（好处）。因为整个社会是安全的，只有某个人受到了伤害，就这点而言，这是一件纯好事。

突击圈套也有间接影响。突击圈套的宣传可能使其他聊天室的恋童癖者打消犯罪念头，这也是一个好的影响。我们很难去衡量突击圈套的知识是如何影响无辜市民的。首先，突击圈套会降低人们对警察的信任。许多人表示如果他们没做错什么，他们就没什么可担心的。当面临警察的询问时，有些人可能会变得不愿意给警察提供信息。其次，突击圈套会影响每个人的聊天室经历。警察用事实证明人们并不总像他们所说的那样。这方面的知识可能会让人们不太容易被利用，但也可能会降低人们对他人的信任感。突击圈套证明所谓的私人聊天室对话实际上是可以被公开的。如果聊天室的对话缺乏诚信和隐私，人们将不会参与严肃的对话。因此，聊天室就失去了作为通信设备的实用性。如何衡量警察在聊天室的突击圈套所导致的各种后果，取决于这些纯后果是积极的还是消极的。

康德主义分析

康德的观点侧重于行为的动机而非结果。警察有责任维护公共安全。恋童癖者会危害无辜的儿童。因此，阻止恋童癖者的行动是警察的责任。警察的目的是为了将恋童癖者送入监狱。这看起来非常明确。

然而如果我们再深入挖掘一下，我们就会陷入困境。为了将恋童癖者送入监狱，警察必须要先确认这个人的身份。由于恋童癖者不太可能在警察询问的时候当场坦白，所以警察就需要设置陷阱。换言之，警官是为了逮捕恋童癖者而欺骗他们。根据康德的观点，不论目的多么高尚，说谎都是不对的。在收集聊天室对话的证据中，警官也侵犯了聊天室的隐私。警官的这些行为不仅影响了所谓的恋童癖者，也影响了聊天室中所有无辜的人。换言之，警官将每一个聊天室主人的人作为确认身份和逮捕恋童癖者的手段。尽管保护公共安全是警官的责任，但为了实现自己的目的而去违反其他道德法律是错误的。从康德的某一观点来看，突击圈套在道德上是错误的。

社会契约论分析

社会契约论的信徒可能会辩称，为了所有人的利益，在聊天室的人应该遵守某些道德规定。例如，人们应该要诚实，对话也应该保密。由于假报身份或意图，恋童癖者已经违反了道德规定，应该受到惩罚。然而，为了实施突击圈套，警官也假报了身份，并且记录下恋童癖者所说的每句话。法律的支持者也违反了聊天室的规定。此外，我们是由无罪推定一直到确定有罪。如果由于交际失误或是错误的判断，警官实际上欺骗的是一个非恋童癖者该怎么办呢？这种情况下，无辜的聊天室用户并没有违反任何规定。他们只是在错误的时间处于错误的地点。然而，警官代表的社会并没有为聊天室用户提供他们期望收到的益处（诚实的交流和隐私）。简言之，社会惩罚违法犯罪者的需要与每个人（包括政府的主体）道德规定约束下的期望之间是冲突的。

道德分析总结

下面我们来总结一下警察突击圈套的道德评价。从康德的观点来看，警察的行为看起来是不道德的。其他道德理论下的评价也没有产生对此类圈套的明确认可或谴责。尽管警察的目的是值得称赞的，但他们是通过欺骗其他的聊天室用户，泄露属于隐私的对话细节来达成自己的目的的。突击圈套在道德上更有可能被看重结果而非使用的方法的人，也就是结果论者接受。

虚假信息

网络是比报纸、广播电台或电视台更开放的传播媒介。个人或团体的观点有可能不会在报纸上刊登、电视或广播节目上播放，但他们有可能会创建一个极具吸引力的网站。人们可以很容易在网上获取信息是网络包含数十亿网页的原因之一。然而，没有人在信息发布之前检查网页这一事实意味着网上信息的质量参差不齐。

你可以找到很多关于美国载人航天计划的网站，你也可以找到一些提供登月是 NASA 的骗局的证据的网站。许多网站描述纳粹在第二次世界大战前和第二次世界大战期间犯下的大屠杀罪行，其他一些网站则解释了为什么大屠杀不可能发生过。

人们对普遍持有的设想的争论并非开始于网络。一些电视网络和报纸因其为对政府机构提供的信息有质疑的人提供论坛而闻名。2001 年 2月，福克斯有线电视网播出了一档名为《阴谋论：我们登上月球了吗？》

的节目。该节目认为 NASA 在内华达州沙漠中伪造登月。超级市场小报则因其挑衅的、误导性的标题而闻名。有经验的消费者会考虑信息的来源。大部分人认为 CBS 播放的《60 分钟》是比福克斯电视网播放的《阴谋论》更可靠的信息来源。同样,人们也认为他们在《纽约时报》上看到的信息比在超级市场小报上看到的故事更可靠。

传统的出版业采取各种机制来提高最终产品的质量。例如,爱迪生·韦斯利出版其书的第一版时,一位编辑先将手稿的草案副本发给十几个评论家,请他们检查错误、遗漏或误导性陈述。作者再根据评论家的建议修订手稿。作者提交修订版手稿之后,文字编辑会进行最后的修改以提高文本的可读性,然后校对者再纠正排版错误。

另一方面,网页可以未经任何复查发布。正如你所想的那样,网页的质量肯定是参差不齐的。幸运的是,搜索引擎可以帮助人们识别最相关的和高质量的网页。下面我们来看一下谷歌的搜索引擎是如何工作的。

谷歌搜索引擎存有数十亿个网页的数据库。谷歌演算法将这些网页的质量按高低排列。这种演算法采用一种投票机制。如果网页 A 链接到网页 B,那么网页 B 就得到一票。然而,所有投票的地位并不相同。如果网页 A 本身就有大量的投票,那么由网页 A 链接到的网页会比由其他不流行的网页链接到网页 B 得到的投票更有地位。

用户发出查询命令给谷歌后,搜索引擎首先会发现与查询命令最匹配的网页。然后搜索引擎会根据网页的质量(以投票算法来衡量)来决定相关网页的排序。

网络欺凌

2002 年 11 月，吉斯林·拉扎，一名家住在加拿大魁北克的胖乎乎的高中生，用借来的一盘录像带和学校的录像机拍摄了自己像《星球大战》第一部里的绝地武士达斯·摩尔一样挥动高尔夫球杆的视频。几个月之后，录像带的主人发现了这些内容并与一些朋友分享了这个视频。其中一人将视频数字化处理之后，放到了网上，前两周的时间里，有成千上万的人下载了这个文件。吉斯林被人们戏称为"星战小子"，而且遭到了同学们的长期骚扰，最终被迫辍学。截至 2006 年年底，该视频已被播放 9 亿多次。

网络欺凌是指借用网络或电话系统对其他人心理造成伤害的行为。通常情况下，一群人结伙欺凌受害者。网络欺凌的例子如下所示：

- 频繁给他人发送对其有害的信息或邮件
- 散布他人谣言
- 欺骗他人暴露高度私密信息
- 在网上暴露他人秘密
- 未经他人同意发布令他人难堪的照片或视频
- 在网上冒充他人，破坏他人名誉
- 威胁或恐吓他人

调查表明，网络欺凌在青少年中较为常见。2009 年，考克斯通信公司调查了 655 名美国青年，其中 19% 的人表示曾遭受他人利用手机或媒体进行的网络欺凌；10% 的青少年承认欺凌过他人。当询问他们为什么欺凌他人时，最常见的回答是"他们自找的"和"报复他人"。

在某些情况下，网络欺凌导致了受害者的自杀，就如同 13 岁的梅根·梅尔所遭遇的情况。据她的母亲所言，梅根一生都在同体重和自尊抗争。梅根上三年级的时候就曾谈起过自杀，从那以后，梅根一直在看心理治疗师。在 Myspace 上遇到一位名叫乔什·埃文斯的 16 岁男孩之后，梅根的情绪高涨。他们在网上调情了四周但从未见过彼此。后来乔什似乎对他们的关系厌烦了。有一天，乔什告诉梅根他不知道是否还想与梅根做朋友。第二天乔什发布了这样一个帖子：

> 你是一个坏人，所有的人都讨厌你。

> 你的余生只剩下糟糕。

> 世界没有你会更美好。

梅根愤怒地回复了该帖子，随后其余的人开始合伙攻击她："梅根·梅尔是个荡妇"；"梅根·梅尔是个肥婆"。那天傍晚，梅根在自己的卧室上吊自杀了。

最终，该社区了解到"乔什·埃文斯"根本不存在。Myspace 的账户是由梅根家附近的 18 岁的阿什利·格珊、13 岁的莎拉·德鲁和莎拉的母亲罗丽·德鲁创建的。莎拉曾与梅根发生过争执，所以后来阿什利就建议创建一个 Myspace 账户来看看梅根会说些什么关于莎拉的事。罗丽·德鲁同意了这个计划。"乔什"发的大部分信息都是由莎拉和阿什利写的，而且罗丽·德鲁知道他们在做什么。

该县的地方检察官拒绝起诉罗丽·德鲁，因为密苏里州并没有针对网络欺凌的法律。然而，FBI 着手调查了该案件，2008 年联邦检察官控诉罗丽·德鲁因违反 Myspase 服务条款而违反《计算机欺诈和滥用法》规定的四项大罪。虽然陪审团发现她并未犯这些重罪，但判处了她三项轻罪。2009 年，美国联邦地方法院的一名法官推翻了这些定罪，声称德鲁不应受到违反与网络服务提供商的合同的刑事指控。

2009 年 4 月，美国众议院提出《梅根·梅尔网络欺凌预防法》。该法案的目的在于"对任何在跨州或跨国交往中，出于强迫、恐吓、骚扰他人或对他人造成实质情绪困扰的目的使用电子手段与人交流的、来完成其严重、重复的恶意行为的人处以刑事处罚"。一些公民自由的支持者反对该立法，声称这一立法将剥夺美国宪法第一修正案所保障的言论自由的权利。最终，该法案未获得众议院的批准。

网络成瘾

许多人在网上花费大量的时间，但心理学家对该行为是否会造成网络成瘾存在分歧。

网络成瘾是真的吗？

使用一台可以上网的计算机会带来很多乐趣——你在网上可以做许多意想不到的事情。你可能认识某个耗费大量时间或过多时间玩网络游戏的人，这种情况可以说是对网络或是网络游戏上瘾吗？已故的心理学家马瑞沙·欧扎克认为这是网络成瘾。她声称："当无法控制上网时间、无法去上班或滥用办公室计算机设施时，网络成瘾者会丢掉他们的工作。"

上瘾的传统定义是在了解其长期后果的情况下，强迫性地连续使用化学物质或毒品。然而，欧扎克与其他一些心理学家和精神病学家扩展了其定义范畴，将其定义为已知其危害性的一切长期强迫性的行为。据上瘾广义上的定义，人们会对赌博、食物、性、长跑及包括计算机相关的活动在内的其他活动上瘾。

有些人每周花费40～80小时在网上，个人会话长达20小时。在网上花费如此多的时间会产生各种有害后果。睡眠不足导致的疲劳会导致学校和工作表现的不如意。在网上花费如此多的时间也会导致腕管综合征、背部肌肉紧张及眼疲劳等身体疾病。待在计算机前太长时间会削弱或破坏与朋友或家人的关系。在一些情况下，人们会因长时间坐在计算机前而死亡（图2.5）。

金伯利·杨设计了一套网络成瘾测验。杨以《精神疾病诊断与统计手册》中的病理性赌博诊断为起点设计了一套8题筛检测验，来调查互联网的使用是如何影响病人的生活的，包括病人是如何沉迷于网络的、病人是否反复减少互联网使用不成功以及试图减少上网时间时人们的感受。杨表示如果8道问题中，病人有5个甚是更多的回答为"是"，他们就对网络成瘾了，除非"他们的行为被称作躁狂发作更合适"。

杨的"网络成瘾"一词的使用及她的问卷调查备受争议。约翰·查尔顿指出，与服用毒品不同，使用计算机通常被看作是一项积极的活动。此外，毒品上瘾会导致犯罪活动的增加，然而即使网络被某些人滥用，也不太可能造成同等程度的社会伤害。查尔顿展示了他对计算机用户的研究，并且断定杨的检查方法很有可能会高估沉迷网络的人的数量。查尔顿表示，一些"被划为计算机依赖或计算机上瘾的人被称作计算机高度用户可能更加准确"。

与查尔顿地位同等的马克·格里菲斯表示："迄今为止，很少有证据能证明计算机活动（例如互联网的使用、黑客、编程）会令人上瘾"。理查德·里斯认为将过度使用网络的行为称之为冲动更为准确。

然而，有些人支持杨的观点。斯坦顿·皮尔认为"人们会对经历上瘾"。根据他有关上瘾的更广泛的观点，非毒品经历会令人上瘾。皮尔制定了一个上瘾模型，将上瘾引申为强迫性的重复行为。

本节中，我们的关注点是过度上网是有害的。术语的争论对我们的讨论没什么作用。由于"网瘾"在媒体出现的频率更高，我们将使用"网络成瘾"而非"网络冲动"这一术语。

图 2.5　许多韩国人在网吧玩网络游戏。2005 年，一名 28 岁的韩国
　　　　男子在连续玩游戏 50 小时后死去。（金在元）

影响因素

皮尔表示，社会、环境及个人因素会使人们更容易上瘾。例如，同辈群体在决定个人如何服用酒精和其他毒品中起重要作用。人们在重压之下更易上瘾，比如那些缺乏社会支持和关心的人，那些很少有机会参与"提供报酬的生产性活动"的人。让一个人更易上瘾的个人因素包括过度追求某物、缺乏成就感、害怕失败、被孤立的感觉等。

杨的研究让她"相信与网络有关的活动也会提供缓解精神、逃避精神折磨和问题的方法，就如同酒精、毒品、食物和赌博一样"。她指出沉迷于某个单一的应用程序是典型的网络成瘾。

网络成瘾的道德评价

过度上网的人会对自己及其需要负责的人造成伤害。因此，过度上网是一个道德问题。

康德主义、功利主义和社会契约论都支持启蒙观，即作为理性存在者，我们有能力与义务运用自己的性判断来支配自己的生活。康德坚持认为上瘾是一种恶习，因为让身体的欲望来控制大脑是错误的。米尔认为有些快乐比其他东西更有价值，而且人们有义务帮助彼此区分好的快乐和坏的快乐。

人们最终会为自己的选择负责。即使一个上瘾者已"入迷"，他也要为初次选择参与此活动负责。该观点假设人们可以控制自己的冲动。杰佛瑞•雷曼表示，恶习是破坏实践理性主权的"性情"。"性情"就如同习惯一样，是坚固的但并非不可克服的。我们可以破坏某些事情来削弱它，无须完全摧毁它。

皮尔支持雷曼的观点，他认为上瘾者可以选择戒瘾。"人们要恢复到：(1) 相信上瘾会伤害他们并且想要克服上瘾的程度；(2) 感觉有足够的能力在没有上瘾的情况下管理自己的戒毒过程和生活的程度；(3) 在没有上瘾的情况下，找到可代替的奖励来使自己的生活充满价值的程度"。

尽管我们对此点的分析已表明个体上瘾者在道德上要为自己的上瘾负责，但社会为他们群体当中的上瘾者承担集体道德责任也是可能的。我们已经探讨过社会环境是如何增加一个人的上瘾度的，而且皮尔还指出如果不上瘾的生活没有足够的回报，上瘾者就不会康复。

上瘾是不明智的，那意味着某人由于陷入在短期内有效益而在长期内会损害生活质量的冲动自愿放弃理性的主权。然而，如果某人处于毫无希望的环境下，所有理性的人都断定长期美好生活的前景不会出现，那么屈服于冲动会失去什么呢？格曼认为这是美国城市很多吸毒者的情况。"他们面临不公平、不被需要的糟糕的环境，明明可以得到救治社会却拒绝救治的糟糕环境。上瘾的通常是这样的人，与他们面临的不可忍受的环境比较，不好的行为更易忍受。在这一方面，我想上瘾的道德责任扩展到了更广阔的社会"。

当然，一个典型的郊区的网络成瘾者与典型的市中心平民区的吸毒者面临的情况是迥然不同的，因此，社会在任何情况下都要为其成员中的上瘾者负责这一观念很容易被抛弃。然而，许多人将网络当作逃入他们自己的世界的一种方式，因为在"现实世界"中，他们会遭受社会隔离。或许我们应该反思一下是否是我们的某些作为或不作为促使我们中的某些成员产生了被排挤的感觉。

总结

互联网和蜂窝网络是支持各种社交活动的强大且灵活的工具。在本章中，我们已经探讨了即时通信、邮件、聊天室和网络。所有这些技术都对社会产生了积极和消极的双面影响。

20 年前，很少有人拥有电子邮件账户。那时，电子邮件广告几乎闻所未闻。电子邮件用户无须从邮箱中删除大量无用的邮件。另一方面，在外工作，电子邮件并不是很有用，因为大部分人并没有电子邮件账户。

今天，超过 10 亿人有一个电子邮件账户。大部分你想交流的人都有电子邮件地址。然而，大量的电子邮件用户引起了直销公司的关注。在过去的几年里，主动发送的批量邮件（垃圾邮件）的数量急剧上升。许多人都认为垃圾邮件的存在对电子邮件系统造成了损害，而且相关人士采取了各种各样的措施，用来在消息抵达用户邮箱之前过滤掉垃圾邮件。

互联网包含超过 10000 亿个网页。它包含壮美的和残酷的画面，振奋人心的诗歌和仇恨言论，条理清晰的百科全书和富有想象力的虚构故事。简言之，这是对人性善恶的反思。网络社交网站吸引了数以百万计的用户，开创了新的沟通范例，如 Facebook 和 Twitter。有些人指出"阿拉伯之春"参与者对 Facebook 和 Twitter 的使用表明这些工具是社会变革的强大代理人，尽管有些人认为这些工具的影响被夸大了。

政府对网络和社交网站的共享潜能做出了各种各样的反应。最专制的政府让人们无法接触网络；有些政府制定障碍来阻止人们访问某些网站；大部分政府允许他们的市民接触网站或应用程序。

美国付出极大的努力来阻止儿童通过网络接近色情文学。美国国会通过了三项法律试图减少儿童通过网络接触色情文学的可能性。所有的法律都受到了自由主义者的反对，他们认为这侵犯了言论自由的权利。美国最高法院判定前两项法律违宪，但支持第三项法律。

考虑到已经通过的保护儿童远离色情文学的立法，青少年已成为暗示性照片的源泉是十分讽刺的。法律体系尚未赶上发送色情短信的速度：使用电子邮件或手机发送裸体或半裸体的照片。儿童色情作品法律是与脑海中的恋童癖者一起写的。对于发送自己色情照片的未成年人，怎样的反应才是合适的呢？

互联网为人们提供了新的被欺骗的方式。每年，数以万计的人被骗子欺骗泄露自己的信用卡号码，骗子会利用这些信息来预支现金或盗用他人身份购买商品。性捕食者将聊天室作为与儿童联系的工具。对此，警察已经设置突击圈套来抓捕这些性捕食者。

网站为人们提供了发布和获取信息的便捷方式。在网上寻找答案的人通常可以获得更多的信息，而且在网站上检索他们所需要的信息要比在打印版的百科全书、书籍、期刊或报纸上寻找信息要快得多。普通人也可以利用网站在全球范围内传播他们的思想。这样信息丰富的环境有很多好处。不幸的是，由于任何人都可以在网站上发布信息，错误的信息与正确的信息混在一起。网站用户不能相信在网站上看到的全部信息。网站搜索引擎与尝试将人们引向高质量网站的算法结合在一起。

互联网和电话系统为人们提供了恐吓或羞辱他人的新方式。梅根·梅尔遭遇网络欺凌之后，结束了自己的生命。然而参与网络欺凌的成年人并未被当地政府起诉，因为当时并没有针对网络欺凌的国家法律。在美国建立一项全国性网络欺凌法律的尝试受到了公民中自由主义者的反对，他们担心这将会极大地限制言论自由，因此这项法律并未通过。

网上有各种各样的吸引人的活动，许多人表现出了长时间上网的冲动。许多评论家将强迫性计算机用户与强迫性赌徒作比较。不管强迫性网上活动究竟是不是真正的上瘾，过度地使用计算机会产生有害的后果。根据康德主义、功利主义和社会契约论，人们必须为包括上网的决定在内的自己的选择负责。然而，我们也应该记住社会和文化因素会使人们变得更容易上瘾。

人物访谈

迈克尔·莱侯德是未来研究所的一名高级研究专员，专注于大容量便携式计算机、拟真媒体和用于研究普适计算和环境感知的地理空间网络基金会。迈克尔曾是因特尔实验室的客座研究员，研究基于语义网络框架普适计算的模式语言。在 20世纪 90 年代末，迈克尔曾研究在农村和偏远地区用增强型 GPS 精准农业建设大规模国际公共服务及 IP 网络新兴企业，印度、欧洲及拉丁美洲的卫星网络的完整 IT 体系。他是国家科学基金会一个项目的首席研究员，将 Internet2 宽带 IP 网络带入美国 70 多个农村低收入地区。

迈克尔·莱侯德

他经常做与地理信息网络相关的演讲，已发表大量的论文，其中一篇《全球传感器网络的数据管理》最近发表在 IEEE 普适计算杂志的特别板块。

你曾说过苹果 iPhone 是技术史上最重要的转折点之一。iPhone 为什么如此重要呢?

自 1997 年以来，我一直在技术领域工作。iPhone 是我见过的最令人印象深刻的设备。它代表的是一个所有人均可支付的移动计算机。它是一部可计算的设备。它可以提供各种媒体信息的网络访问。它是一个全球图书馆。而且这就是我对网络的看法——人类社会的全球图书馆。它支持大量的视频和音频，所以你可以想象一个全球图书馆的口语互动界面，允许你在不识字的情况下获得信息。它有位置感知。该设备可以确定位置，因而人们可以获得非常准确的环境信息。

我们的预测是 2015—2020 年间，地球上的每个人都可以买得起一个与 iPhone 类似的设备。现在不是说网络和数据连接的花费会相应地降低，但随着时间的推移，会出现供每个地球人使用的低成本的改善后的网络。因而我认为我们正在迎接全球扫盲和连通性的新一轮曙光。

在你的回答中，你暗指计算机可以根据人们的地理位置提供信息。那么，网络是如何引入地理信息的呢？

地理信息网络由四部分组成。第一部分是由 URL 和地理位置（经度、纬度和海拔）确定的网络信息。我们现在有网络标准，允许你按照在各种网页浏览器均可见的位置发布信息。第二部分是各种不同的网络地图的集合。环境地图、基础设施地图、历史地图、商业地图、文化地图——许多免费可延展的地图均可在网上找到。我所说的可延展的意思是你可以将数据导入地图。第三部分是实时传感数据，例如温度数据、湿度数据和来自相机的视频输入。地理信息网络中最后一部分是嵌入信息。我曾见过犹如尘埃大小般的计算机芯片，含有一个 CPU、一个内存和一个无线电。卡内基·梅隆的某一团体设计了一个网络服务器，大小就如同人的小指的指甲。所以你可以想象物理对象和物理地点将会与数据结合。

人们将会如何处理这些信息呢？

我经常思考，而且我鼓励大家这样思考。我想象我可以看到无形的信息。当我经过一棵树时，我假装我可以看见一个标签，该标签不仅标明了树的品种，也标明了它不久前是否被浇过水或修剪过，也就是它的维护记录。我望着一栋建筑，我想象我可以看见其背后的建筑图纸。当我看到一个历史建筑时，我想象我可以看到描述此地历史意义的标签。当我看到街边的某人时，我想象他们得到了一个数字时钟而且他们是物理空间里的游戏玩家。当我经过一家餐馆或商店时，我可以看到商店内物品的清单。当我走在街上时，我可以看到交通指示灯的箭头为我指引方向。

事实上，这些东西都是实际存在的。现在你手机上的取景器都有可能成为网络浏览器，因此你可以举起手机上的取景器，观察某地的数据。许多应用程序已经被用于 iPhone 和 Android，而且将来还会有更多。当你走在街上时，你可以看到餐厅菜单。有的应用程序可以提示健康风险或危险的地方。有的应用程序会告诉你停车是否安全。有的应用程序会指导你的应用程序列表等。

你一直在谈论利用计算机增强现实，为人们提供更多的信息，包括他们的位置和他们在现实世界中所看到的东西。你怎么看待数以百万计的计算机用户通过魔兽世界或光环逃离到虚拟世界的现象。

我必须要说的是，魔兽世界及其他一些游戏即将到来。傻瓜射击游戏在年轻人中十分流行。

因此，我们的确会看到，人们即将可以在家中戴着眼镜享受各种各样身临其境的 3D 体验、游戏、虚拟旅行或其他的事。这很合理，但我认为人们所丢失或失去的不会比看电视失去得更多。人们将会起身走出去。世界是一个令人兴奋的地方。

另一方面，如果在一个虚拟世界中"旅行"，没必要担心安检口前的长队和佛罗伦萨大卫雕像前拥挤的队伍。

临场感可能会吸引很多人，而且这有助于世界范围内知识的普及。我们将会有非常棒的 3D 体验，而且我觉得人们将会进一步了解这个世界。但是临场感是永远不会与走在罗马街头上的体验等同的。

能否再介绍一下人们是如何利用临场感来增强他们"现实世界"中的生活的？

我们可以看到一些应用软件所带来的非常引人注目的事情，例如 Skype 视频会议。远处的亲人可以一整天都开着 Skype，因为 Skype 是完全免费的。我曾听说过一对姐妹用 Skype 通电话的故事。她们打开 Skype，坐下，一边聊天一边编织、喂猫，享受彼此的陪伴。我曾遇到一个人为法国的父母买了一台平板电脑。他的父母将电脑放在餐厅，他在厨房也有一台。所以当他在周日的上午吃午餐时，他们的父母在法国吃晚餐。他们可以开着电脑，一家人一起用餐。我觉得这是另一个大趋势。我认为现代技术实际上密切了家庭和朋友的关系，而非疏远或孤立人们。

第三章
——CHAPTER3——
知识产权

朋友之间分享任何东西。

——毕达哥拉斯

现在的海盗，不是在大海上作案，而是在互联网上。

——美国唱片协会

引言

在保龄汤的演唱会上，该乐队现场创作了一首歌曲。歌手杰立特·雷迪克表示："我从演唱会后回家之前，这首歌就已经出现在YouTube上了。"艺人有权控制那些看到或听到他们音乐表演的人吗？

全球 40% 的软件都是非法获得的。一些人全价购买软件，而很多人免费或以很少的钱获得该软件，这是公平的吗？一项关于 18～29 岁的美国年轻人中数字音乐收藏的调查表明，平均 22% 的文件是免费下载的，其余 22% 是从朋友或家人那里复制过来的。几年前，美国唱片业协会（RIAA）确定了几位极其恶劣的文件分享者的身份，给每人发送了诉讼警告信并给予他们庭外和解的机会，通常是支付 3000～5000 美元。波士顿大学研究生乔尔·特南鲍姆拒绝庭外和解，因其下载并分享 30 首歌曲被判侵犯版权罪，并被法庭判定赔付演艺公司 675 000 美元（后来法官将罚金降为 67500 美元）。为抵抗 RIAA，电子前线基金会（EFF）呼吁美国人民给国会施压以改变版权法（图 3.1）。

在现实社会中，人们从高质量音乐、电影、计算机程序及其他全人类智慧的产品中获益匪浅。这些知识产权的价值远高于他们在媒体上的花费，这就诱使人们非法复制这些产品。此类情况发生时，知识产权的生产者不会收到法律所规定的全部金额。

图 3.1 在美国，电子前线基金会正在提倡版权法改革。（电子前线
基金会广告。电子前线基金会版权所有@2011[知识共享]。允
许转载）

为了解决此类问题，法律体系授予了知识产权生产者更多的权利。
这些变化是为了符合社会的最佳利益，还是政客们为了迎合特殊利益集
团？

在本章中，我们讨论信息技术是如何影响我们对知识产权的理解
的。我们探讨是什么使知识产权不同于其他有形资产，以及政府是如何
建立各种机制来保护识产权的。我们了解了什么是对他人所创造的知识
产权的"合理使用"及新的版权保护技术是如何侵蚀合理使用的观念的。
与此同时，对等网络使消费者比以往任何时候都更容易免费获得音乐和

电影。我们了解了娱乐产业是如何打击非法免费获得受知识产权保护的资料的行为的。此外,我们也探讨了计算机软件知识产权保护的发展及提倡开放源代码的开源运动的兴起,最后,我们讨论一个为使艺术家、音乐家和作家能更容易地将网络作为激发创造力加强合作的媒介而付出努力的组织。

知识产权

知识产权是具有商业价值的人类智慧的独特产物。知识产权包括书籍、歌曲、电影、绘画、发明、化学公式和计算机程序等。

区分知识产权与其在一定介质中的物理表现十分重要。举例来说,如果一位诗人新创作了一首诗,诗本身是知识产权,而非印有诗的那张纸。

人类有权拥有自己的财产这一观念在世界上被广泛接受。该权利会扩展到知识产权领域吗? 为了回答这个问题,我们需要了解财产自然权利的哲学依据。

产权

英国哲学家约翰·洛克(1632—1704 年)提出了颇具影响力的产权理论。在《政府论》(下篇)中,洛克指出了财产自然权利的以下情况。第一,人们有权拥有自己的财产,任何人都无权占有他人的财产。

第二，人们有自己的劳动权，人们的工作应该是为了自己的利益。第三，人们有权拥有凭自己的劳动从自然获得的东西。举例来说，假设你住在一片公有的森林中的一个村庄里。有一天，你走入森林，砍倒一棵树，将其锯成原木，再将其劈成柴（图 3.2）。在你砍倒这棵树之前，每个人都拥有这棵树的公共权利。当将这棵树劈成原木之后，你已将你的劳动注入木头之中，这意味着这棵树已经成为了你的财产。不管你将木头放入炉中燃烧、卖给其他人、存起来过冬或是扔掉，都由你自己决定。

图 3.2　根据约翰·洛克的理论，人们有权拥有凭借自己的劳动从自然获得的东西。

洛克用相同的推理来解释一个人是如何获得一片土地的使用权的。从大自然中开垦一块地，清除杂草、耕作犁地、种植收割作物，这样付出这些劳动的人就拥有了该土地的财产权。

对洛克而言，财产权的定义只有满足以下两个条件才能成立。首先，没有人要求超出他或她使用范围的财产权。在获取自然资源的情况下，某人占用太多是不正确的，因为这会造成浪费。举例来说，人们不应占用超出他们照管能力的更多的土地。其次，人们为了使某物成为自己的财产而从公用状态中获得某物后，还需要留下其他很多以供其他人通过

147

劳动获得其财产权。如果森林里树木繁多，我可以在不用剥夺你或他人做同样事情的机会的情况下，将一棵树劈成柴。

洛克对财产自然权利的描述是对无限的资源最初被占用的最有用的解释，但在有限资源被占用的情况下并非特别有用。

知识产权的论辩的扩展

知识产权有自然权利吗？我们可以通过扩展洛克知识产权的财产权理论，尝试证明这样的权利是存在的。然而，由于洛克谈论的是物理对象的所有权，而我们谈论的是思想的所有权。我们必须要诉诸一个类比。我们将会拿创作一部戏剧与制作一个皮带扣作类比。为了制作一个皮带扣，人们必须开采矿石、冶炼、铸造。为了创作一部戏剧，剧作家要从英语中"挖掘"单词，将其"冶炼"成激动人心的文本，然后再将其"铸造"成最终的戏剧。迈克尔·斯坎兰表示，像对待普通的财产一样对待知识产权将会导致某些矛盾。我们用斯坎兰的两个场景来解释将洛克的自然权利扩展到知识产权的论辩中会产生的问题。

场景 A，第一幕

在环球影城排练一天之后，威廉·莎士比亚决定到街对面的一家酒吧吃晚饭。这家酒吧全是关于丹麦皇室阴谋的八卦。喝完第二杯啤酒之后，莎士比亚忽然有了灵感，而且在惊人能量的爆发下，他一口气创作了《哈姆雷特》。

如果我们用洛克的财产权理论来解释这种情况，很显然，莎士比亚有权拥有《哈姆雷特》。他将其劳动注入英语语言这一原始资源中，创作出了这部戏剧。请记住，我们不是在讨论写有这部剧的那些纸。我们是在讨论组成这部剧的一连串文字。纸仅仅是一种传达媒介。莎士比亚应该从《哈姆雷特》的所有权中获得什么呢？这里有两种观点（你可以想到更多）：他应该有权决定谁来出演这部剧；他应该有权要求出演这部剧的人付钱给他。

到目前为止，一切顺利。但接下来我们来听听故事的结局。

场景 A，第二幕

同一天晚上，本·琼森在伦敦对面的一间酒吧，听到了同样的八卦，产生了同样的灵感，也创作出了《哈姆雷特》——完全是同一部剧！本·琼森将其智力劳动注入到英语语言中创作出了一部戏剧。根据洛克的财产自然权理论，他应该拥有这部剧。本·琼森有可能与威廉·莎士比亚拥有同一部剧吗？（图 3.3）不，这不是我们所定义的所有权。二人不可能共同拥有决定谁出演这部剧的专有权。当该剧上演时，二人不能共同拥有收取版税的专属权。我们已经发现了一个悖论：独立劳动的二人和一件工艺品的生产。

我们结束了这一悖论，因为我们的类比是不完善的。如果两个人都去了同一座铁矿山，挖矿、冶炼，然后铸造成皮带扣，这样就有了两个皮带扣，一人一个。即使皮带扣看起来一样，但它们是不同的，我们可以给予每个人一个皮带扣的所有权。这与《哈姆雷特》的情况并不一样。即使本·琼森和威廉·莎士比亚是单独工作的，但是我们只有一部《哈姆雷特》：组成这部剧的一系列文字。我们给予一个人完整的所有权还是将所有权一分为二分给两个人，两个人都不能拥有这部剧的全部所有权。但如果我们的类比是完善的话，他们就应该拥有这部剧的全部所有权了。因此，知识产权的独特性是其不同于物理对象的第一个方面。

"生存或死亡
这是一个问题！"

图 3.3 假设本·琼森和威廉·莎士比亚同时创作了《哈姆雷特》，谁应该拥有这部剧呢？（本·琼森，沃克艺术图书馆/阿拉米；莎士比亚，经典图像/阿拉米）

第二个悖论与知识产权的复制有关。下面来看一下故事的另一个略微不同的版本。

场景 B

某天晚上，威廉·莎士比亚整夜在一个酒吧创作《哈姆雷特》，而本·琼森去参加一场晚会。第二天上午，威廉·莎士比亚返回环球影城，但由于粗心大意，他将《哈姆雷特》的原件落在了酒吧。琼森到这儿喝啤酒时，看到了手稿，并将其抄写了下来，然后拿着抄写版走出了酒吧，原件被留在了原地。

琼森偷走了《哈姆雷特》吗？莎士比亚仍拥有这部剧的剧本原件，但他失去了选择这部剧的读者、表演者或听者的专属权。如果你想将其称之为偷窃，那么知识产权意义上的偷窃与偷窃物品是迥然不同的。当你偷走了某人的车之后，他就不能再开这辆车了。当你偷走某人的笑话时，你们二人都可以讲这个笑话。

当然知识产权的任何一个创造者都有权为自己的想法保密。莎士比亚创作出《哈姆雷特》之后，他可以将其锁入行李箱中以防他人看见。本·琼森无权打开莎士比亚的行李箱得到该剧本，因而我们可以认为为一个想法保密的自然权利是存在的。不幸的是，这是一个无效力的权利，因为莎士比亚将其保密之后就不能展出这部剧了。为了好好利用他的作品，他必须放弃保密。

我们将从下面这个问题开始这一部分的讨论：知识产权有自然权利吗？我们发现除了将想法保密这个无效力的权利外，没有其他权利。在我们追求更强的权利的过程中，我们发现了有形资产和知识产权间的两个重大不同。首先，任何一个知识产权都是独一无二的。其次，复制知识产权与盗窃物理对象是不同的。

知识产权保护的好处

发明和艺术品的新创意可以提高社会成员的生活质量。有些人是无私的，他们乐意分享其创造力。举例来说，本杰明·富兰克林（1706—1790）发明了许多有用的东西，包括改进后的壁炉、避雷针、里程表及双光眼镜等。他没有申请任何一个产品的专利。富兰克林说："由于我们享受着其他人的发明带来的便利，所以我们也应该为能有一个机会用自己发明的东西来服务他人而感到欣慰；而且我们应该免费并慷慨地同大家分享我们的发明。"然而，大部分人发现金钱的诱惑是为创造有用的东西而长时间工作的强大诱因，因而即使没有知识产权的自然权利，一个社会也可能为了有益的后果选择将知识产权授予人们。

美国宪法的制定者意识到了社会通过鼓励发明创造而收获的好处。

美国宪法第一条第八款赋予国会"通过立法给予并限制作者与发明者相应的作品与创造的独享权的保护期，以促进科学与有用艺术的发展"的权力。如果某人有权支配一件知识产权的分配或使用，此人就有很多赚钱的机会，举例来说，假设你设计了一个更好的捕鼠器，政府会给予你该设计的所有权。一方面，你可能会选择自己加工该捕鼠器。任何想要该捕鼠器的人必须从你这里买，因为其他捕鼠器加工商都无权复制你的设计。或者，你也可以选择授予其他生产商生产许可证，他们将会根据你的设计为获得捕鼠器制造的权利付钱。

另一方面，在公众未获得新设备之前，你可能因为你的创造力而获得一定的报酬。假设你将你的改善后的捕鼠器的独占许可证卖给主导捕鼠器市场的公司。该公司拒绝生产新型捕鼠器，因为不管出于什么原因，出售现有技术可以获得更多利润。在这种情况下，你和公司会受益，但社会被剥夺了使用这种改善后的新科技的权利。

知识产权保护的限制

当发明以进入社会领域且任何人都可以使用时，社会是受益最多的。回到捕鼠器的例子，我们希望社会中的每个需要捕鼠器的人都能获得最好的捕鼠器。一方面，如果某人发明了更高级的捕鼠器，而且所有的捕鼠器生产商都能使用这一改善后的设计，那么这将会带来更多的益处。另一方面，如果更高级的捕鼠器的发明者没有从新设计中获取利润的期望，他可能不会费心去发明更高级的捕鼠器。因此，通过给他们的创意授予专有权以奖励知识产权发明者的需要与尽可能传播这些创意的想法之间存在一种紧张的关系。

国会解决这种紧张关系的传统方式是妥协。国会授予作者和发明者的作品和发明专有权，但仅仅是在一段短暂的期限内（备注：一名员工在他或她的职责范围内生产的产品的知识产权归用人单位所有）。有效期满后，知识产权进入公共领域。发明者拥有知识产权的分配权，产权的使用权会比产权更加昂贵，而且创造者会被给予奖励。产权进入公共领域之后，产权的使用便宜了很多，而且所有人都有机会生产出它们的衍生产品。

我们来思考一下如果一个社区乐团希望表演一首古典音乐。它可能会选择从公共领域购买一首乐曲，这会远远低于购买处于版权保护时期的音乐的花费（表 3.1）。问题是授予作家和发明家其创意作品的专有权的时限为多久才比较合理呢？最高法院法官斯蒂芬·布雷耶、卡布鲁·麦克劳德和劳伦斯·莱斯格曾用《祝你生日快乐》作为版权过度保护的实例。

《祝你生日快乐》是世界上最受欢迎的歌曲。你可曾想过为什么在电视上几乎听不到这首歌吗？这是因为音乐出版商 Clayton F. Summy 公司（现为时代华纳公司的一个子公司）于 1935 年为该曲申请了版权，而且如果电视台想要播放该曲必须付钱给时代华纳公司。时代华纳公司每年因《祝你生日快乐》的公开表演而获取 200 万美元的专利权使用费。据 1988 年的版权期限延长法案，该曲的版权至少要持续到 2030 年。

最近，乔治华盛顿大学法学教授罗伯特·布兰代斯对于《祝你生日快乐》不应该被当作"版权法过度保护"的范例这一说法持反对态度。在一篇严谨的调查报告中，他表示该曲"因缺乏创作者的身份证据而几乎不再受版权保护了；该曲的版权声明有缺陷；该曲未能提交合适的更新文件"。然而，到目前为止，无人曾在法庭上改变时代华纳的版权。

表 3.1 一段古典音乐一旦进入公共领域，它的采购价格可能会远远低于该音乐处于版权保护时期租用该音乐用于两场表演的花费。假设乐团每年的预算是 150 000 美元或者更少。（下表出自 Luck 音乐图书馆中 Randolph P. Luck 的"Letter to The Honorable Senator Spencer Abraham"。版权归 Randolph P. Luck 所有©1996 年。允许转载）

艺术家	作品	之前的租金价格（美元）	进入公共领域的年份	采购价格（美元）
拉威尔	达芙妮与克罗埃第一组曲	1450.00	1987	155.00
拉威尔	鹅妈妈组曲	540.00	1988	70.00
拉威尔	达芙妮与克罗埃第二组曲	540.00	1989	265.00
格里菲斯	白孔雀	335.00	1993	42.00
普契尼	亲爱的爸爸	252.00	1994	26.00
雷斯庇基	罗马的喷泉	441.00	1994	140.00
拉威尔	库普兰之墓	510.00	1995	86.00
雷斯庇基	古代歌调与舞曲第一组曲	441.00	1996	85.00
埃尔加	大提琴协奏曲	550.00	1997	140.00
霍尔斯特	行星	815.00	1997	300.00
拉威尔	小丑的晨歌	360.00	1999	105.00

保护知识产权

虽然美国宪法赋予国会授予作者和发明家作品专有权的权利，但它并没有详细解释如何保护这些权利。目前，个人和组织保护知识产权的方式主要有四种：商业秘密、商标和服务商标、专利、版权。

商业秘密

商业秘密是一种机密的知识产权，可为公司提供颇具竞争力的优势。商业秘密包括配方、加工方法、专有设计、战略规划、客户名单和其他信息。公司保护商业秘密的权利被各国政府广泛认可。为了维护商业秘密的权利，公司必须采取积极的措施防止商业秘密的泄露。例如，公司一般会要求接触商业秘密的员工签订保密协议。

可口可乐糖浆的配方是一个非常著名的商业秘密。该配方在公司内部被称为"商品7X"，被锁于乔治亚州亚历山大一家银行的保险柜中。公司只有少数人知道它的完整配方，而且他们均签署了保密协议。生产糖浆的任务被分配给了不同组的员工，每组仅制作最终混合物的一部分，因而这些群体中无人知晓完整的配方。

商业秘密的一大优势是其永远不会到期。公司绝不需要公开商业秘密。100多年来可口可乐一直保守着这个秘密配方。

商业秘密的价值在于它们的机密性，因而，商业秘密并非保护某些知识产权的最合适的方式。例如，某公司将一部电影作为商业秘密毫无意义可言，因为该公司只有允许电影被观看才能赚取利润，可是电影一旦被观看就不会再保密下去了。另一方面，某公司将一部电影的理念作为商业秘密是可取的。阿尔特·布赫瓦尔德将一个名为《一日国王》的故事推销给派拉蒙电影公司，该故事讲述了一个非洲王子出访美国的故事。该电影制片厂制作出由艾迪·墨菲主演的《来到美国》这部电影之后，布赫瓦尔德成功以违反合同的名义起诉了派拉蒙电影公司，因其在将此情节交与电影制片厂时，让该厂签订了一个保密协议。

虽然盗取商业秘密是违法的，但还存在泄露秘密的其他方式。"逆向工程"是对手公司以合法途径获得商业秘密的一种方式。如果另一家公司购买了一罐可口可乐并且弄清楚了配方，那么该公司即可自由生产尝起来都像是可口可乐的软饮料。

雇用其他公司的员工是对手公司获得商业秘密中所含信息的另一种方式。尽管公司可以要求其员工签订保密协议，但不能消除那些转而为对手公司工作的员工的记忆，因此当员工从一家公司跳槽到另一家公司时，一些机密信息就不可避免地被泄露了。

商标和服务商标

商标是企业用于识别货物的一个词、一个象征、一张图片、一个声音或是一种颜色。服务商标是识别服务的一个标志。通过授予商标或服务商标，政府给予某公司使用并禁止其他公司使用该商标或服务商标的权利。通过使用商标，某公司可以建立一个"品牌名称"。社会能从品牌中受益，因为品牌让顾客对他们购买的产品的质量有更多的自信。

当某家公司首先去销售某一特殊产品时，该公司将承担其品牌有可能成为描述任何类似产品的普通名词的风险。当此类情况发生时，该公司有可能会失去该品牌名称的专有使用权。某些成为通用名称的商标有"溜溜球""阿司匹林""自动扶梯""保温瓶"和"胸罩"等。

公司努力确保他们的商标被用为形容词而非名词或动词。他们的方法之一是广告（图 3.4）。Kimberly-Clark's（金佰利）广告曾提到过"克里奈克斯牌面巾纸"。还记得 Johnson & Johnson 公司的广告语"我恋上邦迪创可贴，邦迪恋上我"吗？

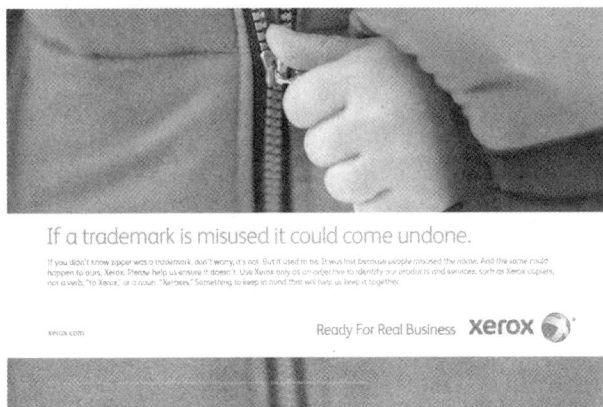

If a trademark is misused it could come undone.

Ready For Real Business   xerox

图 3.4 施乐公司将该广告作为保护其商标的活动的一部分。（截图来自施乐公司。版权归施乐公司所有@2012。允许转载。）

企业保护商标的另一种方式是联系滥用他们商标的人。例如，Adobe 公司通过发布以下信息来回应"Photoshop 图片"的网络帖子："Photoshop 商标绝不会被用作一个通用的动词或是名词。Photoshop 商标会一直采用大写的形式而且永远不会采用所有格形式或是被用作俚语。"

专利

专利是美国政府为发明家提供知识产权专用权利的一种方式。专利与商业秘密迥然不同，因专利是一份包含发明详细介绍的公共文件。专利的拥有者可以在专利期限内阻止他人制作、使用或是销售某发明，专利期限目前是 20 年。专利到期后，所有人都可使用其构思。

宝丽来 vs. 柯达

埃德温·兰德博士发明了"一步成像"摄影法。他创立的宝丽来公司已经有 10 项专利用来保护其 60 秒成像的发明。宝丽来从未将这些专利的生产许可证授予其他公司，而且多年以来，宝丽来是唯一一家销售一分钟内成像的相机或胶卷的公司。

1976 年，当柯达公司推出其第一部一分钟成像照相机后，宝丽来起诉了柯达。1985 年，法院裁定柯达侵犯宝丽来最初 10 项原始专利中的 7 项；6 年后柯达赔偿宝丽来 9.25 亿美元。

SPARC 国际

有时候，公司会发现授权其他公司某发明生产许可证的好处。太阳微系统公司发明可缩放处理机体系结构（SPARC）之后，想要尽可能扩大支持 SPARC 的计算机的数量。

为此，太阳微系统公司将 SPARC 具体设计的所有权转让给一个名为 SPARC 国际的独立的非营利性组织。SPARC 国际将 SPARC 技术的使用权授予了其他不同类型的公司。

2013 年，加工支持 SPARC 的系统的公司包括艾博科信息系统有限公司（Epoka Group A/S）、富士通计算机系统（Fujitsu Computer Systems）、美国通用动力公司（Itronix）、摩托罗拉（Motorola）、Nature Worldwide Technology Corporation（NatureTech）、Rave Computer Association、甲骨文股份有限公司（Oracle Corporation）、Themis Computer 及东芝公司（Toshiba Corporation）。

版权

版权是美国政府为原创作品的作者提供一定权利的方式。版权的拥有者主要享有五大权利：

1. 复制受版权保护的作品的权利。

2. 向公众传播作品副本的权利。

3. 在公共场所展览副本的权利。

4. 在公共领域表演作品的权利。

5. 从受版权保护的作品中生产新作品的权利。

版权所有者有权委托他人执行以上五大权利。某部戏剧的版权所有者可以出售许可证给想要表演该剧的高中戏剧俱乐部。广播电台播送一首歌曲之后，该电台必须通过诸如 ASCAP、BMI 或 SESAC 之类的表演版权组织支付一定金额的费用给词曲作者。版权所有者也有权防止他人通过侵犯自己的权利来管理作品的再创造、传播、展览、表演及来源于受版权保护的作品的新作品。

美国的几大重要产业，包括电影产业、音乐产业、软件产业和图书出版业，皆依赖版权法的保护。"版权产业"占美国管理公司国内生产总值 6%，拥有超 9 亿美元的销售额。500 万左右的美国市民在这些领域工作，而且正在以比美国其他产业更快的速度增长。凭借 1340 亿美元的国外销售和出口额，版权产业已成为 2010 年美国主要的出口产业。

在本节中，我们将讨论有助于定义美国版权限制的案件和法律。

当日警句

如果整个早上都有一首歌在你脑中挥之不去，那你欠美国作曲家、作家与出版商协会（ASCAP）版税吗？

John Deering and Creators Syndicate 公司授权

格什温出版公司 vs. 哥伦比亚艺术家管理公司

哥伦比亚艺术家管理公司（CAMI）负责音乐会艺术家的管理，而且赞助了成百上千个当地负责安排 CAMI 艺术家音乐会的非营利的社区音乐协会。CAMI 帮助这些协会准备预算、挑选艺术家和销售门票。CAMI 打印这些计划表并将其售给社区音乐会协会。除此之外，所有在这些音乐会上表演的艺术家都需要支付 CAMI 一定的费用。

1965 年 1 月 9 日，CAMI 赞助的华盛顿港社区音乐会协会举行了一场包括格什温的"贝贝丝，你现在是我的女人"在内的演唱会，然而该曲目未获得格什温出版公司的版权许可证。美国作曲家、作家与出版商协会起诉 CAMI 侵犯版权。

CAMI 认为他们不应为侵犯版权负责，因为这场音乐会是由华盛顿港社区音乐会协会举办的。然而，美国纽约南区联邦法院裁定 CAMI

承担该责任,因其早已意识到社区音乐会协会没有获得合法的版权许可证。1971 年,美国联邦第二巡回上诉法院维持地区法院的原判。

BASIC BOOKS vs. KINKO'S GRAPHICS

1980 年,KINKO'S GRAPHICS 公司发起了所谓的"教授出版"业务。它将宣传册分发给大学教授,并且要求他们列出计划在教程中使用的读物清单。KINKO'S 利用这些清单为选课的学生设计了一大堆读物,主要包含这些书本中章节的内容。

1991 年,美国南区联邦地方法院裁定 KINKO'S 侵犯了出版商的版权。法官要求 KINKO'S 依法赔偿原告(8 位出版商)510 000 美元。最后 KINKO'S 停止了"教授出版"业务。

DAVEY JONES LOCKER

理查德·肯纳迪克经营一个名为 DAVEY JONES LOCKER 的计算机电子公告栏系统(BBS)。用户每年支付 99 美元即可访问 BBS,该电子布告栏系统有 200 多个商业项目的副本。1994 年肯纳迪克被指控侵犯文本所有者的版权。他认罪后,被判处 6 个月监禁和两年缓刑。

《禁止电子盗窃法案》

1944 年的另一起事件促进了版权保护立法的进一步发展。美国麻省理工学院的学生大卫·拉马基亚将受版权保护的软件置于他在一所大学计算机上创建的公共电子布告栏上。检察官表示,在不到两个月的时间内,公告栏的用户总共下载了价值超过 100 万美元的软件。然而,检察官被迫减轻罚款,因为这些软件是可以免费下载的。由于并未从行为中获益,用户就没有侵犯版权法。为了弥补这一法律漏洞,国会于1977 年通过了《禁止电子盗窃法案》,该法案规定 6 个月内再生产或传播价值超过 1000 美元的受版权保护材料即为犯罪。

版权变化

根据 1998 年的《桑尼·波诺版权期限延长法案》，1978 年 1 月发明或出版的作品的版权保护期限为 95 年。1978 年 1 月及其后发明的作品保护期限一直持续到作者死后 70 年。如果这件作品是雇用作品，保护期限为出版后 95 年或创作后 120 年，甚至更少。

希瓦·维迪亚那桑表示："在建国早期和美国立法史的第一个世纪，版权是一个麦迪逊式的妥协，一个邪恶的、有限制的、人为的垄断，不能被轻易授予或延期。"然而，随着时间的推移，国会逐渐增加了版权保护的期限和受版权保护的知识产权的种类（图 3.5）。原因之一是对国际版权协议的渴望。为了完成这些协议，国会调解了美国版权法与欧洲法律，加强了对知识产权保护程序的保护。另一个原因是"版权变化"由新技术的推广导致，如摄影、录音和录像。

举例来说，自 1831 年以来，音乐出版商一直能够获得乐谱的版权并且能从在公共场合表演该音乐的音乐家那里收取专利使用费。1899 年，麦尔维尔·克拉克引进了阿波罗自动演奏钢琴，该钢琴可以自动播放录制在透明胶片上的歌曲。阿波罗加工并销售受版权保护的钢琴胶片。怀特·史密斯音乐公司起诉阿波罗侵犯其版权。1908 年，最高法院裁定阿波罗并未侵犯怀特·史密斯音乐公司的版权。最高法院建议国会修改版权法，如果国会想要版权拥有者有权控制诸如钢琴胶片和摄像机上的录音的话。国会于 1909 年修订了《版权法》。新的版权法案规定自动播放的钢琴胶片和唱片受版权保护。

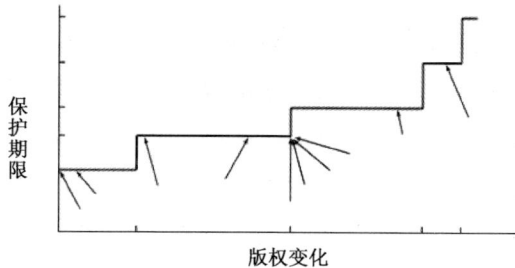

图 3.5 自 1790 年第一部《版权法》通过以来，版权的保护期限和受
版权保护的知识产权的种类都大大增加了。

　　一些人认为版权保护范围的扩展已经大大改变了版权持有者的私
人和公共权利的平衡。他们说版权期限在米老鼠进入公共领域后才得到
延长并非巧合。华特迪士尼公司游说国会通过了 1998 年《桑尼·波诺
版权期限延长法案》（CTEA），保护来自米老鼠、唐老鸭和其他著名人
物的利益。一些评论家认为华特迪士尼公司在白雪公主和七个小矮人、
灰姑娘、匹诺曹、钟楼怪人、爱丽斯漫游仙境和树林王子上赚取了大笔
利润，而所有这些都是建立在取材于公共领域故事的基础之上，因而华
特迪士尼人物成为公共领域的一部分，用于他人新的创造性作品之中在
一定程度上是公平的。

　　将老书数字化并放于网上供大家免费阅读的埃里克·埃尔德雷德，
领导了一批挑战 CTEA 的请愿者。他们认为美国宪法赋予国会授予作者
具有"限定期限"专利使用权的权力，而且宪法制定者是希望版权的保
护期限短一些的。他们表示，40 年来国会曾 11 次延长保护期限，而这
已超出了其宪法权力。

　　代表娱乐产业的政府和团体，包括华特迪士尼公司、美国电影协会
和美国录音工业协会，认为国会有延长现有版权期限的宪法权力。

美国最高法院以 7∶2 的投票做出了有利于政府和娱乐工业的裁决，声称请愿者并未证明 CTEA 是如何跨越"宪法的重大门槛"的。法院认为，"那些早期的法案不能产生永久的版权，CTEA 亦然"。

2004 年，伦敦的皇家艺术协会委托一个包括艺术家、科学家和律师在内的国际团体提出一个关于知识产权法律的声明。该团体创作了关于创造、发明和知识产权的《阿德尔菲宪章》。宪章是这样说的："过去 30 年中法律宽度、范围及期限的扩展促进了知识产权制度的出现，该制度从根本上不符合现代技术、经济和社会的趋势。该制度威胁到了我们和后代所依赖的创造力和创新链。"该宪章提出了一组公共利益测试，认为政府应该在进一步改变得到批准之前将其用于知识产权法律。到目前为止，《阿德尔菲宪章》对全球知识产权的论辩结果几乎没有影响。

对等网络和网络寄存空间

在网络上，程序性的对等网络指允许运行同一程序的计算机彼此连接并且访问储存在彼此硬盘上的文件的一种瞬时网络（图 3.6）。对等网络依靠三种方法来促进数据交流。

首先，他们允许每个用户访问储存在其他计算机上的数据。其次，他们支持任意两台计算机间文件的同步传输。再次，允许用户识别能够更快传送他们所需数据的那些系统，或许这是因为他们的网速更快或是更少跳数的路由器。

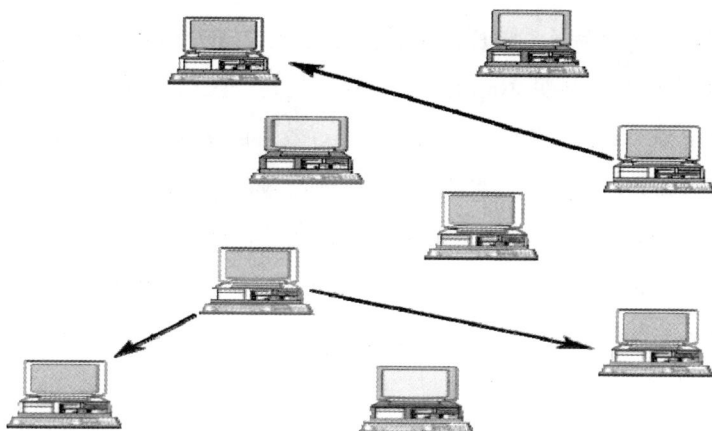

图 3.6 某些联网计算机运行同一网络程序，形成了对等网络。网络
能够支持多个文件的同步传输。这些文件可能包括数字化音
乐、图像、计算软件或其他内容。

网络寄存空间（又名文件存储服务或云储存服务）是在线文件共享
服务，允许用户下载受密码保护的文件。用户可以通过分享密码允许他
人访问他们上传的文件。

想开展合作项目的人可通过网络寄存空间找到共享的大文件，这要
比来回发送带附件的电子邮件要方便得多。然而，网络寄存空间也便于
人们分享受版权保护的资料，比如歌曲和电影。除此之外，网络寄存空
间的使用加大了政府官员跟踪对等文件共享的难度。

Napster（**纳普斯特**）

创建于 1999 年的 Napster 有方便音乐文件交换的对等网络。1999
年 12 月，RIAA 起诉 Napster 侵犯版权，要求 Napster 每复制一首受版
权保护的歌曲就赔偿 100 万美元。2000 年 6 月，RIAA 出台临时禁令来

阻止 Napster 交易各大唱片公司所有受版权保护的内容。2001 年 2 月，某联邦上诉法庭裁决 Napster 必须让其用户停止交易受版权保护的资料。Napster 安装了文件过滤软件，可有效阻止 99%受版权保护的资料的传输。2001 年 6 月，地方法院法官裁定 Napster 必须关闭文件传输，除非能 100%阻止受版权保护资料的传输。该法院的命令有效打击了 Napster，Napster 于 2001 年 7 月下线，2002 年 9 月正式关闭。（第二年 Napster 作为在线预付费音乐服务和音乐商店重新出现）

FastTrack

FastTrack 是斯堪的纳维亚人尼克拉斯·曾斯特罗姆和乔纳斯·弗里斯开发的第二代对等网络技术。由于其分散设计，FastTrack 网络可能会比 Napster 更容易关闭。

图 3.7 说明了 Napster 和 FastTrack 对等文件共享应用的不同。Napster 依赖中央计算机维持所有共享可用文件的全球指数。该中心指数的存在便于消除通过 Napster 传输的受版权保护的文件。

相比之下，FastTrack 在大量"超级节点"中传输可利用的文件指数。任何连接高速网络运行 FastTrack 的计算机都有可能变成超级节点。多重超级节点的使用会导致信息搜索变慢，但也会加大法定机构关闭文件共享网络的难度。之前的对等网络 Kazaa 和 Grokster 均使用 FastTrack 技术。

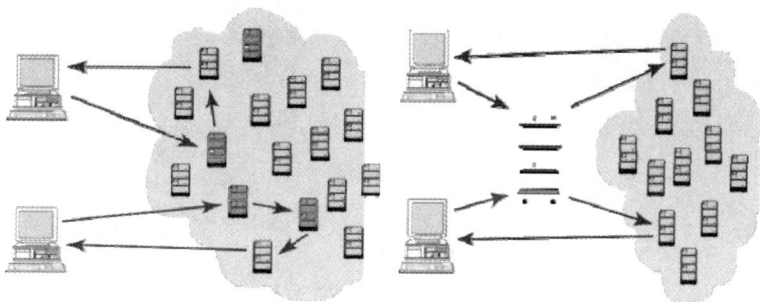

图 3.7　Napster 和 FastTrack 对等文件共享应用的对比。(a)在 Napster
　　　　中，中央服务器负责维持共享文件的指数。检索一个文件可
　　　　分为三步：(1)向中央服务器发送请求；(2)在发送和接收计算
　　　　机文件间建立对等网络连接；(3)传输文件。(b) 在 FastTrack
　　　　中，可获得文件的指数是在许多"超级节点"中传输的。每
　　　　个超级节点都有与"周边"计算机分享的可获得的文件的信
　　　　息。不同的用户与不同的超级节点相连接。

比特流

对于连接宽带的计算机来说，从网上下载一个文件的速度比上传一
个文件到网上的速度要快 10 倍。FastTrack 和其他对等网络协议的一个
大问题是当某一对等计算机与另一对等计算机分享文件时，文件是在比
较慢的上传速度下而非在比较快的下载速度下传输的。为了解决这一问
题，布拉姆·科恩发设计出了比特流。

比特流将文件划分为 1/4 兆字节的文件片段。为了避免上传瓶颈，
不同的文件片段可以从不同的计算机上同时下载（图 3.8）。用户一旦拥
有了文件片段，即可与其他用户分享该文件片段。由于比特流会给允许
从他们的计算机上上传的用户优先下载，用户是十分慷慨的。因此，下

载速度会随着越来越多的对等计算机得到网络副本而变快。换句话说，下载速度会随着标题的受欢迎度而增加。

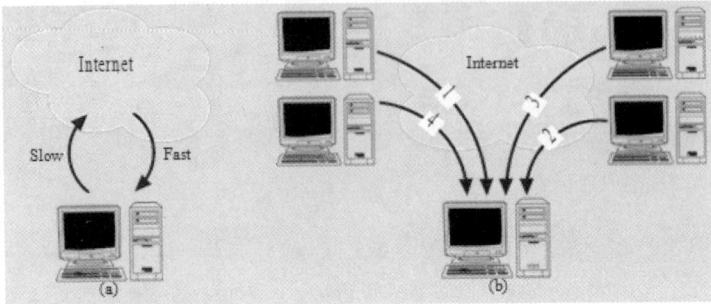

图 3.8 (a) 宽带互联网连接提供的下载速度要比上传速度快。

(b) 比特流通过使计算机同时从对等计算机上下载不同的文件片段来减少下载次数。

随着下载率的明显提高，比特流使几百兆字节长的文件交流成为可能。人们使用比特流下载计算机程序、电视节目和电影的副本。Linspire，一个 Linux 操作系统开发商，通过使用比特流传输软件来减少对其服务器的需求（省钱）。比特流也是《复仇者史密斯》在电影院上映之前出现在互联网上的传输媒介。

RIAA（唱片工业协会）诉讼

2003 年 3 月，RIAA 警告 Grokster 和 Kazaa 用户可能会由于分享包含受版权保护的音乐的文件而受到法律处罚。部分信息如下：

你似乎正在通过你的计算机向他人提供受版权保护的音乐……当你违反法律的时候，你将面临承担法律处罚的风险。有一种简单的方法可避免该风险：不要盗窃音乐，也不要通过类似于文件共享系统之类的软件将音乐提供给他人复制或下载。当你将音乐置于这些系统的时候，你不是匿名的，你的身份很容易被确定。

RIAA 可以确认最活跃的 Kazaa 超级节点的 IP 地址，随后找到在计算机上存有大量受版权保护的文件的用户的互联网服务提供者。根据《数字千年版权法》，RIAA 可传唤 Verizon，要求其确认被怀疑运行 Kazaa 超级节点的用户的姓名。Verizon 拒绝回应传票，声称回应传票将侵犯用户的隐私权。2003 年 6 月，华盛顿法官要求 Verizon 必须公布这些用户的名单。

2003 年 9 月，RIAA 起诉了在网上传输受版权保护的音乐的 261 个人。一个月之后，RIAA 给下载过至少 1000 个音乐文件的 204 人发信，为他们提供在被 RIAA 起诉之前庭外和解的机会。

2003 年 12 月，美国哥伦比亚特区联邦巡回上诉，法院判定 Verizon 无须回应 RIAA 的传票，也无须确定顾客身份，RIAA 遭遇重大挫折。尽管如此，RIAA 上诉的一些证据还是减少了网上非法文件的交易。ComScore 的调查表明，Kazaa 的活动从 2002 年 11 月到 2003 年 11 月间下降了 15%。皮尤互联网与美国生活项目的调查表明声称自己下载音乐的互联网用户的比重从 2002 年 10 月的 31%下降到了 2003 年 1 月的 22%，而且 2005 年 1 月超过一半的下载者表示他们通过 iTunes 之类的在线服务购买音乐。然而，调查报告警告说由于非法下载的耻辱，很少有人愿意承认他们的行为。有趣的是，一半左右的音乐下载者表示他们可以通过邮件、即时消息、他人的 MP3 播放器或 iPod 获得音乐。

虽然 RIAA 给文件分享者施加严厉处罚的活动在法庭大获成功，但反对文件分享的大陪审团的审判已被法官推翻。2009 年 6 月，明尼苏达州的联邦陪审团判定托马斯·罗瑟——一位 4 个孩子的单身母亲——支付每首歌 8 万~192 万美元的赔偿，因其侵犯了 24 首歌曲的版权（RIAA 控诉她将 1700 首歌曲置于 Kazaa 上，但他们仅想要证明 24 首歌的版权遭受侵犯）。2011 年 7 月，戴维斯法官将对托马斯·罗瑟的罚款减轻为 54 000 美元。戴维斯法官认为原裁决是"令人震惊的"，他表示原裁决是"如此的严重和残酷，与罪过明显不符，很明显是不合理的"。

2009 年 7 月，RIAA 申请了第二次裁决。RIAA 指控乔尔·特南鲍姆侵犯版权，因其使用 Kazaa 分享了 31 个音乐文件。陪审团裁决特南鲍姆支付音乐公司每首 22 500 美元到 675 000 美元不等的赔偿。2010 年 7 月，南希·特纳法官将赔偿减少到 675 000 美元。在裁决中，特纳法官写道："大量证据表明国会并未考虑到《版权法》的法定赔偿条款是否适用于像大学生特南鲍姆这样不收取任何费用而共享文件的人……毫无疑问，减轻后的裁决仍然很严重，甚至很残酷。它不仅使特南鲍姆因其造成的相对较小的危害而赔偿了原告过多的金额，而且还表明了一个强有力的信息，即利用对等网络非法下载和传输受版权保护的作品的人将面临巨额赔偿的风险。"

RIAA 的这些努力并未证明人们确实从被告的计算机上下载了歌曲。相反，他们声称仅仅将音乐文件提供给他人就违反了版权法。换言之，允许他人从其他人处下载音乐文件可能就意味着这个人已经违反了版权法，即使无人下载。2008 年 4 月，纽约某联邦法庭支持 RIAA 的主张，但马萨诸塞州和亚利桑那州的法官得出了相反的结论，认为仅仅给他人提供复制的音乐文件并非版权侵犯。

MGM（米高梅） vs. Grokster（格罗斯特）

一批电影公司、唱片公司、音乐出版商和词曲作家集体起诉 Grokster 和 StreamCast（流传播）侵犯他们用户的版权。原告（下面指 MGM）要求对被告发出赔偿要求和禁制令。

诉讼调查阶段公布的事实如下：

- 被告的网络每月传输了数十亿个文件。
- 在 Grokster 的 FastTrack 网络上的文件 90%是受版权保护的。
- Grokster 和 StreamCast 将其网络推销给投资者和潜在客户作为 Napster 的替代品。
- StreamCast 内部文件显示，StreamCast 管理人员想要比竞争对手网络拥有更多受版权保护的歌曲。
- Grokster 给其用户发送一条信息来兜售他们传输受版权保护的流行歌曲的能力。
- Grokster 和 StreamCast 为在寻找或播放受版权保护内容上有困难的用户提供技术支持。

美国地区法院给予 Grokster 和 StreamCast 即时判决，也就是说，未基于对事实和证据的审判即作出了判决。法官表示："被告传输和提供软件，其用户以非法或合法的目的使用该软件。Grokster 和 StreamCast 与销售家用录像机或拷贝机的公司区别不大，二者均可看作版权侵犯。"法官查阅了环球电影制片厂起诉索尼公司案（Sony vs. Universal City Studios），1984 年最高法院判定了索尼 Betamax 录像机的合法性。MGM 向坚持该裁决的美国联邦第九巡回上诉法院提出上诉。

二次上诉后，美国最高法院全体一致决定推翻 2005 年 6 月下级法院的决定。苏特法官写道："问题是在何种情况下，合法或非法传输产品的人要对由于第三方使用软件而侵犯版权的行为负责。我们坚持认为以推销装置侵犯版权的功能为目的，且有鼓励侵权的清晰的表达或是积极的措施为证的传输者，需对由第三方造成的侵犯版权行为负责。"

最高法院明确表示它并未推翻 Sony Betamax 的判决。相反，它判定提供给索尼的"安全港"并不适用于 Grokster 和 StreamCast。Sony Betamax 录像机主要用于定时移位录制电视节目，法庭认为这是合法使用,而且我们并无证据表明索尼通过鼓励非法使用来增加录像机的销售额。因此,索尼不应为销售录像机负责。

Grokster 和 StreamCast 情形迥然不同。两家企业都销售软件,但通过给用户发送流媒体广告来赚钱,用户增加会提高广告利用率,因此,两家企业都想增加自己的用户基础。他们都已意识到这样做是为了确保他们的网络上有人们想要下载的内容。这个观点看起来平淡无奇,"举例来说,寻找榜单前 40 的歌曲或是 ModestMouse 最新公布的曲目的用户必然会比寻找十日谈、Grokster 和 StreamCast 的人多得多······违法的目的清清楚楚"。

根据最高法院,第九巡回上诉法院列举环球电影制片厂起诉索尼公司案是错误的。与该案件关联更大的应该是格什温出版公司起诉哥伦比亚艺术家管理公司一案(Gershwin Publishing Corporation vs. Columbia Artists Management,Inc.)。最高法院将该案件送回上诉法院,建议作出支持 MGM 的即时判决是符合规程的。

Grokster 于 2005 年关闭了对等网络,赔偿"电影公司、唱片公司和音乐出版商"5000 万美元。

针对海盗湾的法律诉讼

位于瑞典斯德哥尔摩的海盗湾,是全球最大的文件共享网站,约有 1500 万用户。人们使用海盗湾搜索可以免费下载歌曲、电影、电视节目或计算机程序。这些知识产权的条目被分成比特流片段储存在散布于全球的数以万计的计算机内。海盗湾创建于 2003 年,曾被称为"发展迅速的国际反版权运动或支持盗版运动的最令人关注的成员"。

电影产业迫使瑞典政府对海盗湾采取了行动,2006 年瑞典警察突袭了其办公室并且没收了 186 个服务器，但该网站仅仅下线了 3 天。网站重新恢复运转之后，访问该网站的人数大幅度增长，或许是因为突袭活动提高了海盗湾的国际知名度。

2008 年，国际唱片业协会起诉与海盗湾有联系的 4 人在网上共享 33 件受版权保护的作品：20 首歌曲、9 部电影和 4 款计算机游戏。被告辩称海盗湾只是一个搜索引擎，不提供任何受版权保护的内容。2009 年 4 月，斯德哥尔摩某地方法院认定卡尔·伦德斯特勒姆、弗雷德里克·内伊、彼得桑德及高提弗雷德 4 人构成了版权侵犯。4 人均被判处有期徒刑一年，罚款 3000 万瑞典克朗（折合约 360 万美元）。 2010 年 11 月，瑞典某上诉法院仍判定其有罪，但缩短了有期徒刑的时间并将罚款增加到 46 000 万克朗（折合约 650 万美元）。

与此同时，海盗湾网站仍在运行中而且非常受欢迎。其域名最初是 Thepiratebay.org，由于担心 .org 的域名被美国官员利用，于 2012 年将网站移到瑞典域名 .se 上。2013 年，由于瑞典谋求没收 thepiratebay.se 这一域名，海盗湾又将其转移到在加勒比一小国荷属圣马丁注册的 thepiratebay.sx 上。

在许多国家，海盗湾的官方 URL 被互联网服务提供商拦截，但这些国家的人们仍能通过连接到 150 多个未被阻止访问的代理网站访问海盗湾。

PRO-IP 法案

2008 年，美国国会通过了《优化知识产权资源和组织（PRO-IP）法案》。PRO-IP 法案赋予联邦法律执法机构没收利于版权侵犯或贩卖假冒产品的网站域名的权力。

2010 年 6 月，美国移民及海关执法局发起了"我们的网站行动"，没收了 10 个经常在影院上映几小时后提供首轮电影网站的域名。在接下来的一年半中，数百个域名被没收，包括流媒体直播国家橄榄球联级、美职篮、国家冰球联盟、世界摔跤娱乐和终极格斗冠军赛的网站。

Megaupload 的关闭

总部位于中国香港的 Megaupload 有限公司，是一家著名的网络寄存空间，拥有 1.8 亿注册用户，曾一度成为世界排名 13 的受欢迎网站，约占"全部网络流量的 4%"。

来自网络寄存空间的网络流量中，有相当大的百分比与受版权保护的电影、电视节目、歌曲和计算机游戏有关。Megaupload 的创始者金达康居住在新西兰奥克兰。

2012 年 1 月，FBI 与新西兰和中国香港的警察合作关闭了 Megaupload 网络寄存空间，逮捕了金达康及 3 个与违反 PRO-IP 法案相关的人。根据大陪审团的起诉书，金达康与他的共同被告是"其成员犯侵犯版权罪和大规模洗钱，对版权所有者造成超过五亿美元的损失且收入超过 175 000 000 美元的世界性犯罪组织"的一部分。根据起诉书，为增加付费用户的数量，被告支付给上传受版权保护的流行作品到网络上的付费用户数百万美元。

其他的网络寄存空间迅速回应该消息。Megaupload 关闭几日后，FileSonic 在其网站上发布以下声明："目前，FileSonic 上的所有共享功能均被禁用。我们的服务只能用于上传和检索你个人上传的文件。"FileServe 网站上也发布了相同的声明。

互联网合法音乐服务

音乐流服务订阅，如 Napster、Rhapsody 和 Spotify 是非法文件交换的几个选择。这些服务每月为访问数百万首歌曲的功能收取一定的费用。依据该计划，订阅者可能会支付额外的钱下载歌曲。然而，订阅服务的一个共同点是他们都有一种数字版权管理的方式。放弃订阅的人不能播放他们下载的歌曲。

另一种模式是在线音乐商店，你可以在没有数字版权管理的情况下付费下载音乐。三大主要在线音乐商店是亚马逊 MP3、eMusic 和苹果的 iTunes 商店。iTunes 商店无疑是最大的合法在线音乐商店。2008 年，iTunes 商店超过沃尔玛成为美国最大的音乐零售商，有超过 5000 万顾客，600 多万首歌曲的目录和 40 多亿首的累计销售量。数字音乐销量持续上涨，2011 年其销售量占所有音乐首次购买的一半以上。

开源软件

早期的商业计算机没有独立的软件产业。计算机制造商，例如 IBM 既生产硬件也生产系统可用的软件。到 20 世纪 60 年代，软件发行会包含内源代码。想要修复程序错误或添加新功能的顾客可以修改内源代码或生成程序的一个新的可执行版本。

20 世纪 70 年代，计算机应用的数量扩大了，一些组织认识到了软件不断上升的价值。为了在软件发展中保护他们的投资，大部分公司决定设计他们的专有程序。

目前，发展专有软件的公司严格控制知识产权的传输。为此，他们通常会将内源代码作为商业秘密，仅仅传输人们不可读的结果代码。除此之外，他们也不出售结果代码。相反，当人们"购买"该程序时，他们实际购买的是允许他们运行该程序的许可证。人们利用代码做其他事情的权利都是被限制的，如备份副本。

专有软件的影响

政府给予那些购买计算机软件的人所有权，因为这能带来有益的影响。关键影响之一是政府可从软件的许可证中获取利润。如果人们想要生产更好的产品与他人竞争，他们就需要更加努力地工作并且更具创意。能够生产更好产品的人可以获取从产品中赚钱的机会。

当大部分人指出鼓励专有软件发展的好处时，一些人也注意到了该体系的危害。理查德·斯托曼是针对专有软件的非常著名的评论家。根据斯托曼的观点，授予计算机软件开发者知识产权有以下众多危害：

- 版权体系是为创建副本有困难的时代设计的。数字技术使复制变得微不足道。为了在数字时代执行版权法，必须采取更加严格的措施。但这些措施会侵犯我们的自由。
- 版权体系是为了促进进步，而并非让作者变得富有。版权并未促进计算机软件领域的进步。
- 允许某人"拥有"知识产权是错误的。授予某人所有权会迫使知识产权的用户在尊重知识产权和帮助朋友间选择。当此事发生时，什么选择是正确的显而易见。如果一个朋友要求一个专有程序的副本，你拒绝你的朋友可能是错误的。合作比版权更重要。

开源运动体现的是软件内源代码应该免费传输且人们应鼓励检测并改善彼此代码的哲学立场。开源软件运动促进了软件发展的合作模式。

"开源"的定义

开源是传输软件的另一种方式。开源程序的许可证有以下重要特征（部分）：

1．无阻止他人销售或传输软件的限制。

2．程序的内源代码必须可以传输或是比较容易通过其他方式获得（例如从网上下载）。

3．无阻止人们修改内源代码的限制，而且派生作品可以按照与原始程序一样的许可证期限来传输。

4．无关于人们该如何使用该软件的限制。

5．这些权利适用于所有接受相关软件重新分配的人，且无须额外的许可协议。

6．许可证能对是同一传输过程组成部分的其他软件设定限制。例如，某程序的内源代码不能要求其他 CD 上的所有程序都开源。

我们需要注意，这些指导方针并未指出开源程序必须免费传输。尽管人们可以免费交换节源程序，但公司还是有权销售开源程序的。然而，公司也不可能阻止其他人出售。为了使一家公司可以成功销售、人们可以免费在网上找到的开源软件，该公司必须增加软件的附加价值。或许公司可以打包软件，这样会易于安装。公司也可以提供大量的手册或是售后服务。

开放源代码促进会（www.opensource.org）是一家促进开源普通定义的非营利公司。2013 年 8 月，其网站列出了 70 种提到开源定义的软件许可证的名称。

开源软件的好处

开源软件的支持者描述了开源许可证的五大好处。

开源的第一个好处是给予每个使用某程序的人有改善它的机会。人们可以修复程序错误，添加、增强或是改变程序使其具有全新功能。使用某软件的人越多，该软件的发展速度就越快。

开源软件的快速发展带来了第二个好处：新版开源程序比新版商业程序出现得更快。开源程序的用户无须耗费程序错误修复和补丁修复同样长的时间。

开源的第三个好处是它消除了遵守版权法和帮助他人之间的紧张关系。假设你以合法方式购买了一个使用某程序的原始的许可证，而你的朋友想要该程序的附件，你必须在帮助朋友和遵守许可证协议之间选择。如果该程序有开源许可证，你就可以免费将其副本发送给任何想要它的人。

第四个好处是开源项目是整个的财产用户社区，不仅仅是单一的供应商。如果某个出售专有程序的供应商决定不投资来进一步改善该程序，用户社区就会陷入困境。相反，可以访问某一程序内源代码的用户社区可无限期地发展该程序。

开源的第五个好处是它将重点从加工转移到服务，这会使顾客获得更好的软件支持。如果内源代码可以免费发送，公司可以通过提供支持获取利润，而且提供最好支持的公司会从市场获得回报。

开源软件的例子

开源软件是互联网基础设施的一个关键部分，而且越来越多的开源应用正在进入桌面。

以下是在开源许可证的允许下传输得非常成功的程序的例子：

- BIND 为整个互联网提供域名服务（DNS）。
- Apache 管理着全球一半左右的网络服务器。
- 开源程序发送邮件是移动互联网邮件最广泛的程序。
- Android 操作系统是世界上最畅销的智能手机平台。
- Firefox 和 Chrome 分别是世界上第二和第三流行的网页浏览器。
- OpenOffice.org 是一个支持文字处理、电子表格、数据库和图像的办公应用程序套件（图 3.9）。
- Perl 是最受欢迎的网页编程语言。
- 其他受欢迎的开源编程语言和工具包括 Python、Ruby、TCL / TK、PHP 和 Zope。
- 程序员们早就认识到了 GNU C 编译器，objective - C，C++ Fortran、Java 和 Ada 的高质量。

调查表明，开源软件的质量和可靠性与商业软件的质量一样。

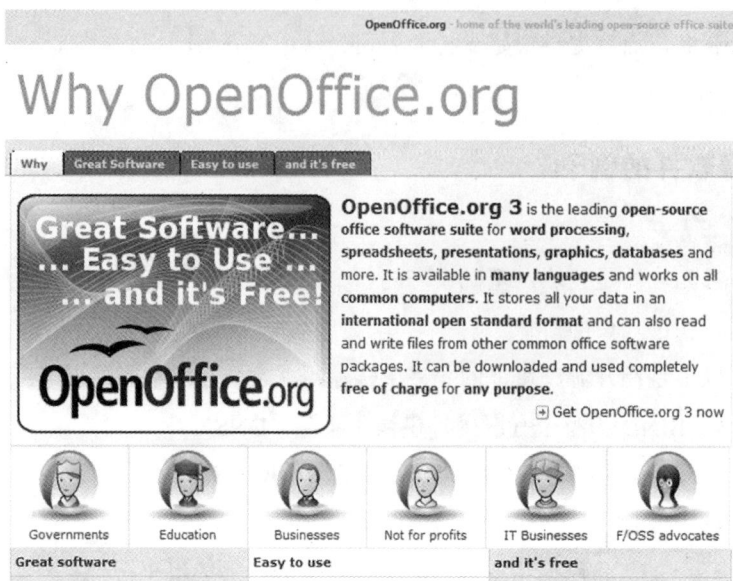

图 3.9 OpenOffice.org 是一个与微软办公软件竞争的办公应用程序
套件。（截图来自 OpenOffice.org，Apache 软件基金会的注
册商标。版权归 Apache 软件基金会所有©2012。允许转载。）

GNU 项目和 Linux

GUN 项目和 Linux 是开源运动历史上最成功的故事。（GUN 的发音是"guh-new"，重音在第二个音节上。发明递归缩写是黑客间的一个传统；GUN 代表"GNU 不是 UNIX。"）

理查德·斯托曼于 1984 年开发 GUN 项目。该项目的目标是野心勃勃的：开发一个完全由开源软件组成的完整的 UNIX 类的操作系统。

为了具备完善的功能，一个现代操作系统必须包括文本编辑器、命令处理程序、汇编程序、编译器、调试器、设备驱动程序、邮件服务器和其他许多程序。20 世纪 80 年代末，斯托曼与他人一起设计出大部分必需的组件。GNU 项目也从前人设计的开源软件中学到很多，尤其是唐纳德·克努特的 TEX 排版系统（用于书的排版）和麻省理工学院的 Windows 系统。大部分设计出来成为 GUN 项目一部分的软件是在 GUN 公共许可证的条件下传输的，这是开源许可证的一个例子（由于技术原因，一些程序是在其他许可证允许下作为开源软件传递的）。

1991 年，Linus Torvalds 从事类 UNIX 内核的工作，被称为 Linux（内核是一个操作系统中最核心的软件）。他于 1994 年发布了内核 1.0 版。由于类 UNIX 操作系统的其他重要组件已经在 GNU 项目中被设计出来，所以 Torvalds 能够将所有的软件合并为一个完整的、开源的类 UNIX 操作系统。令斯托曼极为懊恼的是，Linux 成为了基于类 UNIX 内核的开源操作系统的普遍接受的名称（斯托曼要求人们将整个系统作为 GNU/Linux）。

开源软件的影响

1998 年，安德鲁·伦纳德总结了 Linux 的影响："Linux 是颠覆性的。谁能想到就在 5 年前，一个世界级的操作系统可以合并，且可以仅通过脆弱的网络连接呢，就像是数千名分散在世界各地的黑客施了魔法一样？"

Linux 已经成为 UNIX 专用版的一个可行的替代品。在 2008—2009 年经济衰退期间，许多公司采用 Linux 作为一种降低成本的方法。2013 年 6 月的调查显示，世界发展最快的超级计算机的前 500 强中的95%都在运行 Linux 操作系统。

开源软件运动的批判

开源运动有很多反对者，他们对软件发展开源模式提出了以下批评：

第一，如果一个特定的开源项目没有吸引大量的开发者，软件的整体质量就会很差。

第二，如果没有一个"主人"，就会存在不同群体的用户单独改进一个彼此不相容的软件产品。单一程序的内源代码可能会插入许多不可调和的版本。（在现实中，这种可能性还有可能被物化。代码分支会把开发者社区分成片段，这对所有人都不好。因此，这会诱导人们保存内源代码的单一版本。大约 99%的 Linux 发行版都有相同的内源代码）。

第三，作为一个整体，开源软件倾向于有一个相对较弱的图形用户界面，使其比商业软件产品更难操作。这就是为什么作为服务器，开源系统比桌面系统取得了更大进步的原因。

第四，开源是一个激励创新的不健全的机制。目前，企业投资数十亿美元发展新的软件产品。通过取消开发新软件的经济奖励，公司将会减少甚至取消研究和发展。他们将不再是新程序的源泉。开源运动已证明它能生产专有程序的替代品（例如，StarOffice 代替微软办公软件），但它并未证明创新产品的能力。

软件知识产权保护的合法性

软件专利许可证通常禁止非持有人将软件复制后给予或出售给他人。这些许可证都是具有法律约束力的协议，如果你违背了协议的内容，实际上就是在违反法律。在这一部分我们并非要讨论有关违法的道德规范问题，相反，我们要思考从整个社会来说，是否应该给予软件的制造商保护其生产的软件不被复制的权利，也就是说，我们是否应该赋予软件版权和/或专利权来对其进行保护？

基于权利和后果论的观点，有人提出同意以知识产权对开发软件的人进行保护。现在让我们来回顾并且考察一下这些观点的长处。为了简化我们的讨论，假设现在有一个人独自编写的软件。虽然在现实生活中，大部分的软件都是由一个团队一起开发出来的，雇用该团队的公司拥有对其开发软件的各项权利，然而，无论是对于个人开发还是公司开发的软件，道理都是相同的。

基于权利的分析

并不是每个人都可以编写出好的计算机程序，编程是一项辛苦的工作。编程人员编写的程序如果受到市场广泛使用，那么就该获得相应的报酬。这就意味着他们应该拥有他们编写的程序，而所有权则暗示着控制权，也就是说，如果一个人开发了一个软件，他有权决定谁可以使用它。软件的所有者应该能够向使用他们程序的其他人索取费用。每个人都应该尊重知识产权。

这一推理以洛克（Locke）把劳动与赋予所有权的东西相联系的观点为基础，是本章开头我们提到的洛克的自然权利观点的变体。

关于"就是应该的"（just desert）[1]的论点有以下两种批评。第一，为什么把劳动与某个东西连接就意味着拥有它呢？那这是不是说明你

---

[1] 发音时重音在第二个音节上，请联想"应该的"（deserve）这个单词。

对某个东西付出了劳动就失去了劳动呢？罗伯特·诺齐克（Robert Nozick）给出了这样一个例子：如果你拥有一罐番茄汁，你把它倒进了大海，番茄汁和咸的海水混合到了一起，但是你并不拥有海洋，相反的，你还失去了你的一罐番茄汁。当然，如果有其他人声称对于你创造出的东西具有所有权，这当然是不公平的，但是如果本来就没有所有物、所有权的概念，每个人都把他们的劳动和他们失去劳动所得的结合起来，那这样的情况就变成公平的了。

当然，我们所处的社会确实存在有形财产的所有权这一概念，可我们又怎么能赋予农民对于他们劳作生产的庄稼的权利，而编程员为了农民利益而开发的记账程序，却得不到同等的权利呢？

然而，如果想给予那些创造出知识产权的人所有权的各项权利，我们就又回到了本章开始时讨论的问题。第二个关于"就是应该的"（just desert）观点的批评是当洛克的自然权利论断延伸到知识产权领域的时候，并不能经受住考验。知识产权和有形财产之间有着两个关键性的差异。每一项知识产权都是独一无二的，复制知识产权和偷取实质性的物品是有差别的。

功利主义分析

第二个支持对软件开发者提供知识产权保护的观点是基于后果论观点的，也就是说，如果不能提供知识产权保护，最终可能会带来有害的后果。这一观点的主要内容如下：软件被复制后，购买原版软件的数量将会减少。如果购买软件的数量减少，那么软件开发者的收益就会减少，这就导致软件开发者开发的软件越来越少。总的来说，新的软件产品有益于整个社会，一旦新软件的数目减少，社会就将受到危害。因此，软件被复制的话,社会最终会受到危害,那么结论就是复制软件的行为是错误的。

你可以把这一论点看作是一系列因果关系导致的结果(图 3.10)。复制软件导致软件销量下降,接下来便会导致整个软件产业的衰退,随之而来的便是生产越来越少的软件产品,最终整个社会都将受到危害。从逻辑上来说,为了证明这一观点可以充分令人信服,每一环节的因果关系都应该非常紧密。接下来我们依次分析每个环节,会发现没有一种因果关系是紧密联系的。

图 3.10 针对为什么复制软件是不好的,后果论观点的因果关系链
(Beth Anderson)

第一个观点是复制软件将会导致原版软件的销量减少。说到软件盗版行为,计算机行业常用美元价值表示被复制软件的价值,就好像每一个复制的例子都可以代表失去的销量,这明显有些夸张。并不是每个获得免费计算机游戏复制版的人都有钱或者有欲望去花费 50 美元购买这个游戏。事实上,有的时候复制软件可能会带来更多的销量。一个人可能对一个特定的程序不感兴趣,但免费试用后,可能会发现这个程序的价值并且愿意去购买这个程序以获得完整的文献记录、技术支持热线以及其他为注册用户提供的各项服务。复制软件有时会导致软件销量的减少这种说法是合理的,然而情况却不总是如此的。因此一概而论的观点是不恰当的。

第二个观点是说软件销量的降低将会导致整个软件行业的衰退。可以用来反驳这一主张的实例就是 Microsoft（微软）公司，尽管软件盗版现象在一些国家普遍盛行，微软公司仍然常盛不衰。更好地反驳这一主张的观点则是软件创建和财务报酬之间建立的强大的因果关系。但是，开源运动表明，事实上很多人创建软件并不是为了经济回报。有的人编写程序就是出于乐趣，有的则想要通过编写一个很多人觉得有用的程序来取得好的名声。包括理查德·斯托曼（Richard Stallman）在内的支持开源软件的人认为刺激创新最好的方法就是允许创意和源代码的自由交换。从这个观点看来，允许软件开发者控制代码的去向，而不是给他们升职，更能促进软件行业的创新。

最后，第二个主张假设软件消费者仅仅对软件行业的健康负责。在现实生活中，其他组织也想要确保可以发行足够多的新的软件产品。举例来说，Intel（因特尔）公司靠销售 CPU 芯片赚钱。每年芯片的速度都在加快。如果一个人有一台足够快速的计算机来运转现有的程序，那么他就没什么动机去升级他的硬件了。然而，如果同样一个人，他买的新程序需要额外的 CPU 周期，他可能就会去升级他的计算机了。因此，出于自身利益考虑，Intel 当然会鼓励发展更加密集的计算机程序，所以不仅仅是软件消费者负责推动整个软件产业的发展。

第三个观点是新的软件包对社会有益。这一主张很难被证实。当然有些程序相比其他对社会益处更多。因此重要的并不是不同程序的数量，而在于它们的用途。要在新软件产品的用途与人们送朋友的复制品的用途之间加以权衡。

结论

我们检验了关于为什么社会应该给予软件开发者知识产权保护的两种观点。第一种观点以"就是应该的"(just deserts)概念为基础,是我们在本章开头所讨论过的自然权利论点的变体。这一观点没有说服力,因为它建立在了错误的假设之上,并认为一个人拥有财产的自然权利可以直接延伸到知识产权领域。

第二种观点基于后果论,认为否认软件的知识产权保护将会带来有害后果。这一观点的基础是一系列的因果关系——复制将导致收入的减少,然后带来软件生产的衰退,接着危害整个社会。每个因果关系之间的联系仍然值得商榷,因此整体来说,这一观点也并非完全合理。

我们的结论是给予软件知识产权保护的论点并不有力。不过,我们的社会已经对计算机程序的所有者提供了版权保护。如果你违反了许可证协议,复制了一张包含计算机程序的 CD,并将它送给了一个朋友,那你就已经触犯了法律。正如我们在前文说过的一样,从康德主义、规则功利主义和社会契约论看来,除非你有特殊的道德义务胜过尊重知识产权,否则违背法律就是绝对错误的。

知识共享

正如我们在本章前面所看到的,有的人认为强有力的知识产权保护可以刺激创造力，因为这意味着把金钱回报摆在了艺术家和发明家面前。其他人则认为在这样的环境之下创造力会受到压制。他们认为当人们可以自由地在其他人的作品之上加以创作的时候会更具有创造力，比如在音乐领域，并不只是说唱音乐家以其他人的作品为样品来创作新歌，听一听阿隆·科普兰（Aaron Copland）的《阿巴拉契亚春天》你会发现他是借用震颤派的圣诗《简单的礼物》加以发挥的。

信息技术为创造力的空前释放提供了环境。在此之前录制和混合音乐、合成照片和计算机成像技术，或者录音和编辑电影都无法如此低廉。如果可以借助他人的成果并加入你自己的聪明才智以创作出更好的艺术作品供每个人享受难道不是一件好事吗？引用知识共享网站上电影《发挥创意》中的台词："跨越时空的合作，与从未谋面的人共同创作，站在同辈人的肩膀上，这才是互联网的全部。"

然而，强有力的知识产权保护可能会阻碍这一前景。在美国现行版权法之下，即使创作者并不给作品打上版权标志"©"，知识产权作品在其诞生之时就已经被赋予版权。既然版权是不直接言明的，那么在使用前获得准许就是必要的，因此可以说现在的体系在一定程度上阻止了人们在他人的作品之上构建自己的作品。

试想一下，一位美术教授想要在网站上收集在线课程上的图片时将会有多么麻烦！因为她需要得到每一幅她想展示在网站上的图像作者的允许才可以。假如有三幅米开朗基罗（Michelangelo）《圣母怜子像》作品的图像，她很难提前得知哪位摄影师允许她使用图像。在这样的情况下，如果有一个官方途径供摄影师说出"你可以用我的照片，只要你署我的名字就好"，那就方便很多了。

斯坦福大学的法学教授劳伦斯·莱斯格（Lawrence Lessig）意识到现在需要建立一个机制，可以让知识产权的创造者告知世界他们拥有的权利。莱斯格让我们来思考这样一个关于共享的例子，"任何一个相关团体中的人都有权利拥有资源,而这一点是不需要获得团体中其他人的允许的"。这种共享的例子包括公共的街道、公园、海滩、相对论以及莎士比亚的作品。莱斯格表示"资源共享有着很大的好处,互联网就是这一好处的最好证明……互联网构成了一个创新共享"。莱斯格之所以称互联网为创新共享,是因为人们对互联网的控制是分散的:一个人可以引进一个新的应用程序或者新的内容,而这些是不需要其他任何人同意的。

2001 年,莱斯格同哈尔·阿伯尔森(Hal Abelson)、詹姆斯·博伊尔(James Boyle)、埃里克·埃尔德雷德(Eric Eldred)、埃里克·萨尔茨曼(Eric Saltzman)一起建立了名为"知识共享"的非营利公司。"知识共享"免费提供标准化的版权许可证。每个证书都有三种形式:普通人可读、律师可读和计算机可读。有了"知识共享"的许可证书,你可以持有你自己作品的版权,同时又可以允许其他人在一定条件下、某种程度上使用你的知识产权作品。因为你已经在获得许可证时就表明了可以使用你作品的条件,因此其他人在使用你的作品之前便不再需要获取你的同意。

那么这个体系是如何运作的呢?假设你拍了一张照片并且希望通过"知识共享"许可证书上传到网站上,你访问"知识共享"的网站(www.creativecommons.org),在那里你可以根据你对以下两个问题的不同回答选择 6 种不同的许可证书(逐字引用):

——允许将你的作品用于商业用途?

是

否

——允许对你的作品进行修改?

是

是,只要别人用同样的方式分享

否

在你回答完这两个问题之后，网站将会创造出一个适当的"知识共享"许可证的 HTML 编码。你可以复制这个 HTML 编码并将它和图片都粘贴到网页合适的位置上。这样访问你网站的人就可以看到一个你所选择的普通人可读的许可证（图3.11）。

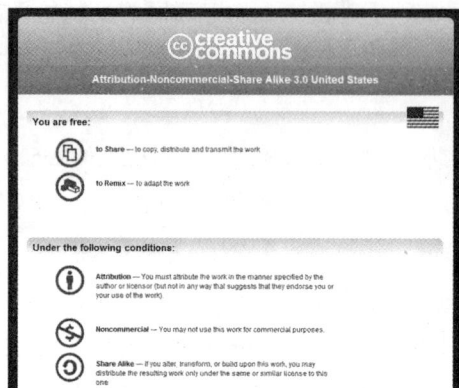

图 3.11 访问网站的用户可见的一份普通人可读的知识共享许可证（截图自知识共享网站。版权归© 2011 知识共享所有。经许可再次印刷）

商业画家可能会通过"知识共享"许可证书来增加他们作品的曝光率。假设你拍了一张特别好的金门大桥的照片，你把它发到了你自己的网站上，并附上了"知识共享"许可证书，表明你的照片只要署上你的名字就可以用于非商业用途。来自全世界各地的人可能认为你的照片很棒，然后就会署上你的名字并将这张照片复制到他们自己的网站上。一个国外的旅行社看到了这张照片并且想把它做成旅游海报，但是由于这是出于商业目的，因此必须要先获得你的同意才能使用你的照片，那时你就可以跟旅行社协商一个合理的价格才能使用你的照片。如果这张照片没有通过"知识共享"许可证书广泛传播，旅行社可能压根儿就不会看到它。

计算机可读的许可证书版本是为了让搜索引擎可以识别基于一定标准的内容。比如，一位历史学教授可能会运用搜索引擎来查找一个罗马竞技场的图片然后放到自己的网站上面，他的目的不是商业性质的，而且他也很乐意给摄影师署名，但是他并不想花费一定的费用去展示这张照片或者写信获得摄影师的准许。在这种情况下，搜索引擎可以只显示出符合教授要求的图像。

2008 年，已经有大约 130 000 000 千万件不同的知识产权作品使用了"知识共享"许可证书。2009 年，知识共享署名份额许可证已经成为维基百科最主要的内容许可证书。

约翰·巴克曼（John Buckman）通过"知识共享"许可证建立了一个在线唱片品牌 Magnatune。会员一个月支付 15 美元就可以将音乐从网站上流式传输下来，并且可以无限制下载，网站收益的一半将会给到艺术家手中。

总结

知识产权是人类智慧的独特的产物，因为它具有商业价值。社会重视财产权，所以仅仅称智慧的产物为"知识产权"似乎表现出对所有权的偏见。有些人认为知识产权作品的创造者对于他们创造的东西有着自然的所有权。然而，当我们试图将约翰·洛克（John Locke）关于财产权的理论扩展到知识产权时，我们会发现很多问题。正如我们在威廉·莎士比亚（William Shakespeare）和本·琼森（Ben Jonson）的假设情景中所见，知识产权的两个特点使其与一般的财产权明显不同。第一，每一个创作都是独一无二的。那么当两个人独立创作出了一样的作品时问题就出现了。第二，创意是被复制的，并不是被偷走的。当我采用了你的创意，你也仍然拥有它。这些问题表明洛克对于财产权的自然权利观点并不能扩展到知识产权领域。我们得出的结论是从自然权利到知识产权之间并没有强有力的联系。

但是，社会认可知识产权创作的价值。为了刺激艺术和科学领域的创造性，政府决定授予创造者知识产权中有限的所有权。在美国，个人和组织保护他们的知识产权的方式一共有四种：商业机密、商标/服务商标、专利权和版权。

商业机密是指可以为公司带来竞争优势的机密的知识产权。可口可乐的配方就是一个著名的商业机密的案例。一个公司可以无限期地保有商业机密。

商标是公司用来表现其产品的单词、符号、图片、声音或者颜色的。服务商标是用来表示一种服务的标志。Xerox（施乐）是一个很有名的复印机品牌的商标。公司要保护好他们的商标来确保它们只能被当作形容词而不是普通名词。

专利权给予发明者 20 年对于其发明创造的专有权利。专利权是一个公开的文件，专利期限到期之后，任何人都有权利使用这一发明创造。

版权提供给作者一定的对于原作的权利，包括复制、分销、公开展示、表演和制作派生作品。书籍、电影、乐谱、歌曲以及计算机软件都有版权。受版权保护的工业产品年销量占美国经济总量的 6%。久而久之，不论是版权保护的时长还是可获得版权保护的知识产权产品种类都在显著增加。如今作品可以受到版权保护的时长是作者去世的时间再加上 70 年。

给予版权持有人的权利是有限制的。合理使用原则允许在不获取版权所有者同意时就利用其版权作品。为了判定某一特定的使用是否合理，法院将从以下几个方面考虑：使用的目的（商业或非商业）、被复制作品的类型（虚构作品或非小说的散文文学）、版权作品有多大部分被使用、使用版权产品对原本版权作品的市场带来多大影响。两个法庭案件使得时间位移（为了之后观看录制电视节目）和空间位移（复制一个唱片以便随身携带）合法化。

数字技术和互联网的引入将知识产权的话题提到了最前沿。任何有适当设备的人以数字形式展现音频和视频内容都可以很好地复制出一份作品。互联网技术使得这些副本广泛传播。唱片公司制定了更加严格的复制限制条件以作为对此现象的回应，尽管有时这些限制条件使得消费者不能再去制作副本，而这些副本之前被认为是正常使用的。很多数字版权管理策略都被废止或规避了。唱片公司开始放松他们对于数字版权管理的立场，现在消费者可以从亚马逊和苹果商城上购买无数字版权管理保护的音乐，这就是一个很好的证明。

对等网络使人们可以在全世界范围内交换文件，这其中的很多文件都是版权歌曲、版权电视节目或者版权电影。Napster（纳普斯特）公司使音乐文件交换更加便利，然而之后它被美国唱片工业协会（Recording Industry Association of America）控告。法院判决关闭 Napster，因为它不能百分之百地阻止版权材料的传输试图。但是，其他一些免费的文件分享服务商，比如 Grokster（格罗斯特）和 StreamCast（流传播）迅速取代了 Napster 的位置。而后由电影工作室、唱片公司、音乐出版商和歌曲作家组成的团体联合控告了 Grokster 和 StreamCast。美国最高法院判决 Grokster 和 StreamCast 应该对其用户的版权侵权行为负责，因为正是他们促使了这样的行为发生。Grokster 关闭了它的对等网络并且支付了 5000 万美元的赔偿金给版权持有者。尽管这些娱乐产业在法律层面上屡获胜利，像 Pirate Bay（海盗湾）这样的流行网站仍然继续通过对等网络使得版权材料的交换日益便捷。与此同时，美国唱片工业协会对于那些据称通过互联网放出了大量的版权音乐的人提出控告或庭外和解。这些法律行为减少了一部分非法下载音乐的网络用户，或者至少是愿意承认自己非法下载的网络用户。

直到 20 世纪 60 年代中期，除了商业机密之外，没有对于计算机软件的知识产权保护。如今，版权和专利权也已经被用来保护软件。苹果电脑公司与富兰克林电脑公司的案例表明目标代码和源代码是受版权保护的。软件专利权领域是颇有争议的。有很多坏的软件专利，也有很多软件专利是为了一些过于明显的发明颁发的。大型公司现在都在囤积软件专利权，因此一旦他们被控告抄袭了其他公司的专利，他们就可以用自己的专利侵权的反诉来报复对手。

开源运动是一种更加传统的专有软件开发模式。大多数维持互联网运营的软件都是开源软件。Linux 操作系统就是一个非常受欢迎的服务器操作系统。另外，很多低成本的计算机也是在使用 Linux 的操作系统。安卓操作系统是最受欢迎的智能手机平台。流行的开源桌面应用程序是 Firefox（火狐）和 OpenOffice.org。

我们检验了这样一个问题："是否应该给予软件知识产权保护？"基于权利的分析和功利主义两种观点都阐释了为什么我们应该给予软件知识产权保护。第一个论点以"就是应该的"（just deserts）的概念为基础，它企图以自然权利赋予知识产权，而我们发现这一论点并不可靠。第二个论点是以一系列因果关系为基础的：复制带来收入的损失，然后导致软件生产的减少，最终将会危害整个社会。总体来讲，第二个论点也并不有力。简单来说，我们的结论是赋予软件知识产权保护的论断是不可靠的。

GNU（通用公共许可证）计划和 Linux 的故事展现了成千上万的志愿者可以共同努力去开发出高质量的、优质的软件。那么为什么 GNU 和 Linux 的成功不能被复制到艺术领域呢？试想有这样一种文化，它鼓励在现有的作品基础上进行新的创作，歌曲可以快速地发展，不同版本的电影可以交换和比较，超文本小说的链接被发往各种粉丝网站。如今的知识产权法使得在娱乐领域实现这一构想变得比较困难。如果不提前获得原作者的允许，在版权作品基础上能做的实在太少，劳动密集型的过程必将阻碍创新的发展。知识共享是为了简化中间程序而作出的一次努力，它允许版权所有者提前说明在何种条件下他们愿意让其他人使用他们的作品。

人物访谈

琼·拜塞克（June Besek）是 Kernochan 法律、媒体和艺术中心执行理事，纽约哥伦比亚法学院的讲师，教授"当今的版权问题"课程并开设关于个人作家和艺术家权益的研讨会。她先前是纽约一家律师事务所的合伙人，专攻版权法。她还是美国律师协会知识产权法部版权法部门的前任首席，经常就版权

琼·拜塞克（June Besek）

问题发表演讲，并且著有很多有关版权法，尤其是版权法与新科技相关问题的文章。

我读到老鹰乐队的鲍勃·迪伦（Bob Dylan）、查理·丹尼尔（Charlie Daniels）、罗莉塔·琳恩（Loretta Lynn）、唐·亨利（Don Henley）和其他录音艺术家已经通知美国版权办公室，他们打算行使终止权利和恢复他们的音乐的版权。终止权利是什么呢？

《版权法》的第203节赋予作者或其继承人在授权开始后的35年终止任何授权的版权许可或转让。这一特殊的终止权利仅限于1978年1月1日之后作者的授权。当我说"作者"这个词时，我表达的是任何一个类型的创作者：书的作者、作曲家、唱片艺术家等。终止的结果是授权转移或许可的所有权利都回到作者或其继承人手中。

为什么我们拥有终止权利？

终止权利的关键在于作者和艺术家经常在谈合同的时候拥有非常小的讨价还价的余地，而且多数情况下无论作者还是出版商对于这个作品将来会多受欢迎、可以盈利多少基本是没有实际概念的。因此这个终止权利的规定使得作者可以有再次协商的权利，甚至有权将作品交给另一个出版商，同时可以拿到更多的钱或者可能对于在市场中的作品有更多的控制力。

为什么在唱片领域这是一个特别的问题呢？

联邦版权法直至1972年才对唱片进行保护，在之后对版权法进行了重大修改直到6年之后才开始实行。很多在旧法之下发行的唱片都被按照"雇用作品"处理，因此这样的作品是不符合授权终止条件的。雇用作品的规定在1978年才被更改，但是在修改后的版权法之下还未实现过任何终止，因此修改后的雇用作品有关艺术家终止能力的规定并不能确定。这就是为什么我们说这是一个新问题的原因。

录音艺术家必须报告要收回所有权吗？

是的，为了收回他们的权利，他们一定要报告才行。如果你在新版权法案公布的第一天，也就是 1978 年 1 月 1 日签署了授权，那么你最早可以在 2013 年 1 月 1 日终止它。为了终止授权，你必须通知授予你终止权的服务方并向版权办公室提交文件。这个通知可以在任何地方使用，有效期从十年到两年不等。因此如果你想要在 2013 年年初终止授权，你可以最早在 2003 年年初提交申请，最晚在 2011 年年初提交申请。但是还有一个五年终止的机会。所以说如果你没有在 2011 年提交申请，你就不能在 2013 年终止授权，但是你仍然可以在 2018 年 1 月 1 日实际终止你的授权。

需要注意的是，即使你终止了版权授权，也不能中断已经创作出的衍生作品的权利。假设唱片公司许可了你的录音被用在某些合辑当中，一首歌与另一首结合创作出一首新的歌曲。如果这是经过授权的行为，那么你就不能中断它的权利。这样的作品仍然可以推向市场，你仍然可以继续从中获益。但是你可以阻止新的以你的歌曲为原版的衍生作品。

有的唱片艺术家不想收回他们对于作品的版权所有权，这是什么原因呢？

有些唱片艺术家都有自己的商标。如果他们自己拥有商标，那么他们可能对于终止授权就没有这么大的兴趣了。如果他们对自己的商标特别满意，也许他们就压根儿不会想终止授权了。很多人都不想成为小白鼠，所以他们可能会先拖着不采取行动直到他们看到其他人是怎样的之后才有所动作。

"被"测试案例有什么问题吗?

起诉费是非常昂贵的。你花在起诉上的费用可能和你期望的唱片收入相差无几。因此"被"小白鼠的人很有可能是凭借之前的唱片已经赚了相当丰厚的一笔钱并且愿意花费时间、金钱和努力来从他们的唱片公司独立出来。

你认为哪一方有更强有力的观点呢?

这是一个很复杂的问题。一切都是围绕着这些作品是否为雇用作品而论,因为你可以终止你个人能力之下所创作出来的作品的授权,然而是不能终止雇用作品的。

在以下两种方式下作品将会被认为是雇用作品。一种是在雇主雇用的过程中所创作出来的作品,但是唱片行业这点普遍不适用,因为大多数艺术家都不是商标的雇员。但是另一种方式是特别委托的工作可以成为雇用作品。在这种方式下,双方必须就最终作品作为雇用作品签署协议,并且作品一定要符合九种特别分类里的一项。如果作品不能符合分类中的一项,那么不论在协议中如何表示,作品都不会是雇用作品。

大多数分类并不适用于唱片行业,但是有三种分类可能适用:对集体作品做出贡献、电影或其他视听作品的一部分,或者是一部编译作品。许多时候商标的钱都是出在对集体作品的贡献之上。人们会说:"我们签署了一个协议,并且雇用你们这些唱片艺术家来创作你们的歌曲作为集体作品的一部分——明确地说,就是一张专辑。因此,这就是一个雇用的作品,你就不能拥有法律给予的终止权。"

对我来说商标能否成功我也并不清楚,我认为这些事例都会是依事实评判的。因此,为了回答你的问题,我认为这要取决于唱片制作时的环境。如果录制唱片并以单曲的形式推向市场，那么我并不认为你是为了集体工作贡献了力量。同样的，有些法庭认为雇用作品的协议必须要在歌曲录制之前签署。因此如果遇到了这样类型的案件，艺术家能否成功就取决于签合同的时间。还有其他一些更为复杂的关于有些特殊的录制算不算雇用作品的观点，但是每个人都将会用非常认真的态度来看首例案件的。

艺术家通常会得到一个预先制作好的专辑，但是最终却不得不支付所有生产专辑的成本，并且这些钱来自于他们未来的版税，这是不是一个重要的问题呢？

这个问题非常中肯，因为它表明了艺术家们并不是雇员的现实，他们其实是外部承包者。但是由于法规在有些情况下允许外部承包者创作雇用作品，我并不认为艺术家们必须拿到这些费用以证明这并不是一个雇用作品。其实更大的可能是取决于你能不能把特定的录音硬塞进这些委托工作的分类当中。

正如我之前提到的，所有的事例都是以现实为依据的。这就意味着商标在一些情况下能取得胜利而艺术家却只能在另一些情况下可以，因为现实情况总是不同的。比如，有的唱片是为了一部电影或其他视听作品而创作的，这就属于其中一个类型，如果是这种情况，假设签过协议的话，那它就是一部雇用作品。但是大部分的唱片并不是以这样的方式制作的，所以结论是即使有这种情况出现，也不能代表所有情况都是如此。

这其中的利益可以高到让败诉方一直上诉到美国最高法院吗？

可能是的。如果在此之前问题就能解决我反倒会感到惊讶。如果唱片公司不能表明作品是雇用作品，毫无疑问，这肯定会减少一个重要的收入来源。因此我并不认为它们会接受一个消极的判决。当然对于艺术家一方也是如此。

第四章
——CHAPTER4——

信息隐私权

不要指望会把你的隐私转告给全世界的朋友。

——普布里乌斯·西鲁斯（公元前 100 年）

导言

你想不想知道我住在哪里？如果你访问白页号码簿（WhitePages.com）网站并且在反查电话号码的位置输入我的电话号码，网站将会弹出一个新的网页并给出我的姓名和地址。点击地址你将会很快看到我住所附近街坊四邻的地图。

再多花几秒钟，你就可以了解到我的生活水平了。登录 Zillow.com，输入刚刚在 WhitePages.com 上找到的我的地址，Zillow 将会非常负责地显示出我房子的估价（记录了房子大小的公共记录、房子的评估价值以及近期销售我家附近房子的信息）。点击街景键，你将看到谷歌带有摄像机的车子驶过我家门前街道时拍下的我家房子的照片。

如果你是我 Facebook 上好友的好友，那么你就可以通过其他人上传并打标签的照片中看到我更多的私生活。你可以看到我在家庭聚会时躺在游泳池旁的样子，玩槌球游戏时的样子，拆圣诞礼物时的样子，还有在女儿肖娜（Shauna）结婚那天牵着她的手走过红毯的样子。

斯科特·麦克尼利（Scott McNealy），Sun Microsystems（太阳微系统公司）的前任首席执行官，曾引起过很大的骚动，因为他说道："你是没有隐私可言的，所以只能去克服它。"你无法否认计算机、数据库以及互联网可以让你轻而易举地获取一个完全陌生的人的各种信息，然而我们中的大多数人还是想要有自己的隐私。在信息时代真的可以保留自己的隐私吗？

她说谢谢你的酒，等她Google完你之后再决定和不和你聊天。

信息冗余时代

　　在这一章中，我们主要关注在信息技术引入时相关的隐私问题。我们先从哲学的角度认识隐私的含义。究竟什么是隐私？隐私是否像我们拥有财产权和自由权一样是一项自然权利呢？我们需要了解别人多少才可以信任他们呢？我们要怎样处理隐私权和言论自由的权利之间的冲突呢？

　　然后，我们将对日常生活中会留下的各种信息的"电子轨迹"进行调查。私人组织和政府都会建立数据库以记录我们的各种活动。

　　最后，我们来认识数据挖掘技术，它是建立个人和社区档案的一个非常重要的工具。公司运用数据挖掘来提升服务并且针对适当的消费者进行目标营销，但有时这些公司会过于碰触到个人隐私的底线。我们将一起来看几个由于消费者反弹而导致公司不得不后退一步的例子。

关于隐私的观点

在这一部分我们将探索"隐私"的含义，调查授予人们隐私权的利弊，并且讨论隐私权是否是一种类似生命权的自然权利。

定义隐私

哲学家们努力尝试着给隐私下定义。关于隐私的讨论是围绕接近这个词的概念而发展的，这个接近意味着肢体上与一个人的亲近，也指对于一个人的了解。一个人想要限制别人接近自己的愿望、权利和责任与允许外人接近自己的愿望、权利和责任之间是一场激烈的拔河比赛。

从一个人想要限制别人接近的角度来看，隐私是一个人周围"不可接近的区域"。你所拥有的隐私就是指你有权允许谁进入你不可接近的区域。比如，你在使用洗手间时会锁上门来保护自己的隐私，你拒绝告诉健康俱乐部职员你的社保号码也是在保护自己的隐私。但是，隐私不是孤立自我。两个人也可以有很私密的关系。这有可能是物质上的关系，比如两个人互相亲近对方而排除其他人，或者也有可能是精神层面的关系，两个人可以通过交换信件来交流一些私人的想法。

当我们从允许外人接近的角度来理解隐私的时候，我们的讨论就围绕着到底应该在哪儿画下私人和公众（所有人可知）的分界线这一问题而展开了。跨过这条线，侵犯了别人的隐私权，这就是对别人尊严的侮辱。你侵犯了别人的隐私权基本上就意味着你们的关系走到了尽头。换句话说，有些事情是你不该知道的。假设一个朋友邀请你去看网上的一个电影预告片，你跟他一起到了机房，他在计算机前坐下并且开始输入他的登录名和登录密码。虽然对他的密码做好保密工作是他的责任，但与此同时人们普遍认为你也应该在其他人输入他们密码的时候转移视线不去看他们的密码，因为另一个人的密码并不是你应该知道的事情。

另一方面，如果个人有太多的隐私，社会可能会受到危害。假设有一群同种族、同民族、同宗教背景的富人组成了一个私人俱乐部。俱乐部成员互相分享信息，外部普通大众无法得知。如果俱乐部有意促成其成员之间的商业交易，那么对于其他同样拥有能力完成合同的群体而言就是非常不公平的。这样看来，隐私就可能导致社会和经济的不平等，社会中一些群体的隐私越少（或者群体中成员越多样化），社会整体获益越多。

这里还有另一个公众/隐私冲突的例子，但是这个例子更加注重个人隐私方面。大多数人都可以区分一个人的"私生活"（他们在家怎样做）以及"公众生活"（他们在工作场合怎样做），总的来说，我们会同意每个人都有权不让外人知道他们在工作场合以外的面貌。但是，假设一名记者了解到一名富有的高级公职候选人在拉斯维加斯赌博损失了上百万美元，那么此时公众的兴趣是否已经胜过了这名政客对自己隐私保护的愿望了呢？

总而言之，隐私是一种社会安排，它允许个人控制谁可以在物质上和个人信息层面上与其接近。

隐私的危害和好处

我们反思一下关于隐私的各种情况，会发现隐私既有有害的一面又有有利的一面。

隐私的危害

给予人们隐私可能会危害整个社会。有的人会利用隐私来计划或者实施违法或不道德行为。很多恶行都是在隐私的掩护下完成的。

有些评论家认为不断增加的隐私权将可能为家庭带来不幸，因为隐私权使得家庭承担了照顾全部家庭成员的巨大压力。过去，人们不仅能获得直系亲属的道德支持，同时也可以获得来自其他亲戚或者邻居的支持，如今，与之完全相反，每家每户都应该解决自己的问题，这就给每个人都带来了巨大的压力。

值得注意的是，家庭暴力会在社会中造成很多痛苦和折磨。通常情况下，在某家庭成员严重受伤之前，外人甚至完全察觉不到该家庭已经濒临破碎。濒临破碎却还能表现如常的一个原因是如今我们的文化尊重每个家庭的隐私。

人类是社会动物。我们中的大多数都寻求和别人之间的联系。穷人、有精神疾病的人还有其他一些生活在社会边缘的人能够顺利维护"不可接近区域"，因为根本没有人会注意到他们。对于他们，过多的隐私可能是诅咒，而非祝福。

隐私的好处

社会化和个性化都是每个人实现成熟的必要步骤。隐私对于一个人实现其自我个性化是非常必要的。

隐私是社会团体认可并与个体交流的方式，而且每个人都要对自己作为一个独立个体、一个独立的道德主体的发展负责。隐私是每个人真正自由的认证。

隐私很有价值，因为它让我们做我们自己。请思考下面的例子，想象一下，你在公园里和你的孩子一起玩，如果你知道有人正在认真观察你，甚至可能正在给你录像，然后就可以以此告诉别人你的育儿技巧怎样。在这种情况下，你的行为将会有多不一样呢？你可能将会有意识地行动。很少有人能在不改变他们的情感状态或肢体行动的情况下继续之前的行为。

同样的，隐私让我们摘下在公众前的面具。想象一个在公司一个重要客户那里受到挫折的生意人。在工作的时候，他必须对客户很有礼貌，并且要谨慎地避免在同事面前说客户的坏话，以免使同事受到情绪的影响，或者，更糟的情况是丢掉自己的饭碗。但是在家中的私人时间里，他可以好好地发通脾气，因为有他信任的妻子可以聆听他的抱怨并且鼓励他走出工作的挫折。如果人们没有隐私权，那么他们就要一直在公共场合戴着面具，这不利于他们的心理健康。

隐私还可以促进智力活动，它让我们切断同外部世界的联系，这样我们就可以集中在思想上不受打扰，我们可以变得更加具有创造性，并且在精神上获得成长。

有人主张隐私是人们可以发展尊重、爱、友谊和信任关系的唯一方式。你可以把隐私当作"道德资本"。人们用这一资本来建立亲密的关系。夺走人们的隐私意味着夺走他们的道德资本，没有道德资本，他们就不能发展亲密的个人关系了。

为了与不同的人建立不同的社会关系，我们需要对了解我们信息的人有所控制。你可以想象每个人都有一个隐私程度的"阶梯"。在梯子顶端是我们分享最多信息的人，对于很多人来说，这个人是他们的配偶。

当我们往下看这个阶梯上的人时，我们会发现我们分享的信息越来越少。下面就是一个人的阶梯可能会呈现的样子：

配偶

神父/牧师/拉比/阿訇

兄弟姐妹

父母

孩子

朋友

姻亲

同事

邻居

营销商

雇主

政府

新闻媒体

前任配偶

潜在的竞争对手/敌人

有些人则对亲密程度和分享信息紧密相关的观点持批判态度。一个女人可能会把她的一些事情告诉她的精神分析师而不是她的丈夫，但是这并不意味着她与精神分析师更加亲密。亲密程度并不只取决于分享信息，同时还在于关怀程度。一段健康的婚姻应该是两个人之间互相关心，这就会将两个人的亲密程度提升到一个仅靠分享信息而达不到的高度。

结论

总结我们的讨论，可以看出人们拥有隐私有很多好处。保障人们的隐私权是社会认可人们作为成年人并认可他们对自己道德行为负责的一种方式。隐私帮助人们实现个人发展并实现真我。它给予人们隔绝外部世界，变得更加具有创造性，获得精神上的发展的机会。它让我们每个人都可以与不同的人建立不同的人际关系。

隐私同样会带来很多不利影响。它提供给人们掩饰其不道德或违法行为的途径。如果社会说某种特定的信息一定要作为隐私，那么，有些受到虐待或者处于不正常关系的人可能会深陷其中并无法向他人求助。

当我们权衡这些利弊之后，我们可以得出结论：保障人们至少拥有一些隐私总比不让人们有任何隐私要好。这就引出了下一个要讨论的问题：隐私权是不是一项像生命权一样的自然权利呢？

隐私权是自然权利吗？

我们中大多数人都同意每个人都有一些特定的自然权利，比如生命权、自由权和拥有财产的权利。很多人也会谈论我们的隐私权，那么隐私权也是一种自然权利吗？

隐私权自财产权发展而来

我们对于隐私权的认识可能来自我们的财产权。在历史上，欧洲人把家当作自己的避难所。英国的普通法传统规定："每个人的家，就是他自己的一座城堡。"任何一个人，即使是国王也不能没获得允许就进入，除非在可能有犯罪行为的条件下才可以。

1765 年，英国议会通过了《驻营法案》，要求美国的殖民地在小酒馆、旅店和未占领的建筑中为英国士兵提供食宿。在 1773 年的波士顿倾茶事件之后，英国议会试图通过《强制法案》恢复殖民地的秩序。法案的其中一项修订了《驻营法案》，允许士兵在私人家庭中驻扎，这打破了数世纪的普通法传统并激怒了很多殖民者。后来，果不其然，美国在《权利法》中重新恢复了家即避难所的原则。

美国宪法修正案三

士兵在和平时期，非经房主许可不得驻扎于任何民房；在战争时期，除依照法律规定的方式外亦不得进驻民房。

在西班牙巴斯克的某些村庄里，每间房屋都以修建者的姓名命名。村民以房屋的命名来指人，即使住在房子里的人与最初修建者的家庭没有任何关系。

这些例子展示了人与其财产间的紧密联系。从这一角度来看，隐私是根据人们对个人领地的控制而言的，而且隐私权源自财产权。

沃伦（Warren）和布兰代斯（Brandeis）：人们当然拥有隐私权

我们可以在一篇发表于 1890 年的具有高度影响力的论文中看到这一发展，这篇论文的作者是塞缪尔·沃伦（Samuel Warren）和路易斯·布兰代斯（Louis Brandeis）。塞缪尔·沃伦是从哈佛大学毕业的律师，后来继承了造纸企业开始经商。他的妻子是美国参议员的女儿，并且是波士顿上流社会的社交名媛。她的派对既能吸引波士顿的上流社会，同时也能吸引《星期六晚报》的注意，这是一家通过发布波士顿婆罗门[1]耸人听闻的生活细节来娱乐读者的小报。因报纸封面上刊登了女儿的结婚照片而义愤填膺的沃伦召集了哈佛的同学路易斯·布兰代斯——一名非常成功的波士顿律师（后来成为美国最高法院法官）。沃伦和布兰代斯一起在《哈佛法律评论》上发表了一篇名为《隐私权》的文章。在这篇非常有影响力的文章中，他们提出政治、社会和经济的变化要求我们承认一种新的法律权利的类型的诞生。特别是，他们写到现代社会中的人拥有隐私权而且该权利应该受到尊重这一点是很显然的。对于他们的情况，你可能已经猜到了，他们将关注点放在了报纸的胡作非为上。

根据沃伦和布兰代斯的观点：

> 出版社在各个方面都很明显地逾越了礼节和礼貌的界限。流言蜚语不再是懒人和恶人的资源，反而成了一种由勤劳和厚颜无耻的行为推动的交易。为了满足好色之徒的品味，一些两性关系的细节在广播和日报中传播……生活的密度和复杂性以及等待推进的文明，已经宣布退出了世界，而且在不断改进的文化影响之下，人类对公共宣传变得更加敏感，因此独立和个人隐私对个人而言越来越重要。但是现代企业和发明，通过对于个人隐私的侵入，使人们不得不处于精神痛苦和压迫之下，绝不仅仅是对身体造成了伤害。

同时，沃伦和布兰代斯认为，对于受害者并没有适当的法律补救措施。针对诽谤和流言的法律并不充分，因为这些法律都没有解决恶意但

---

1 想要了解更多有关波士顿婆罗门的信息，请查询维基百科（www.wikipedia.org）。

真实的事件被传播时的情况。处理财产权的法律也不够充分，因为这些
法律假设人对于自己信息的公开方式有控制力，但是，照相机和其他一
些设备能够在未获得某人允许的情况下捕捉其信息（图 4.1）。

图 4.1　沃伦（Warren）和布兰代斯（Brandeis）认为法律体系应该保
　　　　护人们"不被打扰的权利"。（PhamousFotos/Splash News/
　　　　Newscom）

　　沃伦和布兰代斯指出法国的法律已经认可了隐私权。他们也敦促美
国司法体制尽快认可隐私权，他们称之为"不被打扰的权利"。他们的
论证颇具影响力。尽管花费了数十年，但隐私权现在已经获得全美国所
有法庭的承认。

汤姆森（Thomson）：每次对"隐私权"的违反都会违反其他权利

　　朱迪斯·贾维斯·汤姆森（Judith Jarvis Thomson）对于隐私权持完

全不同的观点。她写道:"或许关于隐私权最令人震惊的事是似乎没有人对它有个清晰的概念。"汤姆森指出沃伦和布兰代斯将隐私定义为"不被打扰的权利"中存在的问题。在有些方面,这个关于隐私的定义太过狭隘。假设警察用 X 射线仪器和超灵敏的麦克风来监测史密斯(Smith)在家中的行动和对话。警察并没有接触甚至靠近过史密斯(Smith),史密斯也完全不知道警察在监视他。在这种情况下,警察并没有打扰史密斯,但是坚信隐私权的人一定会认为警察已经侵犯了史密斯的隐私。在另外一些情况下,隐私被定义为"不被打扰的权利"又太过宽泛。如果我用砖头打了琼斯(Jones)的脑袋,我没让他不受打扰,但是我侵犯的并不是他的隐私权,他自己应该有保障自己安全的权利。

汤姆森认为无论何时隐私权被侵犯,其他的权利也必然同时受到侵犯。举例来说,假设一个人有一张带有淫秽内容的图片,他并不想让别人知道他有,所以他把图片锁进了保险柜。只有在竭力阻止其他人调查他的家时,他才会把图片拿出保险柜。假设我们用 X 射线仪器探测他家的保险柜并看到了照片。我们侵犯了他的隐私,但同时我们也侵犯了他的一项财产权——决定谁(如果有的话)可以看这张图片的权利。

还有另外一个例子。沙特阿拉伯的女人出于宗教原因不能露出脸部,当她外出到公共场合时,她就要戴上面纱出门。如果我上前去摘下她的面纱并看到了她的脸,那么我就侵犯了她的隐私。但与此同时,我还侵犯了她另一项人身权利——决定谁可以碰触她的权利。

根据汤姆森所言,隐私权与一系列其他权利有联系,正如财产权和我们自身与一系列其他权利有联系一样。汤姆森认为每一次侵犯隐私都会侵犯到其他一系列权利中的某个权利。既然情况如此,那我们也没有必要去精准地定义隐私权或者精确地在侵犯隐私权和可接受的行为之间划分界限。

自治道德主体需要一些隐私

汤姆森（Thomson）并非是唯一一位对隐私权是一种自然权利的观点提出质疑的人。很多哲学家认为隐私原则应该基于更基础的原则，那就是每个人都值得被尊重。我们给予每个人隐私权，因为我们认识到如果人们要成为能够发展健康人际关系且能够在民主社会中扮演自由人角色的自治道德主体，那么隐私权就必不可少。

杰弗里·雷曼（Jeffrey Reiman）支持这一观点：

> 隐私权保护了个人成为、作为和持续为一个人的利益。因此隐私权是一个所有人类个体拥有的权利——即使那些被关禁闭的人也拥有。它并不是在说一个哪怕在拥挤的大街上也见不到的权利。只要我能控制我的身体在一些特别的地方经历了什么、怎样经历的，并且我真的有可能修补那些地方，这就足够了。这是一个保护我进入一段亲密关系的能力的权利，并不是因为它保护了我对于普遍持有信息的储备，而是因为它让我可以作出承诺，将关心作为我的承诺，由我的想法来传达，由我的行动来见证。

请注意雷曼极大地限制了隐私权的观点。他确切地指出哪里是隐私必要的领域。他并不认为隐私是自然权利，也不认为一个人对于他认为是隐私的东西拥有绝对的控制力。

结论：隐私是一种审慎权

总而言之，哲学家并不同意隐私是一项自然权利，但是大多数评论者都同意隐私是一种审慎权。也就是说，理性的个体会同意去承认部分隐私权，因为保障这些权利将有益于社会。

隐私与信任

当很多人抱怨隐私受到威胁时，我们应该很清楚地认识到与我们的祖先相比，我们已经拥有了更多的隐私。仅仅在几个世纪之前，我们的社会还是农耕社会。人们和大家族居住在自己的小家中。最近的社区中心就是村子，在那里每个人都相互认识，人们对于彼此的情况都有着浓烈的兴趣。有组织的宗教活动在日常生活中发挥着极大的作用。在这种社会中，人们要承受极大的压力。人们更加关注团体而非个人。

现代科技促进了隐私的发展。经济繁荣、单亲家庭、机动车、电视机和计算机都对我们的隐私做出了贡献。单亲家庭使我们与其他人分隔开来。机动车让我们可以自己出行而不用同别人一起乘公交车或火车。电视机让我们在舒适的家中享受娱乐，让我们脱离社区电影院。计算机和网络让我们可以在家获取信息而不用去公共图书馆。这只是现代化生活设备让我们能自己或者跟几个家庭成员或朋友一起度过时光的几个例子。

过去，年轻人在结婚之前都和父母住在一起，这是很典型的现象。如今，很多未婚的年轻人都独自居住。这种生活方式给予了他们之前从未想过的自由和隐私。

有了这些隐私的结果就是我们生活在了一群陌生人当中。很多人对于他们的邻居的了解也就只有名字而已（如果那是名字的话）。但是因为我们同其他人一起居住在同一个社会当中，我们必须要在某种程度上相信他们。我们怎么能知道出租车司机会带我们到目的地而不会伤害我们或者多收费呢？家长们怎么知道孩子的老师会不会猥亵孩子呢？银行如何知道他们放给某人的贷款可以收得回来呢？

为了能够信任别人，我们必须依靠他们的名声。这在过去是很容易的事情，因为人们不常走动，而且每个人都知道其他人的过去。如今的社会必须从每个人身上获取信息来建立所谓的名声。获取信息的一种方法就是通过考验，比如测谎仪或者药检。了解一个人的另一种方法就是发行（并要求）信用凭证，比如驾照、钥匙、员工卡、信用卡或学位证书等。

案例研究：新父母

吉姆·沙利文和佩吉·沙利文（Jim and Peggy Sullivan）是一个小女孩的骄傲的父母。佩吉（Peggy）刚一怀孕，他们就开始寻找照顾孩子的各种选择，因为他们两个都是在计算机领域有着全职工作和高满意度的事业的人。他们拜访了很多日托机构，但是并没有找到最满意的一家。出于这种原因，他们还是决定雇一位私人保姆来照看孩子，即使要多花一些钱。在女儿出生之后，佩吉在家休了三个月的产假。这段时间内，她面试了 6 位保姆，最终在自己的仔细观察以及吉姆（Jim）的面试之后雇用了其中一位。

就在佩吉结束产假之前，她和几个也是年轻母亲的朋友一起喝咖啡。朋友告诉了佩吉好多虐待孩子的保姆的故事，她们都推荐了一款叫作实时安全监控的软件。吉姆和佩吉购买并在房间的计算机上安装了这一软件。有了这个程序，吉姆和佩吉就可以用工作地方的计算机来看以及听到保姆是如何和他们的孩子互动的。保姆对于沙利文（Sullivan）夫妇在计算机上安装监视系统的事全然不知。

那么，吉姆·沙利文和佩吉·沙利文秘密监视孩子保姆的行为是否正确呢？

规则功利主义评价

如果所有的父母都在有正当理由的前提下监视他们的保姆或者任何照看孩子的人并在之后采取一些行动，比如开除那些表现不好的保姆，那么这种监视行为就不可能长久地成为秘密。在这些情况下，一方面，保姆可能会对于他们的行为更加注意。这有可能可以在减少孩子被虐待的风险和达成家长心里的平和方面都有长期的效果。另一方面，监视增加了保姆的压力、降低了保姆的职业满意程度，且危害极大。毕竟谁也不愿被一直监视。保姆工作的这些消极的方面可能会大大增加保姆的流失率。一些缺乏经验的保姆可能会对照看的孩子提供低质量的看管。家长监视保姆或其他照看孩子的人的行为弊远大于利，因此我们可以得出结论，沙利文夫妇秘密监视家庭保姆的行为是错误的。

社会契约论评价

社会契约论强调理性的人会接受规则的采用，因为这符合所有人的共同利益，只要其他人也都遵循同样的社会规则。正如我们在前面部分所讨论过的，隐私权是一项审慎权。社会给予每个人在家时的隐私是合理的，家庭成员之间互相给予隐私也是合理的。保姆不会期待她和孩子在公园里或杂货店里的互动可以成为隐私，但是如果在家中照看孩子，这种期待就是合理的。因此沙利文夫妇秘密监视保姆的行为是错误的，因为这侵犯了保姆的隐私权。

康德理论评价

"一位雇主可能秘密监视一位与弱势群体一起工作的雇员的工作"，让我们根据这样一个规则来思考行为中的道德。用绝对命令的第一公式来分析规则，我们要把情况一般化。如果每个雇主都秘密监视其与弱势群体一同工作的雇员，那么将会发生什么情况呢？如果情况是这样的话，雇员将会对隐私毫无期待，而且雇主秘密监视他们工作的意图也无法实现。因此这里提出的规则是不攻自破的，根据这一规则行事一定是有问题的。

我们同样也可以用绝对命令的第二公式来分析这一情况。作为家长，沙利文夫妇对于孩子的健康成长负有责任。为了对孩子在保姆的照看之下能够安全成长的愿望更有自信，他们选择秘密观察保姆的行为。观察的目的是保障他们孩子可以被好好照看的愿望。保姆理所应当地认为她在沙利文家同孩子的互动是秘密的。考虑到不对保姆公开她一直受到远程监视的事实这一情况，沙利文夫妇是将其作为达到目的的一个手段来对待保姆的，因此沙利文夫妇的行为是错误的。

美德伦理评价

作为父母，沙利文夫妇最终是要对他们女儿的健康发展负责的。他们没有把女儿送到他们并不满意的二流日托机构，而是决定花更多的钱去雇用保姆照顾女儿。这种行为证明了他们是好的父母，因为他们把孩子的需要置于自己的需要之前。当沙利文夫妇听闻了虐待孩子的保姆的事件之后，他们对于孩子的情况有所担忧是再自然不过的，尤其是孩子完全没有防御能力又不能与他们沟通。根据美德理论，家长理应偏爱他们的孩子。我们可以认为沙利文夫妇决定用网络摄像头的行为是一种好父母品质的表现。但是，我们也希望一旦沙利文夫妇确定他们雇用来照顾孩子的保姆是个好保姆之后，他们可以相信保姆并且停止这种秘密监视的行为。

结论

从功利主义、社会契约论和康德主义的角度，我们得出的结论是沙利文夫妇秘密监视保姆如何照顾孩子的行为是错误的。然而，从美德伦理角度看来，沙利文夫妇的行为是好父母的表现。

信息公开

由于计算机数据库的发展，我们每天的生活都会留在我们日常活动的电子记录上，其中有些事件会留下公共记录。公共记录包含以告知公众为目的、向政府机关报告的事件或行为。举例来说，公共记录有出生证明、结婚证、机动车行车证明、犯罪记录、财产证明以及国家机关工作人员的工资（如果你在公共机构学习的话，也包括你的老师）。政府记录公开是促使政府机关对其行为负责以及帮助保障所有公民都被公平对待的一个有效途径。

当公共记录被书写到纸上并保存在县政府的地下室时，想要找回就比较困难了。计算机数据库和互联网使人们能够快速并低成本地获得许多公共记录，并且我们可以把这些信息用在很多很好的用途当中。比如雇用一个老师的时候，学校可以去查看候选人的犯罪记录以确保这个人并没有虐待孩子的前科。在客运系统雇用一名公交车司机时，可以查看申请者的行车记录。在搬到一个新城市之前，你可以先查看一下你感兴趣的街道的犯罪率。

公共记录的其他一些用途可能就不这么值得赞赏了。由于信息技术的发展，人们比以前更容易了解其他人的资产。对于大多数人来说，家是他们的首要资产。正如我们之前提到的那样，你可以访问 Zillow.com 网站，输入某人的家庭住址，很快就能得知 Zillow 根据房子的大小（一条公共记录）、房子的售价（一条公共记录）和街道里相似房型的售卖价格（同样也是公共记录）预估出的房子的价值。

私人组织，同样也持有我们各种活动的大量记录。数据库储存了各种信息，包括我们用信用卡购买的东西、我们在打折时用会员卡购买的生活用品、我们租借的 DVD、我们用移动电话打出的电话等。各种各样的公司收集这些信息来找我们付账。他们同时也在用这些信息更好地服务我们。比如，Amazon（亚马逊）利用我们购书的信息来建立消费者档案，通过这些档案，Amazon（亚马逊）可以推荐消费者可能会有兴趣购买的其他书籍。但是另一方面，公司也有可能会将我们的购买信息分享给其他公司，接下来我们便可能会收到我们根本不感兴趣的产品的垃圾邮件。

人们经常会自愿地向私人组织公开自己的信息。产品登记表和参赛作品经常要求消费者公开很多个人信息。我曾经收到过一个 Procter & Gamble（宝洁公司）的产品偏好调查，上面有一部分这样写道：

> 您的意见对我们很重要，因此我们选择您加入到我们本年度最重要的消费者研究调查当中来。无论在过去您有没有参加过我们的调查，您都可以继续帮助我们开发出更多满足您需要的产品。您只需要答完下面的问题，提供您的姓名和住址给我们，并把问卷寄给我们。这样，我们便可以在有您可能感兴趣的特别优惠时联系到您。

这份问卷问到了我以下几方面的问题：家用鼻腔吸入剂、咖啡、花生酱、橙汁、洗衣粉、织物柔顺剂、家用清洁剂、除臭剂、牙膏、洗涤剂、护肤和护发产品、化妆品、漱口水、尿布、泻药和一次性内裤。问卷提供了 60 种休闲活动，并让我选出对我家而言最重要的 3 个。它还询问了我的生日，我的每位家庭成员的性别和年龄，我的职业，我们用的信用卡以及我的家庭年收入。如果我真的寄回了这张调查问卷（我当然没有），Procter & Gamble（宝洁公司）就可以根据他们所愿随意利用我的这些信息了。

我们中的很多人还会自愿地在像 Facebook 这样的社交网站上通过发消息或者上传照片分享一些有关我们活动的信息。这些网站让我们很容易立刻和朋友以及熟人沟通，但是我们发上去的这些信息也有可能被用作其他用途。Social Intelligence Corporation（社会智能公司）为雇主提供雇员的背景调查，他们就是要在互联网上搜索求职者发布的消息或者照片，以发现其是否存在雇主所规定的反面行为，比如"种族主义言论或行为、色情照片或视频以及吸毒等非法活动"。

让我们回顾一下隐私是"不被打扰到的区域"这一观点。在这一定义下，我们可以说一定程度上我们的个人信息是隐私的，我们可以决定谁可以获得而谁不可以。与其他场合相比，在某些场合，我们希望我们对自己的个人信息有更多的掌控。比如，被拍照片这种情况，我们在家时就比我们在踢足球时希望拥有更多的隐私。因此我们对于个人信息的隐私的期许取决于我们所处的环境。在这一节的后半部分，我们调查了许多私人组织收集并利用我们个人信息的各种各样的方式，我们将从我们认为我们拥有最少的隐私的情况开始说明，以我们期望拥有最多的隐私的情况结束。

Facebook 标签

在 Facebook 的社交网络中，标签指的是能够在照片中识别出人脸的标记。当你在 Facebook 上上传一张照片时，你可以把照片中在朋友列表中的朋友标记出来。同样，你的 Facebook 好友也可以在他们上传的照片中标记你。人们平均每天都要在 Facebook 的照片上打 1 亿次标签。

2010 年 12 月，Facebook 引进了一个新的省时的功能——标签建议。当 Facebook 用户增加一张新照片时，Facebook 会利用面部识别软件来建议照片中出现的朋友的标签。2011 年 6 月，电子隐私信息中心（EPIC）向联邦贸易中心投诉了 Facebook 的标签建议功能。电子隐私信息中心声称为了开发面部识别科技，Facebook 未经用户允许就采集了用户的面部数据。其他人则提出这样的担忧，引进自动标签功能会增加照片被不合理地打上标签的可能性，如果照片并不是那么好看的话，就可能带来问题。

增强型 911 服务

根据法律要求，美国的任意一部移动电话都要能够追踪周边 100 米以内活跃移动电话用户的位置。这种功能的安全利益是非常明显的。紧急响应工作队可以到达在紧急情况中拨打 911 的人的位置，即使这个人不能说话或者不知道自己的确切位置。

能够识别活跃移动电话用户位置的功能还有其他好处。比如，它让电话公司更容易知道哪里信号不强，哪里的信号覆盖需要改善。

增强型 911 服务的缺点是它让人失去隐私的潜在可能性。由于它可以追踪到活跃移动电话用户的位置，那么如果信息被贩卖或者分享了怎么办呢？假设你打电话给你的老板告诉他你生病了不能来上班。你老板感到怀疑，因为这已经是你第三次在这个冬天的周五请病假了。因此你的老板付钱给移动电话供应商，然后查询，发现你是从滑雪场打来的这通请假电话。

奖励或忠诚度计划

对于购物者的奖励或忠诚度计划已经实行了 100 多年了。你的祖父可能还记得当初用 S&H（斯佩里&哈钦森）绿印花的事情，这是美国在 20 世纪 50 年代到 70 年代最流行的奖励计划。购物者购买物品时收集绿色的印花，将印花贴到小册子上，然后在 Sperry & Hutchinson（斯佩里&哈钦森）家居用品的购物目录上买东西时用小册子兑换。

如今，很多购物者从这些杂货店提供的奖励项目中获利。持卡的商店"俱乐部"会员在购买时可以在收银处通过优惠券或者即时折扣来省钱。绿色印花项目和如今的商店俱乐部之间最明显的不同就是如今的奖励项目全靠计算机操作，计算机会记录下每次购物，然后公司就可以利用这些记录下来的关于某个特定的消费者购买习惯的信息来提供更加个性化的服务。

例如，ShopRite 食品商店已经将购物车计算机化。购物车上有读卡器和液晶屏。顾客在读卡器刷忠诚度卡来确认他们的身份。计算机将顾客的消费记录存入数据库，利用这些信息引导顾客到经常够买的产品那儿。当购物车穿过过道时，弹出式广告会显示计算机预测到的顾客可能会感兴趣购买的商品。

关于这种会员卡的批评指出问题不在于持卡人买东西花了更少的钱，而是不用卡的人花费了更多。他们给出了俱乐部的例子——会员价格和正常商店中没有忠诚度计划的商品的价格一样。

有些消费者则认为在申请这些会员卡时填写的虚假的个人信息可能会造成隐私的泄露。其他人更进一步，经常与其他人换卡使用。

其他消费者学会了如何"游戏"优惠制度。一个购物者发现在星巴克和 Dunkin' Donuts（唐恩都乐）之间交互购买咖啡粉能比单独在星巴克购买能获得更合适的价格。

人体扫描仪

（本部分提到的扫描仪是用来测量人体的。在机场安检处使用的先进的图像科技扫描仪将在后文中讨论。）

看上去赏心悦目对于我们中的很多人都是很重要的。计算机技术使得我们可以在购物时节省时间并且找到更适合我们的衣服（图 4.2）。

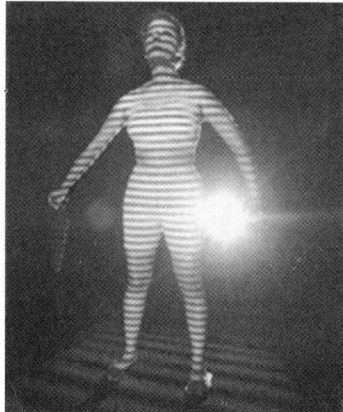

图 4.2　计算机扫描顾客（美联社照片/理查德·德鲁）

在英国的一些商店中，你可以走进一个小隔间，脱下衣服，然后接受计算机的扫描。计算机可以生成一个你身体的三维模型，然后利用这些信息来给你推荐最适合你的牛仔裤。接下来你可以坐在计算机屏幕前预览穿上不同的牛仔裤时你看起来的样子。当你缩小范围到几个特定的品牌和型号之后，你可以去实际试穿一下。

人体扫描仪同样被用来制作定制的服装。在美国的 Brooks Brothers（布鲁克斯兄弟）商店，接受扫描的顾客便可以购买到专门为他们量体裁衣的套装。

射频识别标签

想象一下早上起来，你走进洗手间，看到你的药柜计算机显示屏上有一条新消息提醒你你的阿司匹林快要过期了。同一天你想要购买一条新的裤子，在你试穿之后试衣间的屏幕上显示了一件可以搭配你选的裤子的上衣。

由于射频识别技术（RFID）的发展，这些场景如今都已成为可能。射频识别是一种微小的无线发射机。制造商现在都在用射频识别来取代条形码，因为射频识别标签包含更多的商品信息并且更加容易扫描。射频识别标签可以包含其附加的（或者是嵌入的）某一特定商品的详细信息，扫描机可以在 6 英尺远的地方读取标签。

当射频识别取代了条形码之后，收银处便可以更快地结账，公司也可以更精准地追踪他们的库存了（图 4.3）。

图 4.3　当商品贴上射频识别标签之后，雇员可以更快地清点盘存并且犯更少的错误（©马克·F. 亨宁/阿拉米）

但是当商品被买走之后射频识别是不会被关闭的，所以这项新技术也带来了很多对于隐私的忧虑。想象一下一个充满了射频识别扫描机工作场所。在你小隔间里的扫描仪可以让检测系统把你和你衣服的标签联系起来，辨认出你所在的位置。另一个扫描仪在饮水机那里发现了你的存在。那么下一件事估计就是你的老板找你来场倾心谈话，聊聊你到底休息了多少回。一些隐私的倡议者认为消费者应该采取办法移除或者废止他们购买产品上的射频识别标签。

植入芯片

在中国台湾，每一条家养的狗都必须接受一次芯片植入，这个微型芯片上包括主人和住址的信息。这个微型芯片，大约是一粒米的大小，通过注射植入狗的耳朵里面。当一只狗丢了的时候，当局可以很容易地获取它的位置并把它还给主人。

Verichip 公司发明了一种可以用于人体的射频识别标签。公司声称世界上已有 2000 人植入了 Verichip 芯片。植入这种芯片最常见的用途就是让医生可以了解昏迷病人的医疗状况。但是，在一些时髦的欧洲夜店里，老板用这种植入式射频识别芯片作为内部的"借记卡"，用来让客人购买食物和饮料。在一些高调报道儿童被拐卖或走失的事件之后，媒体声称家长们正在琢磨将追踪芯片植入孩子身体里的想法。

OnStar（安吉星）

OnStar（安吉星）公司生产了一种合成进汽车后视镜里的交流系统。公司为其用户提供紧急、安全、导航和诊断服务。举例来说，一个司机的汽车没油了，他可以按下蓝色的 OnStar 按钮并与公司客服代表取得联系。司机不用知道自己的具体位置，因为系统自动把汽车的 GPS 定位发送到公司，然后公司就可以提供帮助。司机甚至不用每次都与 OnStar 的客服代表对话，比如无论何时，一旦你装有 OnStar 系统的车上的气囊弹开，系统便会自动与 OnStar 中心取得联系上报位置，然后立刻拨打 911 求救。

2009 年 10 月，在加利福尼亚的维萨利亚，OnStar 系统戏剧性地展示了它的功能。当时一名手持短猎枪的男子命令一辆 2009 年雪佛兰的两个车主下车。他抢了他们的钱并驾车离去。警察在得到受害者的允许之后，开始追踪被抢车辆，这时 OnStar 提供给了警察被抢车辆的具体位置。当警车开始跟踪雪佛兰时，劫匪开始加速。在这时 OnStar 服务中心对该车发布了一项指令，使其禁用油门踏板，车速因此减慢至停下，这就使得警察可以马上逮捕劫匪。维萨利亚的警察局局长科林·迈斯塔斯（Colleen Mestas）称赞了这一新技术，称它避免了一次可能会出现的危险的高速追车行动。

因为 OnStar 可以追踪到所有装有 OnStar 系统车子的具体位置，并且能听到车内的谈话，一些拥护隐私的人对可能出现的隐私侵犯表示担忧，他们认为如果这些信息共享给了执法机构，那么就有可能侵犯个人的隐私。比如，假设警察在寻找未破获案件中的嫌疑人时，他们有没有权利通过 OnStar 来查找犯罪产生时该区域所有装有 OnStar 系统的车辆的信息呢？

2009 年 11 月，在一次 General Motors FastLane（通用汽车快车道）网站的网上谈话中，OnStar 公司的简·斯比尔曼（Jane Speelman）回应了这些忧虑。据她所述，OnStar 不会将关于车速的信息提供给执法机构，OnStar 的客服代表也不能在不通报车主的前提下听到车内的对话。

机动车"黑匣子"

你可能知道飞机的数据记录仪，也被称为"黑匣子"，可以在飞机事故之后的调查当中提供有用信息。那你知道现代的机动车也装有"黑匣子"吗？一个安装在汽车的气囊之上的微型处理器会记录有关车速、刹车踏板上压力的大小以及安全带有没有系好这些信息。在撞击之后，调查人员可以从车上找到这个微型处理器，并看到在事故前 5 秒时它收集的数据。

医疗记录

纸质医疗记录变成电子医疗记录的转变可能会降低成本并改善医疗质量，因为它使得病人的信息在护士、医生和其他看护人之间的分享更加快捷和低廉。美国政府大力提倡向电子医疗记录的转变，以此作为控制快速增长的医疗保健开销的途径。经济和临床医疗卫生信息技术（HITECH）行动倡导医生和医院自 2015 年起将纸质记录转换为电子记录。

然而，一旦储存在数据库中的某人的全部医疗信息可以被很多人获取，那么控制信息的传播就变得非常困难，这有可能会带来严重的后果。雇主可能会因为之前曾有过严重的疾病而忽略一位求职者。一名成功完成了戒除毒瘾的女士可能会因为之前吸毒的历史被翻出而受到歧视。

2003 年 11 月，作为调查的一部分，佛罗里达州执法官员获得了广播评论员拉什·林博（Rush Limbaugh）的医疗记录以调查他是否非法从几名医生哪里获得处方止痛药。美国公民自由联盟向法院提交的诉书部分支持林博，他们认为执法人员行为失当，因为他们获得了允许他们获取林博所有医疗记录的许可，而不仅仅是与犯罪调查相关的部分。

数字录影机

TiVo 公司是一个著名的数字录影机制造商。TiVo 提供的服务允许用户更容易地记录下他们感兴趣的节目以便日后观看。举例来说，只需一个指令，用户就可以用 TiVo 录制电视剧的每一集。TiVo 收集用户观看习惯的详细信息。因为系统会监控用户每秒的活动，它的数据会比其他服务商提供的数据更具价值。比如，TiVo 的记录显示，66%在黄金时段播出的广告都会被跳过。

Cookie 和 Flash Cookie

Cookie 是网络服务器保存在计算机硬盘驱动器上的文件，这些文件包含了你访问各种网站的信息。 Cookie 可以包含你的登录名和登录密码，产品偏好以及虚拟购物车的内容。网站利用 Cookie 来提供个性化的服务，比如自定义页面。比起要求你多次输入同样的信息，网站可以从 Cookie 中直接找回你的信息。大部分网站在你的硬盘上创建 Cookie 的时候都不会寻求你的同意，你可以自行设置你的网页浏览器在保存 Cookie 之前向你发出提醒，或者你可以设置你的浏览器拒绝接受任何 Cookie，但是有些网站如果屏蔽 Cookie 你将无法访问。

近几年，有的网站开始使用另一种类型的 Cookie，即 Flash Cookie，这是运行 Adobe Flash Player 的网络服务器保存在你计算机硬盘上的文件。Flash Cookie 的两种属性增加了对于隐私的担忧。一是 Flash Cookie 可以存储的浏览器信息是 Cookie 的 25 倍，二是 Flash Cookie 并不由浏览器隐私设置控制。有些网站利用这一漏洞，用 Flash Cookie 来后台备份普通的 Cookie。那样的话，即使你删除了浏览器相关网站的 Cookie，它仍然可以从 Flash Cookie 获得"新生"。加州大学伯克利分校的研究者做出的调查显示最受欢迎的 100 个网站中超过一半都使用 Flash Cookie，但是这其中只有 4 个网站在隐私政策中提及了 Flash Cookie。

数据挖掘

在上一部分我们调查了几个公司在人们的日常生活中收集信息的方法。在这一部分我们一起看一看这些信息是怎样自动变成公司买卖的商品，并如何为现有消费者提供更加个性化的服务、如何更准确地定位目标潜在消费者的。

定义数据挖掘

在你用杂货店的会员卡之前，你需要用一些时间填写一张申请表，表中涉及很多你的个人信息，如姓名、地址和电话等。在商店受理你的申请之后，使用会员卡就非常便利了。你只需要刷一下卡或者输入你的电话号码，登记簿就会识别出你的顾客信息并且在你购买商品的时候给予你适当的折扣。与此同时，关于你的购买信息也被输入到数据库中。

数据库中的一条记录就记录了一次交易，比如你在杂货店购买的一件商品。一条数据库记录就是人的一次快照。它告诉你关于这个人的一些信息，但是单独看一条记录的价值是有限的。数据挖掘就是在一个或多个数据库中的多条信息中寻找模式或联系。数据挖掘是合成多个交易信息产生新信息的方式，同时也是预测未来事件的方式。通过抽取大量记录，数据挖掘可以让一个组织从无数的快照中建立起个人的准确档案。

谷歌（google）的个性化搜索和协同过滤就是公司运用数据挖掘来创建更多与客户间关系的两个很好的例子。

谷歌的个性化搜索

谷歌会记录下你的搜索查询记录和你所打开的网页。当你输入一个新的查询项目时，它可以利用这个信息去推测你感兴趣的内容并且显示你可能正在寻找的页面。比如，"bass"这个英文单词有多重含义，但是如果你的查询历史和访问的网页中有相关钓鱼的信息，但是没有音乐的相关信息，那么搜索引擎会根据这点来显示更适合你的网页。

无论你有没有谷歌账户，谷歌都可以生成个性化搜索结果。如果你注册了谷歌账户，搜索引擎将会检查你的网站浏览历史来使你的搜索结果个性化。这些信息是无限期保留的，除非你删除了你的浏览历史。如果你没有注册谷歌，那么谷歌将会创建一个与你的浏览器相关联的Cookie，并把所有你的查询记录以及你所点击的查询结果存储在Cookie中，最多保存180天。

协同过滤

协同过滤算法利用大量的人的偏好信息来预测个人可能会喜欢什

么。一个采用协同过滤的组织可能会明确地通过排名来确定人们的喜好，有些则较为隐晦，通过追踪人们的购买行为。通过过滤算法寻找数据中的模式。假设很多购买花生酱的人同时购买果酱。如果一位新顾客购买了一罐花生酱，软件便可以对收银机提出指令在打印收据的同时打印一张特定品牌果酱的优惠券。协同过滤软件同样也被运用在网上零售商和电影网站上来推荐商品。

选择性加入和选择性退出政策

我们已经检验过一些公司收集消费者活动信息并以此为消费者提供更加个性化服务的方法。但是只有几家公司将他们对于同一个人的信息汇聚到一起时，他们才能建立起一个更加完善的电子档案，从而可以对这个人可能想要购买的商品或服务有更好的判断。那么这些公司是否有权买卖消费者交易的信息呢？或者说购买商品或服务的顾客是否有权利控制他们的购买信息呢？

请思考这样一个假设的情况。董德多（Knowitall 本意是全知道，懂得多，这里取谐音）博士是一名计算机科学教授，他把坏了的计算机拿到维修店里去，18 岁的安迪（Andy）要帮他修好。董德多博士因为自己没法修好自己的计算机感到非常窘迫，所以他不想任何人知道他需要找别人帮他修计算机这件事。董德多博士当然不会告诉其他人，但是他有没有权利阻止安迪告诉其他人？或者也许是安迪想把这次交易当作一个秘密，因为他用了很长时间才修好这台计算机，所以他不想让别人发现这个问题对他来说很难。那么安迪有权让董德多博士对此保持沉默吗？

似乎两个人都没有权利来控制这次交易的信息。因为一旦双方中的一方泄露，交易信息就变成了公开的信息，保持信息的私人化比使信息公开化要难得多（因此更加珍贵）。

如果董德多博士想要对这次交易保密，他就应该为此付出代价。他可以告诉安迪："如果你答应我不告诉任何人是你修好了我的计算机，我可以多给你 20 美元。"那么这个时候董德多博士已经购买了他这次交易信息的控制权，安迪就有责任保持沉默，并不是因为董德多博士的隐私权，而是因为他有权期待协议的履行。

组织购买商品和服务的信息共享应该遵循什么样的原则呢？有两个最基本的原则：选择性加入原则和选择性退出原则。

选择性加入原则要求消费者公开地表示其对组织间共享其信息的允许。选择性加入原则更受隐私拥护者们的支持。

选择性退出原则要求消费者公开说明他们禁止一个组织与另一组织交换信息。直接营销组织更喜欢选择性退出原则，因为选择性加入是新企业发展的阻碍。新企业没有资源去收集他们所需要的信息并且有目的地将他们的邮件发给正确的对象。在选择性退出环境下，大多数人不会主动将自己从邮件名单上移除，因此新企业更容易获得能它们成功的邮件信息列表。另一个支持选择性退出原则的观点认为：公司有权控制他们交易的信息。信息是有价值的商品，选择性加入原则将这一商品从公司手中抢走了。

因此，现在选择性退出政策远比加入政策要普遍得多。关于消费者的信息本身就已经变成了商品。组织间售卖或者交换这些信息（图 4.4）。这是组织获得他们可以挖掘到的更大的信息数据库最普遍的方法。

例如，一个售卖度假公寓的公司从一家连锁酒店那里购买了一份过去两年在某景区度假的人的姓名和地址的名单，然后从另一个组织那里购买了依据九位数邮编估计的家庭年收入的数据库。把这两个名单合到一起，这个公司就可以马上将目标锁定在那些既有可能感兴趣又有财力可以购买一套度假公寓的人身上，然后直接发送宣传册给这些人。

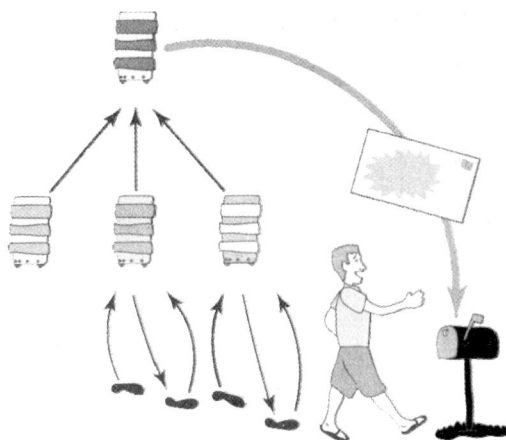

图 4.4　公司利用计算机记录消费者及其购买习惯的信息。通过分析这些信息，公司能够建议消费者额外购买、提供激励，并且给予消费者更好的服务。他们也会将这些信息出售给其他公司。通过合并来自各种渠道的信息，一个公司可以建立起个人的复杂的档案信息，并且将广告直接邮寄给那些最有可能对某产品感兴趣的顾客。

数据挖掘的案例

现代社会数据挖掘被广泛应用于各个领域，接下来举几个例子。

信用报告

信用报告是可以用来解释消费者的信息是如何自动变成商品的一

个很好的例子。征信所是追踪个人资产、债务、付账单和偿还贷款历史，并用这些信息来对人进行信用评级的公司。征信所向银行、信用卡公司和其他潜在出借人出售信用报告。

由于国家征信体系的存在，你可以向一些你从未合作过的银行或商家来申请信用卡。当你想要贷款买房的时候，你不必去当地的银行，你可以到城市另一边的银行去贷款，只要它因为你有较高的信用评级而信任你，你马上就能获得贷款。银行间的竞争导致了更低的利率，这对消费者来说当然是件好事。

当然，如果你在按时还账和还贷上有过不良信用记录，你的信用评分将会很低。信用评分低的人在获得贷款的时候一般比较困难，而且就算得到贷款，一般也需要支付更高的利率。

不良信用报告可能会带给人们意料之外的麻烦。很多雇主在工作面试阶段都会查看求职者的信用记录，以作为录用前的一次复查。雇主收到的信用报告并不会给求职者评判信用分数，但是它会列出求职者的债务。有些人批评依靠信用报告做出录取决定的做法，他们认为信用报告可能会使雇主忽视少数群体和现阶段失业的人群。"我认为这里我们提出的假设是，如果有人负债累累，那么我们可以看出他们的诚信和责任，但是这种假设通常存在问题。"民权委员会的律师莎拉·克劳福德（Sarah Crawford）如是说。

目标直邮

几年前直邮营销意味着大量的广告邮件。如今的趋势是目标直邮，也就是说企业只给那些最可能感兴趣购买他们产品的顾客邮寄广告。定制的邮件列表可以从很多资源获得，比如 Experian（益百利，美国三大信用报告公司之一）。从它超过 2 亿客户的数据库中，Experian 可以提供在某一特定区域内满足特定标准的消费者的邮寄列表，其中包括新晋父母、刚刚搬家的人、刚买房的人、预计收入超过 10 万美元的租房的人、健康狂热者、体育爱好者以及"绿色"消费者。

直接邮寄营销的一个典型案例是 Target（目标）公司试图吸引孕妇的举措。零售商都知道消费者的习惯，比如在何处购买特定的商品以及选择的品牌，这些很难改变。但是，当人们从大学毕业或者搬到新的城市或者结婚，他们的购买习惯可能会变得更具可塑性。出于这一考虑，Target 公司让它的数据分析师来预测哪些公司的女性顾客正处在第二怀孕期（怀第二个孩子的阶段）。公司的目标是利用目标直邮使得这些女性养成在 Target 商店购买各种所需产品的习惯。

Target 的数据分析师会跟踪购买婴儿洗浴的人，看看当他们第二怀孕期会购买些什么。分析师发现有 24 个研究对象都是怀孕 3～6 个月的女性。她们均会购买大量的无香型乳液、超大包装的棉花球、锌和镁等营养补充剂等。数据分析师确定他们可以根据上述的"预测性"产品推测出一位女性是否怀有第二个孩子。对于那些预测怀孕的女性，数据分析师表示他们可以将准妈妈们的预产期缩小到一个相对较小的范围之内。

Target 公司利用数据分析师的算法来挖掘出广泛的消费者购买数据库。公司辨别出成千上万的可能处于怀孕阶段的女性并邮寄给她们广告。市场主管知道收到这些广告的女性可能会对 Target 公司了解她们怀孕的现状感到非常生气，为了不让她们察觉，Target 公司在邮寄给这些女性的广告中混入了葡萄酒杯、割草机以及其他一些不相关的产品的广告，夹杂在像纸尿裤、婴儿服装和婴儿床等产品中。

微型目标

自 2004 年起，建立在数据挖掘基础上的直接营销成为美国总统大选中的一大亮点。有一个术语叫微型目标，即投票活动从地理信息系统获得信息，根据选民登记、投票频率、消费者数据和信息分布来预测选民有可能为哪位候选者投票。之后候选人及其团队利用直邮、电子邮件、短消息或家庭走访的形式来鼓励可能的支持者为其投票。

连线画图

数据挖掘可能功能出奇强大。假设管理停车收费亭的政府机构想要以如下形式出售信息记录：

（应答器编号） （日期） （时间） （地点） （收费）

机构并没有暴露车主的姓名，因此他认为他保护了车主的身份没有泄露。然而，很多人都拥有一个可以用信用卡自动支付停车费的账户。如果信用卡公司从收费亭购买了这些信息记录，他们就可以把收费亭上的日期、时间和支付金额同信用卡的日期、时间和金额联系起来，从而判断出车主的身份以及他的应答器编号。一旦实现这个过程，信用卡公司就可以辨别出消费者行驶的里程并且有可能更加频繁地购买新车。之后信用卡公司可以将这些信息售卖给招募机动车贷款申请的银行。

定价机制

零售商利用他们收集来的信息为不同的消费者制定不同的价格。在本章开篇描述的杂货店会员卡的故事正是定价机制的一个典型例子。另一个例子是：数据聚合公司将购买者的档案卖给一些在线商家，商家利用这些信息来决定应该给谁打折、给谁原价或给谁高价选择。

社交网络分析

数据挖掘中的一个有前景的新领域是从社交网络收集信息。接下来是几个组织利用社交网络分析来达成其目标的案例：

在极端竞争的移动电话市场，公司需要保证其用户不"叛变"到其他对手公司，这一点十分重要。印度最大的移动电话公司 Bharti Airtel（巴蒂电信），使用软件来分析电话记录并辨别出其中"有影响力的人"，这些用户最有可能说服他们的朋友和家庭成员在他们决定更换运营商时追随他们。然后 Bharti Airtel（巴蒂电信）提供给这些"有影响力的人"特殊的优惠活动来保障他们的忠诚。那么 Bharti Airtel（巴蒂电信）是怎样从电话记录中辨别出这些有影响力的人的呢？通常，这些人拨打的电话会被很快回复，他们经常在晚上给别人打电话，而周五下午的派对上他们也经常接到电话。

弗吉尼亚州里士满的警察监控 Facebook 和 Twitter 的信息来确定派对的举办地。数据挖掘软件能够辨认出经常举办派对的地点。通过在大型派对夜更合理的部署警员，警察局已经节省了大约 15000 美元的加班工资，并且整个社区的犯罪活动也明显减少（图 4.5）。

银行将从社交网络收集来的数据同信用卡账单以及其他评判借贷风险的信息结合起来。比如，有些找到新工作并申请贷款的人，如果他们的工作与他们的社交网络、教育背景、旅行历史和之前的工作背景毫无关联，给予他们贷款很可能存在风险。

图 4.5 一些警察局监控 Facebook 和 Twitter 来辨别大型派对的位置并以此部署警力（©艾伦·沙利文/ZUMA Press/Newscom）

消费者反弹的案例

信息技术的进步降低了获得信息的成本。同时，由于各种组织在不断改进他们的信息挖掘技术，信息的价值在持续提升。这种趋势的结果就是公司经常会有动力去获得更多的信息，这就使得保护个人隐私变得越来越难。不过总有人伸张正义。

市场：家庭

Lotus Development Corporation（莲花发展公司）同 Equifix 信用报

告公司一起开发了一个容纳一亿二千人的数据库且创建了一个程序，允许用户根据不同的标准（比如家庭收入）来发送直邮列表。Lotus 希望能够向小型企业出售它的"市场：家庭"打包服务。然而在 1990 年春天产品公开之后，市场出现了一个相当大的反弹。消费者愤然投诉，投诉信件、电话和邮件多达 30 000 例，Lotus 不得不放弃自己的销售计划。

　　然而风云变幻，时过境迁。20 年后，信用报告公司 Experian（益百利）则通过售卖基于消费者详细信息的直邮列表使企业获得了长足的发展（正如前文对目标直邮所做的描述）。

Facebook Beacon（灯塔）

　　2007 年 11 月，Facebook 宣布 Beacon 为 "Facebook 广告系统的一个核心元素，用来连接企业与用户，并针对他们想要的用户进行广告宣传"。Beacon 发誓成为 Facebook 获得广告收益的重要方式。Fandango（凡丹戈）、eBay（易趣）以及其他 42 个在线企业支付给 Facebook 公司，希望通过 Beacon 来对他们的产品和服务进行"口碑"宣传。比如，Facebook 用户在 Fandango（凡丹戈）上购买电影票之后，Fandango（凡丹戈）会把这一信息发送给 Facebook，因此 Facebook 就可以把它播报给用户的朋友。

　　Beacon 是建立在选择性退出政策基础上的，也就是说，除非用户公开要求被排除在外，Beacon 将一直有效。这个决定对于 Facebook 来说十分有利，因为广告的收入取决于受众群体的规模。但是，采用选择性退出的决定激怒了很多 Facebook 的用户，而且直到 Beacon 暴露了诸多客户隐私消息，他们才幡然醒悟。比如，在肖恩·莱恩（Sean Lane）欢天喜地地购买了圣诞礼物之后，新闻头条就将这一事件发布给他的妻子和他 Facebook 上的 700 多个联系人："肖恩·莱恩从 overstock.com 网站上买了一个 14K 白金 1/5 ct 钻石的戒指'永恒的花朵'。"

Beacon 很快招致了各处抨击。MoveOn.org 的发言人说："像 Facebook 这样的网站对我们而言具有革新意义，同时将 21 世纪民主社会的各种问题组织到了一起。那么问题是：这些企业广告会不会书写互联网的规则呢？换句话说，这些新兴的社交网络会不会保护我们诸如隐私这样的基本权利呢？"MoveOn.org 开展了一个在线小组，呼吁 Beacon 采用用户的选择性加入政策，这一举动吸引了超过 5 万名 Facebook 用户的支持。几周之后，Facebook 决定 Beacon 正式启动选择性加入政策。"我们处理此事的方式不足以令我们骄傲自满，我知道我们可以做得更好。"Facebook 的首席执行官马克·扎克伯格（Mark Zuckerberg）说。

Netflix（网飞公司）奖金

Netflix（网飞公司）是一个提供流行电影和电视剧订阅服务的公司。Netflix 一大特色是其电影推荐服务。在用户对几部电影进行评价之后，Netflix 会利用协同过滤算法来预测出用户是否会喜欢列表中的另外几部电影，然后将那些用户可能喜欢的电影推荐给该用户。

2006 年 Netflix 提供了 100 万美元奖金招贤纳士，只要他能制作出在预测用户电影评分方面至少优于 Netflix 现有协同过滤算法 10% 的算法。Netflix 公布了来自将近 50 万顾客的超过 1 亿条电影评分，划掉了私人信息以保证记录的匿名性。每一条电影评分都包括 4 条信息：用户、电影、评分日期和评分，每一个订阅者都用一个整数来代表。

然而得克萨斯大学奥斯汀分校的一组研究人员表示，即使只有寥寥数人观影信息，通过电影评分记录同这些人之间的联系，也可能获得一些敏感信息，比如他们的政治倾向或者性取向。公开"匿名"的电影评分信息可能会危害到 Netflix 用户的隐私，这一点遭到了美国联邦贸易委员会的起诉。2010 年 3 月 12 日，Netflix 宣布取消该奖金的设置。

百货商场追踪顾客的移动电话

2011 年的黑色星期五，两家美国的商场，加利福尼亚州的 Promenade Temecula 和弗吉尼亚州的 Short Pump Town Center，开始通过追踪顾客移动电话的位置记录他们在商店中的行动。商场希望以此来回答以下几个问题：

> 在 X 商店人们要待多久？
>
> 有多少在 Y 商店逛街的人也会去 Z 商店？
>
> 商场里有没有不能吸引顾客的区域？

整个商场里张贴着一些小型标志来告知顾客现在正在进行的这项研究。它告诉人们数据收集是完全匿名的，商场给每个电话分配了一个 ID 编号，在并不知道持有电话的人的信息的情况下，追踪电话的动作。如果想要避免行动被收集，顾客必须要关掉他们的移动电话。

商场本计划在圣诞节购买季继续他们的研究，但是仅在三天后纽约参议员查尔斯·舒尔默（Charles Schumer）干预了这一研究，并要求商场停止收集数据。参议员认为"私人移动电话顾名思义，是私人的。如果零售商利用你的手机来观察你的购物习惯，那么他们必须征得你的同意"。

英国一家制造移动电话追踪设备的公司 Path Intelligence 的 CEO 莎朗·比格（Sharon Biggar）回应了参议员的说法，她指出在线零售商在没有获得消费者允许的情况下追踪了更多的消费习惯信息。"我们只是想给线下零售商创造一个平等竞争的环境。"

iPhone 应用程序上传通讯录

2012 年 2 月，新加坡的程序员阿伦·塔母比（Arun Thampi）发现社交网络软件 Path 未获得他的允许但却上传了他的 iPhone 通讯录。塔母比在他的博客中写道："我并不是在指责 Path 在利用我的通讯录做一些穷凶极恶的事情，但是我的通讯录被一个第三方服务平台掌握，我觉得自己受到了侵犯。"

Path 的 CEO 大卫·莫林（David Morin）回复了塔母比的博客，他说收集信息的目的是让人们通过 Path 更加便捷地联系家人和朋友，同时也能让他们知道通讯录中有谁使用了 Path。按照莫林的说法，Path 的行为成了"产业最佳实践"。然而，没过多久，互联网社区参与其中，并指出 Apple 的指导方针要求应用程序要在上传通讯录信息之前获得允许。面对着负面宣传的风暴，莫林发布了另一个观点，他为 Path 此前的行为道歉，保证公司将会销毁之前收集的信息，并宣布将更改应用程序。

当 Path 的争论爆发时，媒体指出其他流行的 iPhone 应用程序，包括 Twitter、Foursquare 和 Instagram 都未经同意便从通讯录里收集信息。上述所有提及的公司回应说他们也将发布应用程序的新版本，从通讯录上传联系信息之前公开征求用户的同意。

Instagram 提出改变服务条款

2012 年 12 月，著名的照片分享服务商 Instagram 发布公告称将对其隐私政策和服务条款协议进行变更。服务条款协议将改变 Instagram 与其母公司 Facebook 使用 Instagram 用户上传照片的方式。新提出的协议包括以下声明：

> 用户同意企业或其他实体向 Instagram 支付费用来获得你的用户名、喜好、照片（以及任何相关的元数据）或用户采取的行动，以及支付或赞助的内容或促销活动，上述均不需要用户做出任何补偿。

一些法律专家说新的服务条款协议将允许Instagram 或Facebook利用 Instagram 上用户上传的照片做广告，而且并不需要对用户做出任何赔偿，甚至不需要告知上传照片的人，公众对此的反应非常激烈。标签话题联合抵制 Instagram 立刻席卷了 Twitter，许多 Instagram 的用户下载了其他照片分享应用。尽管使用这些服务的用户的总人数相对 1 亿多的 Instagram 的用户还是小巫见大巫，但使用 Pheed 和 Flickr 的人迅速增多。

为了回应闹得沸沸扬扬的局面，Instagram 的创始人之一凯文·斯特罗姆（Kevin Systrom）发表了言论，表示新的隐私政策和服务条款协议受到了误解。他同时声明在服务条款中的广告部分已经变更回到了最初版本。

总结

本章主要关注的是由于信息科技的引进而被带到风口浪尖上的隐私问题。隐私问题和知识产权问题在某种程度上是相似的，因为两个问题都围绕信息的控制。现代信息技术使得信息的收集和传播都变得更加容易，无论是一首歌还是一个社会保障号码。信息已然变成一个有价值的商品。

隐私可以看作是个人的欲望和社会需要之间的平衡。个人寻求限制别人接近的方法，社会则必须给"应该成为隐私的"和"应该作为公开的"划上界限。尽管隐私既有成本又有利益，一些必要的隐私所带来的利益远远超出成本。哲学家们不同意隐私是人们的一项自然权利，但是大部分人同意将其作为一项审慎权。我们选择给予彼此隐私是为了相互受益。

隐私和信任之间存在冲突。我们想要保留隐私，但同时我们也希望别人信任我们，这就意味着我们必须要对别人公开一些个人信息。

有时我们被要求公开一些与所有人分享的信息。公共记录是由政府机构收集的信息。某些特定的活动，比如被拘捕、买房或者生小孩这些都会创造一条公共记录。

我们经常会参加一些活动，一些私人组织就因此收集到了关于我们的信息。信息挖掘是各种组织通过收集大量个人信息从而创造出一个完整的个人档案的方法。公司利用信息挖掘技术来给最有可能购买产品的顾客直接发广告。信息挖掘有可能实现，因为处理交易的组织有权售卖有关信息给其他组织。

无论是为了提供给消费者更好的服务，还是为了增加他们的收入，或者说两者都有，公司经常会超过消费者可以接受的界限。公司由于消费者对于隐私考虑的强烈反对，于是被迫撤回一项新的服务成为越来越普遍的现象。

人物访谈

迈克尔·齐莫（Michael Zimmer），博士，威斯康星密尔沃基大学信息研究学院助理教授，信息政策研究中心主任。有着新媒体和互联网研究、信息哲学和信息政策与伦理研究背景，齐莫的研究领域是新媒体和信息技术的伦理维度，尤其关注隐私、社会媒体、互联网研究伦理和伦理设计等方面问题。

迈克尔·齐莫

齐莫就职于许多顾问委员会，包括总部位于华盛顿特区的未来隐私论坛政策智囊团以及 NSF 赞助的设计中的价值观委员会。他同时还是学术期刊《互联网研究》和《信息道德的国际评论》的编辑顾问，麻省理工出版社《信息社会》系列丛书的合编者。他参与了各种公益辩护活动，并且为美国图书馆协会、纽约公共图书馆、谷歌和微软的项目提供了专业建议和咨询。

你因为对"品位、联结和时间"（Tastes、Ties、Time，T3）研究项目的批评而为人们所熟知。请给我们大概介绍一下T3项目。

社交网络平台上日益爆增的人数，如 MySpace、Twitter 以及 Facebook 已经吸引了研究学者和各个学科的关注。然而，大多数的研究依赖于外部社交网络参与者的调查，小群体研究对象的民族志，或者是有限的从调查对象选择公开的信息中提取的档案信息。结果是，可利用的数据往往被"玷污"了，因为个人报告存在的偏见和错误，这些数据往往具有很低的代表性，或者不能反映传播在社交网站中的信息和联系的真实深度和复杂性。

认识到了典型的对在线社交网络动态的社会学研究所存在的数据限制，一组哈佛大学和加州大学洛杉矶分校的研究学者开始着手构建一个更加完善的数据集，可以充分利用社交网站上丰富的数据。考虑到流行性，研究人员选择了 Facebook 作为数据源，并且选定了可以让他们下载每一位新生 Facebook 档案的一所大学。数据收集每年重复，直到研究对象们毕业，也就是说，收集四年大学社交网络的有关数据。每位学生的官方住房记录也从大学那里收集起来，这就让研究人员可以比较互联网上的联系和现实世界的亲密程度是否存在关联。

由此产生的数据集是独一无二的，因为它的收集过程没有依赖于参与人的自我报告，却反映了大学生社交网络的真实状态，包括有价值的人口统计、研究对象的文化和社会关系信息，并且提供了四年的数据可以用来做历时研究。

社会学家并没有公开收集数据的大学的名称。你是如何知道研究对象是哈佛大学的学生的呢？

当研究人员公开数据集时，他们声明"所有的数据都被处理过，使得个人身份难以被识别"。这一说法引起了我的注意，因为这个数据集很可能包括学生的私人敏感信息，在过去想要完全将大数据集匿名化的尝试几乎没有成功过（比如 2006 年美国数据在线 AOL 公布的研究数据和 2008 年网飞公司 Netflix 的数据），因此我决定调查一下。

我下载了公开可以获取的数据集的密码本（获得这些数据需要研究人员的同意），然后开始检索有关这次研究项目的文章和公众评论。通过对密码本的检查我发现数据来源是一所私立的男女合校的教育机构，2009 年各班级共有 1640 名学生。从其他地方得知，数据来源被称为"新英格兰"学校。通过在线大学数据库搜索之后，我知道在新英格兰州（包括康涅狄格州、缅因州、马萨诸塞州、新罕布什尔州、罗德岛和佛蒙特州）只有七所私立的男女同校的大学，总毕业人数在 5000～7000 之间（如果 2006 年新生班级共有 1640 名毕业生的话，这是一个大概的人数范围），这七所学校包括塔夫斯大学、萨福克大学、耶鲁大学、哈特福德大学、昆尼皮亚克大学、布朗大学和哈佛大学。

密码本中还列举了数据集学校的一些专业，这其中就包括一些只有某个学校独有的专业，比如近东语言和文明，女性、性别和性研究，以及有机和进化生物学。快速地查询一下我们可以发现只有哈佛大学提供这些学位课程。2008 年 6 月，一位研究人员发布的视频更让我确信研究对象是哈佛大学无疑，视频中他说"在大一学年中，学生必须要选择 1～7 个最好的朋友"，他们要和这些人在毕业前都住在一起。这描述了哈佛大学决定本科生住房的独特方法：所有完成秋季学期的新生都要来抽签，决定一个 2～8 个人的小组一起住。通过简单的网络搜索，我可以确定这一点。

虽然被研究团队并没有对可能已被识别出的 T3 项目数据集数据源做公开回复，但是在这一发现公布后的一周内数据源就从公众可获得的数据库中撤了出来。

为什么你可以确定 T3 研究的研究对象是哈佛大学的学生这一点非常重要呢?

主要有两个担忧。第一,其中一个问题是可以从数据集中辨别出某一特定的研究对象。研究人员非常小心地移除了一些明显的有辨认作用的数据(姓名、电子邮件地址等),但是现在数据源已经可以确认,那么辨别出某一特定的个人就变得容易多了。举例来说,密码本公开了数据集中分别只有一个人来自特拉华州、路易斯安那、密西西比、蒙大拿和怀俄明。有的时候搜索引擎就可能告诉我们 2006 年特拉华州送去哈佛的那名学生是谁。一旦我们辨认出那名学生的身份,我们就可以通过她在数据集中的个人信息联系到她。简单来说,数据库中研究对象的隐私可能面临风险。

还有另一个更大的担忧,即研究人员认为他们的研究方法很充分。研究团队采取了很多善意的步骤,但是都不符合标准。研究团队为自己辩护说只有已经公开可以获得的信息才会被收集。然而,团队利用了哈佛毕业生来获得和取回档案数据。在研究过程中,Facebook 用户是可能限制只允许学校内部人员访问他们的个人资料的。因此,研究团队完全可能通过在哈佛校内网络的访问特权来获得信息,而普通大众可能被用户的隐私设置阻挡在外。社交媒体网站上有可以获得的信息并不意味着可以在不加询问的情况下自由索取。

人们希望他们发布到网上的信息都是私人的,就像只在知己朋友之间口头共享一样,这个想法合理吗?

这是一个重要的问题。对于研究人员来说,他们很容易说"如果是公开的,我就可以获得",但是这一简单的声明并不符合更广泛意义的研究伦理的原则。我们的忧虑应该是针对研究对象的:发布内容的目的是什么?他们认为谁才应该看到他们发布的内容?他们是否理解这些内容是所有人可见的？平台的默认设置自发布内容之时会不会有所变化（比如 Facebook 将人们的"赞"变成公开可见，而之前是可以隐藏的）？

我并不认为为了研究数据来挖掘这些网站是不可接受的，但是我们必须充分考虑环境和期许。这并不是一个简单的"已经公开"的问题。

你对 T3 研究的研究方法中坚决反对的是什么？

从根本上讲，我的担忧主要是虽然研究人员以及他们的机构研究委员会（IRB）都是出于好意，他们都不能完全理解他们研究方法中的缺陷。正如很多人一样，他们似乎坚持着传统二元对立"公共 vs. 私人"信息的观点。我所担忧的是，当越来越多的自动化挖掘社交媒体平台上信息的工具出现时，无论经验丰富的学者所做或新手大学生所做的研究，这种潜在的侵犯隐私和匿名权的行为都会越来越普遍。

如果研究人员更加注意并真正实现了数据集完全匿名的目标，你还会继续批评他们的研究吗？

更好地保护数据源会有一定的帮助，研究人员重写原密码本，移除一些名字、专业等信息也使得研究对象的所在地信息更加模糊。尽管有这些改善，对于研究方法的担忧仍然存在，我可能会继续关注在收集学生 Facebook 数据前需要获得同意这一点。

你的意思是不是参与研究项目的社会科学家应该在收集研究对象发布到社交网络上的信息前首先应获得研究对象的书面允许呢？

这是一个复杂的问题，在每一个案例中获得每一个研究对象的书面允许当然是不现实的。每一个研究项目都应该分别考虑，并且应该有 IRB 和相关专家评判。我确实觉得研究对象的目的应该在决策过程中得到更多权衡。我认为不会有人把在 Twitter 上写的 140 字的推文——尤其有可能淹没在每时每刻成千上万的推文当中——作为国会图书馆为了研究目的收集的数据之一。这样的情形让我们思考作为研究群体，究竟什么才是进行社会媒体研究的最道德的方法。

第五章
——CHAPTER5——

隐私与政府

一个系统如果不尊重公民的隐私权，就是不尊重公民本身。

——理查德·尼克松（Richard Nixon）（1974 年 2 月 23 日）

引言

1989 年 7 月 18 日早上，演员丽贝卡·沙弗尔（Rebecca Schaeffer）一打开公寓的门，就被狂热影迷罗伯特·巴尔多（Robert Bardo）射杀。巴尔多通过一位私人侦探得到了沙弗尔的住址，而这个侦探从加州机动车辆管理局买到了沙弗尔的驾驶证信息。1994 年美国国会通过了《司机隐私保护法》来回应此次谋杀事件。该法案禁止各州司机随意泄露学员驾驶证的信息。但它同时要求各州将这些信息提供给联邦政府。

美国新泽西州一位 7 岁的小女孩梅根·坎卡（Megan Kanka）遭到邻居绑架、性侵和杀害，而这位邻居正是一名出狱不久的性犯罪者。此后，国会通过法案，要求各地警局公布社区中已被记录在案的性犯罪者的信息。如今美国有超过 50 万人记录在案的性犯罪者。有专家认为，警察高估了需要监控的罪犯数量；法律要求将罪行较轻的人和犯严重罪行的人一起记录在案，而专家们对此类法律的价值提出了质疑。

自从 2001 年 9 月 11 日的恐怖袭击以来，公众对于牺牲隐私权来保护国家安全的行为越来越关注。2006 年的一次民意调查显示。大多数美国公民支持"在街上和公共场所增设监控摄像"（70%），"法律部门监控聊天室或其他形式的网络讨论"（62%），"近距离监控银行和信用卡交易以追踪资金来源"（61%），甚至是"扩张政府对手机和邮件的监控，监听通信"（52%）。更为震惊的是，调查中 1/3 的人认为"总统的这些调查权利应该只许总统执行授权，不许国会授权"。在后"9·11"

的美国，尼克松总统滥用总统职权似乎不在话下。

　　本章中，我们讨论美国联邦、州和地方政府对美国居民信息隐私的影响。"隐私"一词甚至没有出现在美国宪法当中，而且对于政府的立法、行政和司法部门来说，找到隐私保护的平衡点十分困难。我们调查了保护个人信息隐私的法律，以及那些允许司法权力机构为了防止犯罪和恐怖行动而收集个人信息的法律。此外，我们还会讨论美国历史上政府机构为了保护公共或国家安全涉嫌违法行为的典型案例以及美国最高法院阐述观点，我们引用了丹尼尔·索洛夫（Daniel Solove）的隐私分类法。索洛夫将隐私相关的行为分为四类：

　　1．信息收集（Information collection）是指那些收集个人信息的行为。我们会讨论有关政府收集信息的问题。

　　2．信息处理（Information processing）是指那些存储、操作和使用所收集的个人信息的行为。后文主要讨论信息处理分类的问题。

　　3．信息传播（Information dissemination）是指散播个人信息的行为。后文会给出一些法律实例，这些法律是用来限制私人组织传播信息的，同时也给出政府传播信息的合法途径。

　　4．侵犯（Invasion）指的是那些打扰他人日常生活、扰乱他人私人时间或者干涉他人决定的行为。后文我们研究了政府限制其他组织侵犯行为的做法，以及那些可以被看作侵犯行为的政府项目。

　　我们依次讨论这些类别，审视美国联邦、各州和地方政府是怎样解决保护个人隐私和促进共同利益之间的冲突。

限制信息收集的美国法律

这一节给出三个例子，均为关于限制私人机构通过个人收集信息的联邦法律。

雇员测谎保护法

1988 年颁布的雇员测谎保护法（EPPA）禁止大多数私人雇主使用测谎试验。雇主不能要求应聘者或者雇员参加测谎试验，雇员也不能因拒绝测谎而受到责罚。

但法律中也有一些重要的例外情况。制药公司和安全公司可以对特定职位的应聘者进行测谎。因遭到偷窃等行为而受到严重经济损失的雇主，可以对他认为有嫌疑的雇员进行测谎。最主要的是，EPPA 不适用于联邦、州以及地区政府。

儿童在线隐私保护法

2000 年颁布的儿童在线隐私保护法（COPPA），主要是减少从上网儿童处所收集的信息量。根据 COPPA 要求，在线服务收集 12 岁以下儿童的信息前，必须征得家长的同意。

反基因歧视法

2008 年颁布的反基因歧视法（GINA）主要用于防止医疗福利领域，以及基于基因信息雇用人员的歧视现象。它禁止健康保险和健康计划管理员要求个人提供本人或其家人基因信息的行为。同时也禁止在决定承保范围、保险费率和预先存款时使用基因信息。该法案主要还防止雇主在做雇用、解聘、晋升或其他雇用相关的决定时，使用基因信息作为条件。但该法案不涉及人寿保险、伤残保险和长期护理保险，而且对雇员少于 15 人的雇主也不进行约束。

政府的信息收集

在之前的章节中，我们讨论了联邦政府是如何限制私人机构收集个人信息的。在本章，我们来讨论联邦政府是如何收集大量公民敏感信息的。

人口普查记录

为了保证各州在众议院中保持公平的代表人数，美国宪法要求政府每十年进行一次人口普查。

1790 年的第一次人口普查包括 6 个问题。它收集每个家庭户主的姓名和下列各类别的人数：超过 16 岁的自由白人男性，低于 16 岁的自由白人男性，自由白人女性，其他所有自由个人（包括所有性别和人种）以及奴隶。

随着时间的变迁，人口普查的问题越来越多。1820 年的人口普查调查的是农业、商业和工业领域的人口数。1840 年的人口普查涉及关于上学情况、文盲和职业的问题。1850 年时，开始纳入税务、学校、犯罪、工资和财产方面的问题。

1940 年的人口普查备受关注，主要是因为这是政府第一次大量使用抽样统计。从总人口中随机选取 5%的人，他们需要回答更详细的问题。抽样统计使得人口普查局无须处理大量数据，同时得到更详细的人口概况。

如今人口普查局在十年一次的普查中仅使用简短的问卷。它从美国小区调查中获取更多的细节信息。这个项目每年会向 300 个地址发出一份至少 50 题的问卷。问题包括以下几个：

- 受访人员的祖籍是哪里？
- 受访人员在家里使用除英语外的其他语言吗？
- 受访人员上周主要怎么去上班？
- 本房屋、公寓或移动住所主要使用的供暖燃料是什么？

根据联邦法律规定，人口普查局应该保证所收集信息的保密性。但是在国家危机面前，人口普查局需要将它所知信息提供给其他机构。在第一次世界大战期间，人口普查局向军队提供年轻男性的姓名和住址，用于搜寻抵制服兵役者。在日本偷袭珍珠港事件之后，人口普查局向司法部门提供了 1940 年普查中日裔美国人的集中地区。军队利用这个信息包围了日裔美国人所在地区，并且将他们送往集中营（图 5.1）。

图 5.1 在日本偷袭珍珠港之后，军队利用非法从人口普查局获得的信息包围了日裔美国人。（美国国家档案馆，文件#210-G-3B-414）

美国国税局记录

1862 年美国开始征收个人所得税，用于支付内战相关的费用。1872 年撤销了个人所得税。1894 年国会再次提出征收个人所得税，但一年后，最高法院裁定其违宪。1913 年国家通过宪法第十六条，给了美国政府征收所得税的权利。自此以后，个人所得税就一直存在。美国国税局（IRS）现在每年征收超过 20 000 亿美元的税收。

你的个人所得税表可能会泄露大量的个人信息，包括你的收入、财产、你进行慈善捐款的机构、你的医疗开销等。

联邦调查局国家犯罪信息中心 2000

联邦调查局国家犯罪信息中心 2000（NCIC）是一个由很多数据库组成的集合，主要支持美国境内、美属维尔京群岛、波多黎各岛以及加拿大的执法机构的活动。它的前身是国家犯罪信息中心，联邦调查局在 J.埃德加·胡佛（J. Edgar Hoover）的领导下于 1967 年 1 月成立。

在它投入使用伊始，NCIC 获得了 5 个数据库中的 95 000 条记录，包括被盗汽车、被盗牌照、被盗或丢失枪械、其他被盗物品以及失踪人员。如今 NCIC 数据库包含了超过 3 900 万条记录。扩展的数据库中增加了以下分类：通缉罪犯、犯罪历史、曾监禁于联邦监狱的人员、性犯罪者、身份不明人员、被认为对总统有威胁的人员、外国逃犯、暴力帮派成员以及疑似恐怖分子。有超过 8 万个执法机构可以访问这些数据文件。NCIC 每天会处理约 500 万条信息请求，平均响应时间少于一秒。

联邦调查局将以下成就归功于 NCIC：

- 在调查马丁·路德·金博士（Dr. Martin Luther King Jr）的谋杀案时，NCIC 提供的信息让联邦调查局通过作案工具上的指纹找到詹姆斯·雷伊（James Earl Ray）。

- 1992 年一整年，NCIC 帮助抓捕了 81 750 名通缉人员、逮捕 113 293 人、找到 39 268 个失踪青少年和 8549 个失踪成人，并且找回 110 681 辆丢失车辆。

- 1995 年 4 月 19 日，在俄克拉荷马州俄克拉荷马市的艾尔弗雷德·P. 默拉联邦大楼发生爆炸一小时后，警员查尔斯·汉格拦截了一辆没有牌照的水星侯爵车。在发现车后座有一把枪支之后，汉格逮捕了司机——提摩太·麦克维（Timothy McVeigh），罪名是在机动车内放置上膛的枪支。他将麦克维关押在地方监狱里，而且逮捕记录很快地被记录进 NCIC 的数据库中。两天之后，当联邦探员在 NCIC 中搜索麦克维的名字时，他们发现了汉格的逮捕记录。联邦调查局探员抢在麦克维被释放前赶到监狱（图 5.2）。之后麦克维承认了爆炸案的罪行。

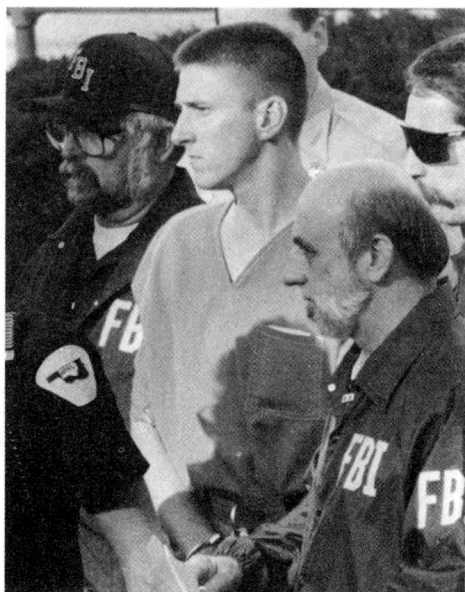

图 5.2 国家犯罪信息中心帮助逮捕了 1995 年俄克拉荷马市联邦大楼爆炸案的嫌疑人——提摩太·麦克维。（© Bob E. Daemmrich/ Sygma/Corbis）

国家犯罪信息中心的反对者指出，NCIC 的存在从多个方面侵犯了无辜人员的隐私权：

- 错误的记录会让执法机构逮捕无辜人员。
- 无辜人员因为名字与逮捕许可数据库中的名字一样而被逮捕。
- 联邦调查局利用 NCIC 记录没有任何犯罪嫌疑的人的信息，例如越战的反对者。

- 执法机构里腐败的雇员，因拥有 NCIC 的访问权而将信息卖给私家侦探，并且可以修改或删除记录。

- 拥有 NCIC 访问权的人，可以非法使用它来搜索熟人的犯罪记录，或者筛选潜在雇员，例如保姆。

OneDOJ 数据库

美国司法部管理的 OneDOJ 数据库，为州立和地方警察提供 5 个执法机构所提供的信息：联邦调查局、缉毒署、烟酒枪械与爆炸物管理局、美国法警署以及联邦监狱。OneDOJ 数据库存储着事故报告、审讯总结以及其他没有被国家犯罪信息中心收录的信息。2006 年年末，OneDOJ 数据库已经包含了超过 100 万条记录。

OneDOJ 数据库的反对者指出，它给了地方警员获取没有被逮捕或起诉的人员的信息。美国人权协会的巴瑞·史德哈德（Barry Steinhardt）说："警察的原始文件或 FBI 报告永远不能被修改，也永远不能被更正……一想到整个系统中有很多不准确的信息，就很令人心惊。"

闭路电视监控

美国使用闭路电视摄像机来进行视频监控始于 1968 年纽约西部。为了减少犯罪，欧林这座小城市在它主要商业街上安装了一个监控摄像头。一年内，超过 160 名附近地区的警官访问欧林，学习他们的系统。如今在美国有约 3 000 万个监控摄像头在运行。

监控摄像机的数量一直在增加（图 5.3）。纽约市花费两亿零一百万美元，在曼哈顿下城区安装了 3 000 个闭路安全监控。这些监控摄像机都和成熟的图像扫描软件连接，可以在发现有人留下匿名包裹时拉响警报。这些摄像头是一个巨大传感网络的一部分，其中还包括拍照读取器和辐射检测器。

图 5.3 波士顿马拉松赛爆炸案之后，监控摄像图像在逮捕嫌疑人的过程中起到很大作用。

美国人权协会对不断增多的安全监控表示反对，认为它们代表着对隐私权的侵犯，而且也不能阻止恐怖攻击。美国人权协会的法律主任克里斯托弗·邓恩（Christopher Dunn）说："我们并不像其他大多数警务活动一样，关注非法活动的嫌疑人。实际上，系统捕捉的 99.9% 人都只是做自己事情的普通人。"

批评者利用英国的例子来证明，监控摄像不能保证公共安全。英国有 420 万个监控摄像机，相当于每 14 人中就有一个。据估计，每个英国人平均每天都会被监控捕捉 300 次。但这仍不能阻止 2005 年伦敦地铁中的自杀式爆炸案。一些专家总结，闭路电视监控"在很大程度上"对阻止犯罪没有帮助。

警方无人机

6 个州内的 9 个警局开始使用无人飞行设备（图 5.4）。警察所使用的无人机和在阿富汗所使用的掠夺者无人侦察机有很大区别：美国联邦航空署规定，警局所使用的无人机重量不能超过 25 磅，飞行高度不能超过 400 英尺，白天飞行时必须在操作人员视线内。小型无人机只能在搜寻失踪人员、调查孤立地区风暴破坏情况、控制非法移民、追踪逃犯以及监控大型公共聚集等情况下使用。

图 5.4　一些警察局已经开始将小型无人机作为监控设备。

一些警用无人机的使用受到公众支持，但是另一些却不被看好。最近蒙莫斯大学进行的一次调查显示，对于美国司法部门使用带有高科技摄像机的无人机的行为，66%的美国人担心其侵犯隐私，67%的人反对将无人机用于超速罚款，但是 80%的人支持使用无人机进行搜救行动。

很多城市和州都在讨论对警用无人机应该实施怎样的控制。警方在使用无人机前是应该先获取搜查令，还是警方可以用无人机来收集用户获得搜查令的证据？西雅图警方购买了两架无人机，但是在公众强烈抗议下，市长麦克·麦格金（Mike McGinn）要求将无人机送回工厂。佛罗里达、弗吉尼亚和爱达荷已经通过法律禁止警方在公共集会中使用无人机进行人群监控。

对公共数据库和私人数据库的规范

在这一节中，我们将重点转移到索洛维的隐私分类法中的信息处理范畴（我们对于信息处理和政府问题的关注会在后文跟进）。

一旦某家组织收集到了信息，他们就能以各种各样的方式去操控或使用这些信息，其中的一些用途会涉及隐私。首先，我们会描述使公平信息处理条例产生的社会条件以及 1974 年通过的《隐私法案》。接下来，我们会介绍专门规范私营组织管理的数据库的法律。

《公平信息处理条例》

1965 年，财政预算的主任委托一个主要由经济学家组成的咨询委员会去探究一些问题，这些问题是由于许多联邦机构统计数据的权力下放造成的。美国人口普查局、美国劳动统计局、美国农业部统计报告局和经济研究局都在维护独立的计算机数据库，使得经济学家和其他的社会科学家不可能把个人的信息整合到一起。委员会主席卡尔·凯森，是这样描述的：

如今，要在贫困福利性支出和家庭补助等类似问题上做出明智的决策变得越来越困难，这是因为我们缺乏足够经过分类的信息，即依据许多相关的社会和经济可变因素产生的统计分析，这些信息覆盖面广且随时可用。美国政府掌握的信息遍布在十几个机构，这些信息的收集建立在各种各样未必一致的基础之上，而且也不能真正提供给任何一群决策者或研究分析师使用。例如，有一个命题是，在学校表现欠佳和社会流动性前景不好与家庭规模大小有关。要对该命题进行检验就需要各类信息结合的数据，包括家庭规模和构成、家庭收入、家庭的地理位置、城市的大小、在学校的表现以及离校后几年中的职业履历，然而这些目前尚不能获得，即使单项信息已经在某个时候被全部纳入到了联邦统计系统的某个部分。

凯森领导的委员会建议设立美国国家数据中心后，立刻招来了市民和立法者的强烈反对，他们担心这个庞大的、高度集中的、包含了上百万美国民众信息的政府数据库会遭到滥用。美国众议院特此设立了一个侵犯隐私特别小组，并就此问题召开了听证会。

20世纪70年代初，美国卫生教育福利部部长埃利奥特·理查森曾召集一个小组对政府数据库的发展提出建议，旨在保护美国民众的隐私权。该部的自动化个人数据系统、记录、计算机和公民权利咨询委员会（Advisory Committee of Automated Personal Data Systems，Records，Computers，and the Rights of Citizens）曾向国会上交了一份报告，其中包括了下列信息时代的"人权法案"：

《公平信息处理条例》

1. 任何收集个人资料的系统都禁止是秘密的系统。

2. 个人必须有渠道与方法知道哪些个人资料被收集，以及这些资料如何被使用。

3. 个人应该有渠道与方法阻止因某种特定用途而收集的个人
资料在未经同意的情况下，被移作他用。

4. 个人应该有渠道与方法修改或增订个人资料。

5. 任何机构在产生、维护、使用、传播可以指认出个人的资
料时，必须保证资料的可靠度以供原特定目的使用，并留意该资料
是否被滥用。

几乎就在同时，理查森委员会（Richardson Committee）在美国成
立，欧洲也作出了类似的努力。事实上，就在理查森委员会发布包含《公
平信息处理条例》报告的前一年，一个英国的隐私委员会就发布了一份
包括了许多相同条例的报告。1973 年，瑞典通过了与《公平信息处理
条例》一致的《隐私法案》，在接下来的十年里，德国和法国也先后通
过了类似的法律。

1974 年《隐私法案》

正如《公平信息处理条例》中描述的那样，1974 年《隐私法案》
是美国国会准则编纂的一个代表。尽管在某些情况下，《隐私法案》的
确允许人们获得包含个人信息在内的联邦文件，但在其他方面并没有达
到隐私权倡导者的期望。他们特别指出，《隐私法案》在减少个人信息
流入政府数据库、防止机构之间共享信息或阻断未经授权的数据访问等
方面仍不够有效。隐私权倡导者们还认为，外界一直尝试能让机构遵守
《隐私法案》的规定，但这些机构对此毫无反应。《隐私法案》有以下几
大限制：

1.《隐私法案》只适用于政府数据库

私人数据库拥有更多的信息，却被排除在该法案的适用范围之外。这是一个巨大的漏洞，因为政府部门可以从私人机构那里购买到他们想要的信息。

2.《隐私法案》只涵盖由个人标识索引的记录

个人的记录如果不是通过名字或其他识别号码索引的，也被排除在外。举例来说，一位前国税局稽查员试图访问包含贬损他字眼的文件，然而法官裁定他没有权利这么做，原因是文件是以另外一个国税局员工的名字索引的。

3. 联邦政府中没有人负责《隐私法案》规定的实施

联邦机构已经自认为拥有决定赦免某个数据库的权利。国税局已经赦免了其在调查的涉及纳税人名字的数据库。美国司法部宣布，美国联邦调查局并不需要确保其国家犯罪信息中心数据库的可靠性。

4.《隐私法案》允许只要出于"常规用途"，机构之间可以相互共享记录

每一家机构都可以自主决定他们的"常规用途"到底指什么。美国司法部鼓励各机构都尽可能广泛地定义他们的"常规用途"。

尽管《隐私法案》只适用于政府数据库，美国国会已经通过立法，规范一些私人机构对包含有个人敏感信息数据库的管理，而且赋予《公平信息处理条例》中的许多原则以法律效力。在本章的其余部分，我们调查了其中一些最具影响力的法律。

《美国公平信用报告法》

征信机构和其他消费者征信机构拥有你的账单支付记录的信息，无论你是被起诉、被逮捕或者已经申请破产。他们把记录出售给其他机构，这些机构可能正在对申请贷款、申请工作或租房的消费者进行信用度评估。1970 年通过的《美国公平信用报告法》在 1996 年进行了修订，其目的是提高生成消费者报告的征信机构所使用的信息的准确度和私密性。这也确保了负面信息不会给消费者造成终生的困扰。

三家主要的征信机构是 Equifax、Experian（益百利）和 TransUnion（环联）。根据《美国公平信用报告法》，这几家征信机构保留消费者负面信息的最长时间是 7 年。当然也有特例，最重要的两项，一个是刑事罪犯的信息可以无限期保留，另一个是破产的信息可以保存 10 年。

《公平准确信用交易法案》

2004 年的《公平准确信用交易法案》要求三家主要的征信机构每隔一年都要给客户免费提供一份个人信用记录副本。客户可以利用这个机会检查和修改信用报告里的错误。征信机构不会自动发布报告，消费者必须主动提出申请，网址是 AnnualCreditReport.com。

该法案还有减少身份盗用的规定。它要求提供信用卡发票账号的末尾数字，还建立了国家欺诈报警系统。身份盗用的受害者可以将欺诈警报加入到自己的信用档案里，提醒信用卡发卡机构必须采取"合理措施"在给予信贷之前核实申请者的身份。

《金融服务现代化法案》

《金融服务现代化法案》（也被称作《1999 年格雷姆-里奇-比利雷法》）包含几十种金融机构如何开展业务的规定。其中一条主要的规定是允许创立"金融超市"，提供银行、保险和经纪服务。

该法案也包含了一些与隐私相关的条款。要求金融机构向客户公开隐私政策。客户建立了一个账户，该机构此后至少每年一次向客户报告它所收集的各种信息和如何使用这些信息。这些声明必须包含退出条款，向客户说明他们如何能够要求自己的机密信息不被泄露给其他公司。法案还要求金融机构制定政策，防止未经授权就访问客户的机密信息。

美国政府数据挖掘

数据挖掘是通过搜索一个或多个数据库，寻找数据之间的模式或关系的过程。在本节中，我们会继续关注索洛维的隐私分类法中的信息处理范畴，通过调查由美国政府机构运作的几个知名的数据挖掘项目。

美国国税局审计

为了识别出少缴税款的纳税人，美国国税局（IRS）使用了计算机匹配和数据挖掘的方法。首先，国税局要将用人单位和金融机构提供的资料信息与纳税申报表格相比对。这个方法可以直接检测到未申报收入。

其次，美国国税局每年要审计上百万份纳税申报单，目标在于选出最有可能出错的申报单——出错导致少缴税款的单子。美国国税局会使用一个叫作判别函数（DIF）的计算机系统给每份纳税申报表打分。DIF分数这项指标可以反映出相对正确的报税表，一张税单上有多少违规行为。美国国家税务局审计的报税表里，有 60%是因为较高的 DIF 分数被挑出来。

症状监测系统

美国政府对数据挖掘的另一个应用可以避免社会遭遇到迫在眉睫的危险。症状监测系统是一个计算机系统，可以对 911 报警电话、急诊室探访、学生旷课、购买处方药进行分析，还可以通过分析网络搜索，发现可能正在爆发的疫情，造成疾病或生物恐怖主义的环境问题。在2002 年秋天，纽约市的症状监测系统检测到寻求治疗呕吐和腹泻的人数激增。这些症状是诺瓦克类病毒暴发的最初迹象。系统自动生成的警报使得市里的官员能提前告知医生疫情的暴发，并建议他们谨慎处理患者具有高度传染性的体液。

通信记录数据库

2001 年"9·11"事件不久后，在没有法院命令的情况下，几大电信运营商就将数百万美国人的电话通信记录交给了美国国家安全局。美国国家安全局并没有监听或录下实际的对话内容，他们分析了呼叫模式，以发现潜在的恐怖分子网络。

就在《今日美国报》于 2006 年 5 月揭露了该数据库的存在后，电信运营商被十几份集体诉讼告上了法庭。2006 年 8 月，一位联邦法官在底特律裁定该项目是非法、违宪的，违反了若干法令以及美国宪法第一和第四修正案。2007 年 7 月美国联邦第六巡回上诉法院推翻了该裁决，理由是原告没有法律地位提起该诉讼。换句话说，原告没有任何的证据能表明他们是非法窃听的受害者。

预测监管

预测监管就是利用数据挖掘，将警务人员部署到更容易发生犯罪的区域。它是基于观察个别罪犯的行事方式来作出预测。例如，犯罪分子容易光顾熟悉的区域。如果一辆车被盗窃，附近另一辆车被盗的概率也会增加。罪行发生的时间也可以归入可预测模式。

加利福尼亚州圣克鲁斯的警局，创建了一个有关车辆、住宅和商业盗窃信息的数据库，然后使用数据挖掘制作了一张包含 15 个"热点"的地图，在警务人员要接班时将地图发给他们。警局要求警员在不处理其他报警电话时，要重点巡查热点地区。在实验的前 6 个月，入室盗窃的数量下降了 19%。洛杉矶警察局在一个拥有 30 万居民的地区实施了类似的系统，并且观察到财物犯罪率下降了 12%。美国各地的许多城市目前都在实行预测监管。

美国国民身份证

当从不同地方和不同时间收集到的信息结合到一起时，人们可以充分了解一个人。为了把两个记录的信息组合在一起，这些记录必须共享一个共同的密钥。名字不能用作一个通用密钥，因为不止一个人可以有相同的名字，但如果每个人都有唯一的标识号，每个数据库中就都会出现用标识号指代的那个人，所有这些记录理论上就组合成了巨大的"电子档案"，记录这个人的生活。围绕美国国民身份证的设立总有一些争辩，在这一节我们会对此展开探讨。

美国社会保障号码的历史与作用

1935 年《社会保障法案》在美国建立了两个社会保险计划：联邦退休人员养老福利制度和联邦失业保险制度。在该系统实施之前，需要雇主和工人先注册。社会保障局与美国邮政总局签订了合同，分发社会保障卡的申请表格。邮局负责收回表格，对社会保障卡分类，然后返还给申请人。以这样的方式，1936—1937 年里发行了超过 3500 万张社会保障卡。

美国政府最初表示，社会保障号码（SSNs）仅限于社会保障局使用，而不是作为国民身份证。事实上，1946—1972 年，社会保障局把下面的这个说法印在了卡的底部："只出于社会保障目的——而不是进行身份识别。"（FOR SOCIAL SECURITY PURPOSES— NOT FOR IDENTIFICATION）不过，社会保障号的使用范围逐渐广泛了起来。1943 年，罗斯福总统下令联邦机构要在新的联邦数据库中把社会保障号当作标识符。1961 年美国国税局开始把社会保障号作为纳税人的识别号码。由于银行要向美国国税局汇报利息，人们开户时必须提供社会保障号。在申请信用卡时，一般都要提供该号码。美国机动车管理部门和其他一些政府机构在 1976 年获准将社会保障号当作识别号码。美国国税局现在要求父母要在所得税申报表上提供超过一岁的孩子的社会保障号，以作为被抚养人的身份。出于这个原因，孩子在出生后不久就会有社会保障号。许多私人组织要求人们提供社会安全保障号，以进行识别。社会保障号事实上已经成为了美国的身份证号。

不幸的是，社会保障号有很严重的缺陷。它的第一个缺陷是，该号码并不是唯一的。在邮局首次发行社会保障卡时，不同的邮局不小心把相同的号码发放给了不同的人。1938 年钱包制造商 E.H. Ferree 在一次产品设计中使用了一张社会保障卡的样本。超过 40 000 人从伍尔沃斯商店购买钱包时以为卡是真的，便将样卡的号码当成了他们的社会保障号。

社会保障号第二个缺陷是，缺少信息核对。数百万张社会保障卡被发给申请人，而不需要核实申请人所提供的信息是否正确。有许多组织索要号码时并不需要申请人出示卡片，这就让犯罪分子能轻松伪造假的社会保障号。

社会保障号的第三个缺点是，系统没有检测错误的能力，例如在数字末尾的校验数位。校验数位使计算机系统能够检测出常见的数据输入错误，如把一位数字搞错或相邻的两个数字换位。如果有人犯了这样的错误，数据输入程序可以检测到该错误，并要求重新输入号码。然而对于社会保障号，如果一个人不小心输入了错误号码，它还是有效的（哪怕是一个号被分给不同的人）。因此数据库很容易被包含错误号码的记录污染。同样，没有校验数位或其他错误检测机制，系统就很难抓住编造虚假号码的人。

关于国民身份证的辩论

2001 年的"9·11"事件，使得关于在美国引入国民身份证的辩论又活跃起来。

支持使用国民身份证的人指出了其中的许多好处：

1. 国民身份证将比现有的识别形式更可靠

社会保障卡和驾驶证都极易被伪造，现代的卡片可以纳入照片、指纹或其他生物特征识别的数据。

2. 国民身份证可以减少非法移民

规定雇主检查防篡改、防伪造的身份证可以防止非法移民在美国工作。如果非法入境者找不到工作，他们一开始就不会进入美国。

3. 国民身份证可以减少犯罪

目前犯罪分子很容易掩盖其真实身份。防篡改国民身份证能使警察准确识别出他们要逮捕的人。

4. 国民身份证不会破坏民主

许多民主国家已经使用了国民身份证，包括比利时、法国、德国、希腊、卢森堡、葡萄牙和西班牙。

反对使用国民身份证的人认为其使用会造成以下不良后果：

1. 国民身份证并不能保证表面上的个人身份是该人的真实身份

驾照和护照都应该是唯一的标识符，但依然有许多造假驾照和假护照的不法分子。即使身份证系统很难被作假，也很有可能受到内部人士的破坏。例如，在弗吉尼亚州，一个团伙因贩卖假驾照被逮捕，而这伙人都是机动车管理部门的。

2. 要建立一个 100%准确、基于生物特征识别的国民身份证系统是不可能的

所有已知的系统都出现过错误肯定（错误地报告此人与身份不匹配）和错误否定（未能成功报告此人和身份相匹配）。基于生物特征识别的系统仍然可能遭到顽固的、精通技术的不法分子的攻击。

3. 没有任何证据表明，国家身份证制度可以减少犯罪

事实上，警察所面临的主要问题不是无法辨认犯罪嫌疑人的身份，而是无法获得成功起诉的证据。

4. 国民身份证使政府机构更容易对其公民的活动进行数据挖掘

根据彼得·诺伊曼和劳伦温斯坦的说法，"极可能出现过分监视和严重隐私侵犯，正如伪装、身份盗窃和大范围严苛的社会管制一样……一个处处布满了追踪的、充满监视和奥威尔式的警察国家，恰恰降低了社会的安全性。"

尽管大多数人会觉得他们没有必要因身份证制度害怕，因为他们是守法公民，但即使是遵纪守法的人也会枉受别人的欺诈或诬陷。

假设一位老师、医生或位高权重的人创建了一份含有误导或者错误信息的文件，这样的文件通常很难被清除。

在记录比较分散的社会时，医疗记录很少被访问。记录不准确所造成的伤害也比较少。如果所有记录都集中到身份证上，包含错误或误导性信息的文件会时刻伴随着个人，困扰着他们今后的生活。

《真实身份法案》

2005 年 5 月，美国总统乔治·W. 布什签署了《真实身份法案》，这会大大改变美国的驾照。到目前为止，这项法律都没有实施。通过《真实身份法案》的动机是想使驾照成为更可靠的识别形式。然而，有批评称该法案其实是想在美国实行身份证制度。

《真实身份法案》要求每个州颁发新的驾驶执照。在开立银行账户、乘坐飞机、进入联邦大楼，或接受政府服务，例如进行社会安全检查时都需要出示驾照。申请者需要提供四种不同的文件，国家人员使用联邦数据库查证这些文件，该法案让冒名顶替者很难获得驾照。因为新驾照包含生物特征识别，它理应是比当前驾照更有效的证明。

虽然每个州有权向其民众发放新的驾照，这些新驾照也必须符合联邦标准。驾照上必须包括合法的全名、出生日期、性别、驾照编号、数码照片、地址和签名。驾照上的所有数据都必须是机器可读的形式。驾照上必须有生理安全特征，旨在防止篡改、伪造或复制。联邦政府估计，要在全国范围内推行真实身份的花费会超过 230 亿美元，或在每个驾照上花费超过 100 美元。

这项举措的支持者们表示让驾照成为更可靠的识别方式会带来许多好处。当驾照能帮助警察正确辨认出个人时，警察执法会更容易。当不履行抚养义务的父母和在逃罪犯无法通过跨越国家边界和以新的名字获得驾照时，社会将更加太平。

一些批评者担心机器可读的驾照信息会加剧身份盗窃的问题。每个州都必须与所有其他州和联邦政府分享所有信息。美国公民自由联盟律师蒂莫西·史派拉佩尼（Timothy Sparapani）说："我们将所有此类信息保存在一个电子格式下，放在一个文件链接里，让数以万计的车管局的雇员和联邦特工都能获得访问权限。"

该法案的支持者说，这样的担心是没有道理的。他们认为与所有在网络空间传播的个人信息相比，新驾照可提供的个人信息并没有那么重要。

国土安全部将执行新驾照的截止日期从 2008 年延迟到了 2013 年。大多数州并没有赶上最后期限。2012 年 12 月，美国国土安全部宣布将允许尚未发行符合标准的《真实身份法案》的驾照的州有短暂的延期。到 2013 年 4 月 18 日，共有 19 个州已经达到《真实身份法案》的要求。

信息传播

我们现在来探讨索洛维分类的信息传播范畴。在我们调查了三部联邦法律后（它们限制了组织收集的个人信息的传播），并以此为基础讨论《信息自由法》。该法律旨在通过允许新闻机构和公民访问联邦机构拥有的记录，使得政府更加开放。政府会为了收取费用而收集信息，我们还将探讨这些信息如何证明刑事和民事案件中的嫌疑人的下落。

《家庭教育权利与隐私法》

《家庭教育权利与隐私法》（FERPA）为 18 岁以上（包含 18 岁）的学生提供了审查其教育记录，要求修改包含错误的信息记录的权利。学生还有在未经其许可的情况下防止信息被公开的权利，在某些特定情况下除外。对于 18 岁以下的学生，他们的该项权利由父母或监护人所有。FERPA 适用于所有从美国教育部门获得基金的教育机构。

《录像带隐私权保护法》

1988 年，美国总统罗纳德·里根提名法官罗伯特·博克到美国最高法院任职（图 5.5）。博克是一位著名的保守主义者，对他的提名是有争议的。华盛顿特区的一家音像店向一名《华盛顿城市报》的记者提供了博克的录像带租赁记录，随后记录被公布。尽管这家报纸的意图是让博克感到难堪，其做法却在一定程度上促使国会通过了 1988 年《录像带隐私权保护法》。根据这项法律，录像带提供商（包括网络视频的供应商）在未经客户书面同意的情况下不能披露其租赁记录。此外，当租赁信息不再用于当时收集的用途时，机构必须在一年之内销毁个人可识别信息。

图 5.5 法官罗伯特·博克，美国最高法院提名法官，不得不忍受《华盛顿城市报》公开了自己的录像带租赁记录。（美联社照片/查尔斯·陶什纳迪）

《健康保险携带和责任法案》

作为 1996 年《健康保险携带和责任法案》的一部分，美国国会指出美国卫生和人类作为 1996 年《健康保险携带和责任法案》的一部分，美国国会要求美国卫生及公共服务部（HHS）要拿出一份保护患者隐私的指导方针。这些方针于 2003 年 4 月生效。这些指导方针限制了医生、医院、药店和保险公司对患者医疗信息的使用。

法案条例试图限制照顾同一位患者的医护人员之间的信息交换；禁止医护人员在未经患者授权的情况下，将信息发布给寿险公司、银行或其他企业。医护人员必须告知病人他们会如何使用采集到的信息。病人有权看到自己的医疗记录，并要求更正记录中的错误。

《信息自由法》

1966 年由约翰逊总统签署的《信息自由法》旨在确保美国公众有权获得美国政府的记录。该法案仅适用于联邦政府的行政部门，而不适用立法或司法部门。该法案有一个假设条件，即政府会发布请求获取的记录。如果某个机构没有透露记录，它必须解释信息被隐瞒的原因。

在《信息自由法》中，有 9 个特殊情况，在这些情况下，政府可以合法地隐瞒信息。举例来说，如果一份文件已被列为国防机密或有外交政策的原因，可以隐瞒文件。政府还可隐瞒包含贸易秘密、商业机密或财务信息的文件。还有一种情况涉及相关执法调查文件。

美国法庭上使用的收费站记录

快易通汽车收费系统（E-ZPass）是伊利诺伊州和缅因州之间大多数收费公路、桥梁以及隧道中使用的自动收费系统。一些驾驶员在汽车上安装了 E-ZPass 标签（一个 RFID 应答器），这样就能够中途不停车，直接通过收费站。与此同时，安装在自动收费车道的 E-ZPass 识读器会从通过的汽车标签上获得信息，并从每个司机的账户上扣除相应的费用。

纽约州交通运输部（NYSDOT）在收费站以外的地方安装了标签识读器，来追踪个别车辆的行程。通过这种方式，系统可以对其他司机提供有用的信息，例如在电子显示屏上显示达到热门目的地的预估时间。NYSDOT 称，该系统会对单个标签的信息进行加密，一旦车辆通过上一个识读器，信息就会被删除，并永远不会让运输部获得汽车的有关信息。

然而，在汽车通过收费站时，各州确实是保留着记录，并且大多数连入了快易通网络的州会依照法院的命令，提供刑事和民事案件的相关信息。一个知名的案例是梅兰妮·麦戈瑞案，她是新泽西的一位护士，涉嫌谋杀丈夫，并把肢解的尸体扔进切萨皮克湾。检察官为了证明立案有据，便利用快易通的记录重建她的行踪。快易通记录也在离婚案件中为提供出轨的证据发挥了作用。宾夕法尼亚州的离婚律师琳恩·欧德·比肯女士解释了快易通是如何帮助她表明客户的丈夫出轨的："他声称在宾夕法尼亚州，开商务会议。然而记录显示他那天晚上去了新泽西"。

入侵

在前文中，我们把隐私描述为"难以达到的区域"。人们有信息隐私，因此人们对于有权访问他们个人信息的人有所控制。在现在很多的情况下，人们可能难以控制；如果他们想要获得服务，就必须放弃对他们个人信息的访问。根据索洛维的说法，如果失去控制意味着宁静的缺失，或是妨碍他人做决策的自由，这就是隐私入侵。在这一节，我们首先举出两个政府防止入侵的例子，然后再举出两个政府入侵行为的例子。

电话销售

在 2001 年宣誓就任美国联邦贸易委员会（FTC）主席后，蒂莫西·缪里斯在寻求一个美国联邦贸易委员会可以采取的举措，以保护美国人的隐私。没过多久，FTC 就把重心放到了电话销售上。很大一部分美国人都认为晚饭时间接到电话销售是一个让人恼火的侵犯隐私的行为。事实上，哈里斯互动调查公司曾经得出了结论，电话销售使美国人认识到在家时间不该被打扰，且意识到这一点的人的比例从 1994 年的 49%上升到了 2003 年的 62%。为了响应人们对于更多隐私的渴求，FTC 建立了"美国谢绝来电计划"（www.donotcall.gov），不希望接到促销电话的人们可以在上面免费注册自己的电话号码。市民对此计划强烈响应，在 2003 年 10 月正式生效之前就注册了 5000 万个电话号码。

"美国谢绝来电计划"没有100%地屏蔽不想接听的电话。该条例允许政府机构、慈善组织进行电话调查。即使你的电话号码已被注册，仍然可能接到在过去18个月内与有贸易往来的公司来电。不过，该计划还是有望把大多数不想接听的推销电话屏蔽掉。该计划的创立很好地说明了隐私如何被视为一项审慎的权利。

电视广告声音过大

自1960年以来，电视观众纷纷向美国联邦通信委员会（FCC）抱怨广告声音太大。《商业广告音量控制法案》（CALM），由奥巴马总统于2010年12月签署成为法律，要求美国联邦通信委员会确保电视广告播放时的音量不得超过被打断的节目音量。该法案的发起人，加利福尼亚州的代表安娜·埃舒说："消费者几十年来一直要求解决这个问题，今天终于实现了……这是一个简单的修正，却解决了巨大的困扰。"

购买伪麻黄碱需要认证

为了遏制甲基安非他明（俗称冰毒）的非法生产，联邦政府和州政府已通过法律限制对含有伪麻黄碱（用于制造甲基安非他明）产品的访问渠道。《防治甲基安非他明流行法》限制了个人在一个月内购买伪麻黄碱的数量。该法案是否有效还处在争论中。在很多州，伪麻黄碱依然可以在柜台向成年人出售，但必须出示身份证并填写销售日志，包括姓名、地址和签名。俄勒冈州和密西西比州还需要医生开具一份处方，以获得含有伪麻黄碱的产品。

高级成像技术扫描仪

为了增强机场乘客的安全，美国运输安全管理局（TSA）在 2007年开始使用先进的成像技术（AIT）扫描仪。一些 AIT 扫描仪采用反向散射 X 射线呈现出乘客身体的细节图，还有一些扫描仪使用毫米波。美国运输安全管理局于 2007 年开始在凤凰城天港国际机场测试 AIT 系统。在使用最早的 AIT 系统时，如果乘客没有通过基本的安检可以选择进行 X 射线扫描或者传统的搜身。2011 年 6 月，美国运输安全管理局已经部署了 500 台 AIT 机器，还会再增加 500 台，使这项技术覆盖到美国 60%的乘客。就在运输安全管理局忙于部署系统时，还在与各方批评作斗争。

有的人认为自己的权利受到了侵犯，AIT 扫描仪产生的图像揭示了所有的"解剖学特征"（图 5.6）。美国公民自由联盟的律师称 AIT 扫描就是"视觉上的脱衣搜查"。2010 年 7 月，美国电子隐私信息中心提起诉讼，要求暂停 AIT 系统的使用，进一步审查之前的部署。电子隐私信息中心称该程序是"非法的、侵犯性的和无效的"，它违反了《隐私法案》《宗教自由恢复法案》和《美国宪法第四修正案》。

2011 年 2 月，美国运输安全管理局宣布很快他们就要在 AIT 机器上测试新的软件，该软件会减少乘客的细节图。运输安全管理局局长约翰·皮斯托尔说，新系统能"自动检测潜在威胁，并指出在人身上大概的轮廓和位置"。测试是成功的，2013 年 1 月运输安全管理局宣布截止到 2013 年 6 月会具体成像的全身扫描仪都会从机场安检站撤除。

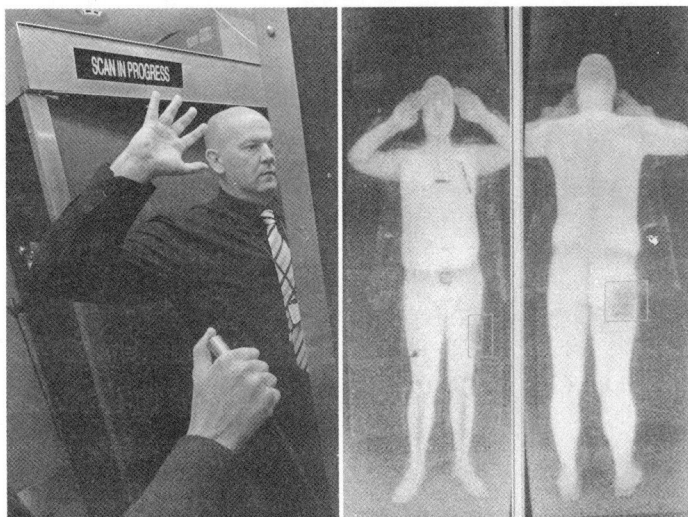

图 5.6　当先进的图像扫描仪第一次在美国机场使用时，它将生理解
剖特征展现得一览无遗。（保罗·埃利斯/法新社/盖蒂图片/
Newscom）

总结

人们不希望政府干涉自己的生活，这是合理的，但人们也希望政府
可以通过有效的政策和强大的国防来保障自己的安全。通常情况下，《人
权法案》中的宪法条款会与执法机构要收集信息以逮捕罪犯的愿望相冲
突。通过立法、行政政策和法院决策，美国政府的三个分支一直在努力，
试图在种种顾虑之间达到一个完美的平衡。

　　在这一章里，我们谈到了联邦政府、州政府和当地政府在保障和侵害公民信息隐私权里起到的作用。文章采用了丹尼尔·索洛维提出的隐私分类范畴，将这个领域分成了4类：信息收集、信息处理、信息传播和信息入侵。我们回顾了保护个人信息隐私的立法和行政政策，通过限制机构收集、处理、传播信息的方式，以及限制入侵个人生活的程度。我们还谈到了政府用以促进公共安全和保障的方法，包括政府收集、处理、传播个人信息和侵入人们生活的方式。

　　我们调查了许多与信息收集相关的政府活动。美国联邦政府有一个巨大的数据库，包含了大量美国人的信息，然而这些数据库中的信息一次又一次被滥用。政府还通过公开的或隐蔽的监视收集信息。

　　经历了2001年的"9·11"恐怖袭击之后，个人隐私的担忧在国家安全面前已经微不足道。并且在信息收集、信息处理和入侵等政府活动中也发生了巨大的改变。《美国爱国者法案》修正了许多法律并加强了执法机构收集可疑恐怖分子和犯罪分子信息的能力。美国国家安全局能获得来自电信公司的国内通话记录并进行数据挖掘，试图找到能表明恐怖分子网络的呼叫模式。美国运输安全管理局在机场安检站安装高度侵犯性的高级成像技术扫描仪。

　　在美国，社会保障号是一个很重要的标识符，然而它存在很多缺陷。美国国会通过了《真实身份法案》，对驾照提出了新的标准。一旦该法律生效，新的驾照也许会成为美国信任度最高的身份形式，是既成事实上的国家身份证。各州都在慢慢响应联邦法律，美国国土安全部也对还没有发行符合新标准驾照的州放宽了时限。

人物访谈

杰里·伯曼，美国民主与技术中心（CDT）的创始人和董事会主席。CDT 的大本营在华盛顿特区，成立于 1994 年 12 月，是一个网络公共政策机构。CDT 在言论自由、隐私权、网络治理和关系着全球互联网的民主、公民自由的体系结构问题上，有着举足轻重的地位。伯曼先生写过大量分析互联网和公民自由问题的文章，经常出现在报刊和电视媒体上。他已在美国国会就互联网政策和民权问题作过证明。

杰里·伯曼

在创立民主和技术中心之前，伯曼先生是电子前沿基金会理事长。从 1978 年到 1988 年，伯曼先生是美国公民自由协会的首席法律顾问，还是该协会隐私和信息技术项目的发起人和主任。伯曼先生从加利福尼亚大学伯克利分校取得了学士学位、文科硕士学位和法律硕士学位。

您是怎么参与到互联网法律中的?

20 世纪 80 年代初，当我在美国公民自由协会公民自由和隐私部门工作时，一个普遍的看法是，计算机数据库和计算机地位的上升对隐私是一个重大的威胁。这是事实，但同时也开始将计算机用作通信设备，开始将数据网络用于通信目的——这是互联网的开端。我承认这对隐私有威胁，但同时我也看到了互联网有可能巩固和拓宽第一修正案（保护言论自由）的潜力。

我和我的同事一直用各种方式，试图给法律设立框架，给隐私、言论自由和互联网治理下定义。我们试图在新的社会空间下给"宪法"分类。通过类比，互联网商业群体想要确保互联网上也有"商业条款"，以此鼓励势头迅猛的网络商业交易。我们同意这一点，但也看到需要一部"权利法案"以保护言论、隐私权和其他民主价值。我们已取得了一些成功，但工作还有很大提升的空间。

互联网是比报纸或电视更强大的通信媒介，因为它让每个人都能连入互联网，表达他们的意见。互联网怎么会不民主呢？

像其他技术一样，互联网是可以被监管的。其他国家对于互联网服务供应商可以连接到的东西，以及服务器上可以存留的东西都拥有很大的控制力。甚至好心好意试图保护知识产权、音乐和电影版权的国会也会批准计算机的技术变革，使得在开放、互通有无的环境中使用计算机变得困难。所以是法律和政策让互联网变得不民主。

另一个威胁是行为不端的人使得一些法律应运而生。黑客、非法下载音乐的人、使用间谍软件和进行网络欺诈的人可能会导致一些无意中破坏了互联网开放性的政策出台。这些行为包括打击垃圾邮件、间谍软件和盗版。我们需要适当的法律，打击这些危害而不破坏网络的开放性。找到正确的解决方案正是 CDT 在做的事。

其中一个重大的挑战是，鉴于每个人在互联网上都有连接自由和通信自由，必会产生责任的问题。除非存在普适的伦理道德，尊重产权、隐私、多元化、多样性和法制的伦理道德，否则互联网永远都不会开发出它的潜力。

　　为了应对公众压力，美国国会通过了《通信正当行为法案》（CDA），以限制儿童在网络上访问赤裸裸的色情内容。为什么你对 CDA 提出了法律质疑？

　　国会试图以其他传媒（电视、广播）对待互联网的方式来对待这个问题。向 CDA、美国公民自由协会（ACLU）提出的第一个反对意见，是为了说服国会，如果法律限制了儿童的言论自由，法律也必然限制了成年人的言论自由，因为对有伤风化的定义也包括了宪法上受保护的成年人的言论。如果互联网服务供应商（ISP）必须向儿童屏蔽所有不雅的内容，这些内容就不会再达到有权访问的成人那里，因为成人和儿童共处在一个互联网下。

　　我们向 CDA 提出了第二个反对意见，最终 ACLU 的诉讼和 CDT 的诉讼被放在了一起，引起了一场争辩。CDT 汇聚了互联网技术公司、新闻机构和图书馆，让法庭认识到，互联网与广播媒体的架构不同。传统媒体是一对多的交流，而互联网是一个多对多的交流，很像打印。还有一点也很关键，那就是互联网是一个全球媒介，如果在美国以外的地方也可以上网的话，它就不能审查美国境内的言论。要让互联网服务提供商避免流出他们不能控制的内容是不可能的，而且这样一来，任何一家互联网服务提供商的审查制度都会违背宪法。互联网的结构导致了不同的分析角度，不同的政策解决方案，既保护言论自由，又保障儿童远离不雅的内容。我们联盟的律师认为，最高法院的这个案子代表了所有原告，并使其成为了用户能控制和用户能授权的。能有效处理不必要内容的唯一办法就是让父母和其他用户（而非政府）自愿使用过滤工具和互联网服务提供商或者其他供应商提供的家长控制。

　　在宪法保护言论问题上，法院试图确定，国会是否选择了限制最少的手段，以实现保护公众目的。我们能够证明，阻断内容的方式既不能有效保护儿童远离不良内容，也不是限制最少的手段。自愿过滤是一个限制较少的方法，因为它让用户自行决定让什么内容进入家庭。鉴于互联网的全球性，这个方法是最有效的。

普通美国公民的网站是否应该享有和《纽约时报》一样的宪法保护？

在互联网上任何人都可以成为出版商，如果他们把自己看作出版商，他们就具有了和《纽约时报》一样的资格，因为在互联网上没有人发放凭证。最高法院听取了《通讯正当行为法案》（CDA）的反对声音，并裁定互联网沟通享有美国宪法第一修正案所赋予的最大程度的保护。像平面媒体一样，互联网不受相同时间、公平原则或各种频谱分配的影响。互联网的整体技术和任何人都有成为出版商的能力，这预示着如果互联网出版商真的存在，应该享有比《纽约时报》更好的保护。例如，如果一家报纸用莫须有的罪名诽谤了某人，它可能需要一场诉讼来挽回声誉。在互联网上任何人都可以在博客里为自己的声誉辩护。因此，当互联网上有更多激烈的辩论时，上演着更多的"互谅互让"，法院或许可以缩小诽谤诉讼的范围。

为什么没有犯过罪的人应该关注电子信息收集和政府机构的数据挖掘？

这些数据库包含我们所有人大量的信息，包括个人信息——我们的病史、金融交易、购买的东西、所读的内容。根据我们对隐私的概念，如果人们没有做错事，政府就不应该偷窥他们的隐私，或收集、分析有关他们的信息。所以"如果毫无隐瞒，我们便身正不怕影子斜"是一种错误的想法。人们应该问："既然我没有做错事，为什么政府要调查我？"

　　政府可以查看有嫌疑的恐怖分子的活动记录。然而对于数据挖掘，政府也许不能实实在在将怀疑指向任何人，而只是挖掘来自航空公司、银行和商业公司的个人数据，发现某人的行为模式可能是一名恐怖分子，或与恐怖主义相关，或认识某个恐怖分子，或正在从事的活动符合政府认定的恐怖分子的行为模式。这些数据挖掘的类型和数据分析可以导致重大的误报：无辜的人卷入调查会造成很大的影响。第一，光被调查就已经侵犯了隐私权；第二，由于符合某种模式带来的后果，可能会使你乘坐飞机被拒，或因为你租住的公寓楼里还有一个与恐怖分子名字相同的租客而求职遭拒。

　　隐私权倡导者认为，政府需要有一个确切的理由来收集或分析个人信息：政府应当从法官那里获得法院的命令，并应说明为什么他们认为数据挖掘项目可以使嫌犯和恐怖分子身份的识别成立。我们应该认识到，政府几乎已经接受全权委托，开展这些调查，因为在数据挖掘方面，现行法律赋予他们极大的权力。在宪法和涉及大量个人信息数据库的法规下，隐私权保护措施少之又少。我们需要更强大的隐私法来应对数据挖掘。

第六章

——CHAPTER6——

计算机与网络安全

船泊港湾固然安全，但这不是造船的初衷。

——约翰·雪德（John Shedd）

导语

Conficker 蠕虫病毒已经感染了数百万台 Windows 操作系统的计算机。你的个人计算机是其中之一吗？你可以通过点击 Conficker 工作小组主页（www.confickerworkinggroup.org）上的链接来查看。

你是否用某个咖啡馆的无线网络上过网？你是否知道通过无密码的无线网络浏览网页时，附近任何一台计算机都可以使用免费下载软件破解他人的个人账户？

在电影《虎胆龙威》中，一个恐怖组织通过入侵不同的计算机和通信系统来获取交通信号灯、天然气管道以及电力网络的控制权。这些情节难道只是好莱坞的科幻情节吗？它们真的会发生吗？

数百万的人使用计算机和互联网发送接收邮件、登录银行账户、购买商品和服务，以及追踪个人信息，使得这些系统的安全性存在重要的问题。恶意软件可以通过多种方式侵入计算机。一旦激活，这些程序就可以窃取个人信息、破坏文件、扰乱工业进程，还能对财政系统发起攻击、给犯罪集团提供支持，或者因政治因素，对世界各地的企业以及政府发起攻击。

本章着眼于计算机以及网络安全面临的威胁，开篇会讨论一些个人欺诈使用的手段或者技术，以此来非法访问计算机系统的例子。

黑客入侵

如今人们将"入侵"（hacking）一词和计算机联系起来，但这并不是它的起源。

黑客的过去与现在

在原始意义中，黑客（hacker）是探险家的意思，指敢于冒险的人，他们试着让系统做一些从未做过的事情。20 世纪 50 年代到 60 年代，麻省理工学院铁路技术俱乐部有很多这样的黑客。这个俱乐部不断构建并改善着一个巨型 HO 轨火车模型的设计。信号与动力小组的成员建造了一个精密的电子交换系统来控制火车的运行。那些专心致志的成员穿着休闲裤、短袖衬衫，大口大口地喝着可乐，不眠不休地来完善他们的系统。对他们而言，一个"hack"就是一件最新建造的设备，有着实用价值的同时，也象征着其创造者的精湛技术。称呼某人为黑客是意味着一种尊敬；黑客们都带着骄傲的标签。

1959 年，在学习了一个计算机编程的新课程之后，一些黑客将他们的注意力从火车模型转移到了电子计算机上。"黑客"一词开始意味着一个"乐于知晓系统、计算机，特别是互联网内部工作原理的人"。

在 1983 年的电影《战争游戏》中，一个少年侵入一台军用计算机，差点造成核武器大战。很多青少年在看过这个电影之后，都兴奋地认为他们也可以通过一台家庭计算机和调制解调器来潜入网络空间。他们中的一部分人逐渐精于入侵政府以及企业计算机网络。这些举动改变了"黑客"一词通常的意义。

如今黑客指的是那些非法访问计算机和计算机网络的人。《计算机世界》中提到了这个名词，讲述了 2002 年 7 月 11 日，黑客们如何侵入《今日美国》报社网站，植入伪造的新闻故事。

举一个很典型的例子，通常你需要一个登录账户名和密码来访问一个计算机系统。有时候黑客可以猜对有效的账户名/密码组合，尤其是当系统管理员允许用户使用短密码或者从字典中选取密码时。

其他三个技术含量较低的获取账户名和密码的手段是窃取、垃圾搜索以及社会工程。窃取是黑客常用的获取计算机访问权的方法，比如直接在一个合法用户登录时偷看他的账户名和密码。垃圾搜索是指通过检查垃圾站来找到一些有用的信息。企业一般都不会给他们的垃圾站设限。在午夜搜寻期间，黑客可以找到用户的手册、电话号码、账户名以及密码。社会工程指的是通过操控一个组织内部人员来获取保密信息。社会工程在大公司人员之间不太熟悉的情况下比较容易成功。举一个例子，黑客可以打电话给系统管理员，假装自己是管理员主管的上层，询问他为什么不能访问某个特定的机器。在这种情况下，系统管理员受到了惊吓，借机希望能讨好高层，于是就有可能泄露或重置一个密码。

你可能有很多在线账户，对这些账户密码的选择很大程度上决定了你账户的安全性（见下）。

负责人的计算机用户认真对待密码选择。

以下是安全专家对选择密码提出的注意事项和禁忌。

- **不要使用短密码。** 现代计算机可以很快破解短密码。一个通用的规则是，密码越长，被猜中的概率越小。
- **不要选择字典中的词语。** 同样，这样的密码很容易被破解。

- **不要用数字代替字母**（例如，用"3"代替"E"）。密码破解程序知道这些技巧。

- **不要重复使用同一个密码。** 如果不同的账户共用一个密码，一旦某个账户被盗用，其他的很快就会被攻破。为了记住密码你一定要把它们写下来，在如今的环境中，这依然会比重复使用密码更安全。在线入侵要比那些翻看你的桌子的人更危险。

- **用稀奇古怪的答案回答安全问题。** 它们在这里充当二级密码。举个例子：你宠物的名字叫什么？福特嘉年华。

- **如果有可能，使用双重认证。** 当你用一台不常用的计算机登录时，系统会给你发送一条验证码短信。

- **让密码恢复发送到安全邮箱地址。** 你不会想让黑客们知道你的密码重置邮件会发送到哪里。将这些邮件发送到一个你几乎不用的邮箱中。

对黑客行为的处罚

在美国的法律中，对黑客行为的最高处罚是很严重的。《计算机诈骗和滥用法案》中将很多种与黑客相关的行为列为犯罪，包括：

- 传播破坏计算机系统的代码（例如病毒或者蠕虫）。
- 未授权访问任何接入互联网的计算机，即使没有查看、篡改或者复制任何文件。
- 传播政府保密信息。
- 非法贩卖计算机密码。
- 计算机诈骗。
- 计算机勒索。

违反《计算机诈骗和滥用法案》的最高处罚包括有期徒刑 20 年和 25 万美元的罚款。

另一个和计算机入侵相关的联邦法令是《电子通信隐私法》。这个法案把拦截电话会话、电子邮件或其他任何数据通信的行为列为非法行为。同时它还将未授权获取存储的电子邮件信息的行为视为犯罪。

使用互联网进行诈骗或者非法传递资金的行为，都会受到《网络欺诈法》或《国家被盗财产法》的起诉。使用他人身份进行非法活动的行为违反了《防止身份盗窃及假冒法》。

典型黑客事件

尽管被定罪的黑客可能会受到严峻的处罚，计算机系统仍然不断受到外来者的入侵。很多入侵行为是由非常专业的组织精心策划的，而另一些是由发现了安全漏洞的个人黑客做的。

2003 年，一个黑客侵入了堪萨斯大学的计算机，并且复制了 1450 个留学生的个人档案。档案包含了姓名、社保号、护照号、国籍和生日信息。堪萨斯大学把这些信息集中在一起，按照《爱国者法案》的要求，要将信息上报给移民局。两年后在一个类似的事件中，入侵者侵入了一台内华达大学洛杉矶分校的计算机，里面存放了 5000 名留学生的个人信息。

2005 年 5 月，有人在 ApplyYourself 公司开发的在线申请软件中，发现了一个安全漏洞，有 6 所商学院都在使用这个系统。漏洞发现者在《商业周刊》的在线论坛上发了一个帖子，说明了商学院的申请人可以如何绕过软件的安全系统，查看他们申请的状态。ApplyYourself 公司只用了 9 个小时就修复了这个漏洞，但是在此期间，数百名热切的申请人发现了这个缺陷，偷看了他们的档案。一周之后，卡耐基梅隆大学、哈佛大学以及麻省理工大学发出声明，他们不会录取任何一个在未授权的情况下，访问了他们计算机系统的申请人。

2011 年 10 月，一个黑客进入 YouTube 视频网站《芝麻街》频道，更改了它的主页，用淫秽内容更替了原本的视频。在谷歌（Google）关掉网站之前，该网站播放了 22 分钟的限制级内容。

案例学习：Firesheep

在网络传输的信息中，只有很少一部分是加密的，其他所有信息都是通过 HTTP（超文本传输协议）进行明文传输。将所有信息加密传输会让网络通信速度变慢，价格昂贵，这就是大部分网站只在传输例如用户名、密码和信用卡号等敏感信息时，才使用加密的原因。你可以辨别一个网站是否使用了加密通信，它们在浏览器中的地址是以 "https://" 开头的（意思是 "安全超文本传送协议"）。

通过无线网络（WiFi）接入互联网，暴露了一个由明文传输的网络数据包引起的安全隐患。不同设备之间使用无线电信号在无线网络（WiFi）中进行通信。如果无线接入点没有加密，一定范围内的设备很容易就可以在网络流量中进行探听（加密技术是保护信息的一种手段，它将信息转换成一种没有密钥的人就无法理解的形式，也就是从反方向进行原信息重塑的方法）。

网络劫持（Sidejacking）是通过捕获用户的 Cookie 来劫持一个开放的网络会话，给攻击者和用户在该网站上相同的特权（你可以在前文中找到对 Cookie 的解释）。电子商务网站经常会使用加密技术保护用户登录时的用户名和密码，但是不会对浏览器发送给用户的 Cookie 进行加密。网络劫持在未加密的无线网络中是可行的，因为无线网络中的另一台设备可以"听见"Cookie 从网站传递回特定用户计算机的内容。虽然网络安全组织知道这一点，并且控诉网络劫持隐患很多年，但是电子商务网站仍然不改变他们的做法。

2010 年 10 月 24 日，埃里克·巴特勒（Eric Butler）发布了一个叫 Firesheep 的火狐（Firefox）浏览器扩展应用。Firesheep 使得火狐浏览器用户很容易劫持一个开放的网络会话。用户打开火狐浏览器，接入一个开放的无线网络，然后单击"开始捕获"按钮。当网络中的某个人访问 Firesheep 已知的不安全网站时，用户的照片以及他连接的网站，例如亚马逊（Amazon）、脸书（Facebook）或推特（Twitter），就会显示在侧边栏中。通过双击照片，攻击者就可以用该用户的身份登录该网站，并且进行任何合法用户可做的操作，例如发送状态信息和购买产品等。

巴特勒发布了免费的 Firesheep，包括 Mac OS X 和 Windows 操作系统下的开源软件。他写道："网站有责任保护他们的用户。他们玩忽职守的时间太长了，是时候呼吁建立一个更加安全的网络了。我希望 Firesheep 可以帮助用户获胜。"

在开放免费下载的第一周，Firesheep 有超过 5 万人次的下载量，并且吸引了大量媒体的关注。这个典型的事例向使用未加密无线公共网络的用户昭示了危险，也谴责了无法提供更高安全性的互联网公司。

有些人批评巴特勒是提供工具，让普通计算机用户更容易进行网络劫持，在回应这些批评时，巴特勒写道："犯罪分子们早就知道，通过一些早就存在的途径都可以轻易做到 Firesheep 实施的攻击。有些人说 Firesheep 将好人变成恶魔，我不同意这种言论。"

在巴特勒发布 Firesheep 三个月后，脸书（Fackbook）公司做出了以下声明：

从今天开始，大家能通过 HTTPS（安全超文本传送协议）

完整地使用脸书。如果你经常使用咖啡馆、机场、图书馆或学校的公共网络接入点访问脸书，你可以考虑使用这一选项。这一选项是我们高级安全选项中的一部分，大家可以在账户设置页面中"账户安全"部分找到。

2011 年 5 月，推特公司声明他们会开设一个"总是使用 HTTPS"选项。

情境功利主义分析

Firesheep 的发布让媒体开始关注通过不安全无线网络访问特定网站的危险，几个月后，脸书和推特将他们的网站变得更加安全。这也不断给其他网站服务施加了压力。这对于所有通过公共网络接入点上网的人来说，带来了巨大的利益。

巴特勒对于 Firesheep 不会让好人变"恶魔"的预测是正确的。尽管有 50 万人在第一周之内就下载了 Firesheep，但没有证据表明，身份盗窃甚至恶作剧的数量有很大上升。Firesheep 带来的危害很小。由于 Firesheep 的发布带来了巨大的好处和可忽略的危害，从功利主义的角度来说，这是一个好的行为。

道德伦理分析

巴特勒通过运用他的技术开发了 Firesheep，以表明公民责任。对不懂技术的人，Firesheep 也清楚地表明未加密消息在未加密的无线网络中传输时缺乏安全性。在发布 Firesheep 的当天，巴特勒在他的博客中写道：

在一个开放的无线网络中，Cookie 基本就是被大声地喊出，这使得"网络劫持"攻击变得极为容易。这个问题已经广为人知，并且一直在讨论，但是那些热门的网站依然不能保护他们的用户。……脸书不断发布新的"隐私"选项，试图平息用户的怒火，但如果有人可以获取整个账户，这些又有什么用呢？

巴特勒发布 Firesheep 的出发点是"为了说明这个问题到底有多严重"。之后他又写道："骚扰或者攻击他人是一件错误的事情，这个问题没有说清楚。认为 Firesheep 是因此创造的想法是完全错误的，Firesheep 的创造是为了让人们意识到一个已经存在，但是时常被忽视的问题。"发出这些声明是一个以保护热门网站访问者隐私为己任的人的表现。通过承担个人责任开发 Firesheep，巴特勒表现出了很大的勇气，开放免费下载表现了巴特勒的仁慈。

因此，从道德伦理的角度来说，巴特勒的行为和声明表明了他着眼于提升公共利益的特征。他相信，需要做一些特别的事情来让企业更改他们的隐私政策。

康德主义分析

首先，访问他人账户是一种对个人隐私的侵犯，是一种错误的行为。巴特勒很明显同意这种观点，因为他将网络劫持账户的人比作"恶魔"。巴特勒的目标是为了迫使脸书、推特、亚马逊和其他网站使用恰当的安全措施来保护他们的用户。他认为达到这个目标最好的方法就是发布一个工具，使得一个没有受到足够重视的安全问题进入人们的视线。

在巴特勒创造 Firesheep 之前，罪犯们就已经知道如何去劫持网络会话。Firesheep 只是让网络劫持更加简单，即使是普通计算机用户也可以做到。超过 50 万份 Firesheep 软件在一周之内被下载，毋庸置疑，一部分人使用这个软件来劫持网络会话，这当然是错误的。巴特勒"反对 Firesheep 会让好人变成'恶魔'的说法"是虚伪的。他提供了一个工具，使人们在做错事的时候变得更加容易，因此他对那些下载了 Firesheep 的人的罪行要承担道德责任。

为了迫使脸书、推特以及其他网站改进他们的安全性，减少隐私的侵犯，巴特勒愿意忍受短时间内隐私侵犯率的增加。换句话说，他是将 Firesheep 的受害者作为完成目标的手段。从康德主义的角度来说，巴特勒向公众发布 Firesheep 是一种错误的行为。

巴特勒也可以使用其他方法，在不利用他人的情况下达到他的目标。例如，他可以参加一个有名的电视节目，或者侵入主持人的脸书主页，以此来获取大量的公众影响力，同时也不用发布这个软件。

恶意软件

火狐浏览器的 Firesheep 扩展应用突出了未加密无线网络的一个重要安全缺陷。计算机也有安全缺陷，而且恶意软件可以通过多种途径活跃在你的计算机上。如果你够幸运，这些程序只会占用一些处理器时间和磁盘空间。如果你不走运，那么它们将会破坏存储在你的计算机文件系统中的重要数据。恶意程序甚至可以让外部人员获得你计算机的控制权。一旦发生这种情况，你的计算机就有可能成为一台网络服务器，用来存放通过窃取得到的信用卡信息，或者散播淫秽图片的服务器，或者成为向企业和政府服务器发送垃圾邮件或拒绝服务攻击的发动平台。

病毒

病毒代表了恶意代码进入计算机的一种途径。病毒是安插在宿主程序中的、一段可以自我复制的代码。图 6.1 说明了一个病毒如何在计算机内进行复制。如果用户运行了一个被病毒感染的宿主程序，病毒代码就会首先执行。病毒在计算机文件系统中会找到另一个可执行程序，并且将它替换为被病毒感染的程序。之后，病毒允许宿主程序按照用户要求执行操作。如果病毒可以快速地完成工作，用户很有可能不会意识到病毒的存在。

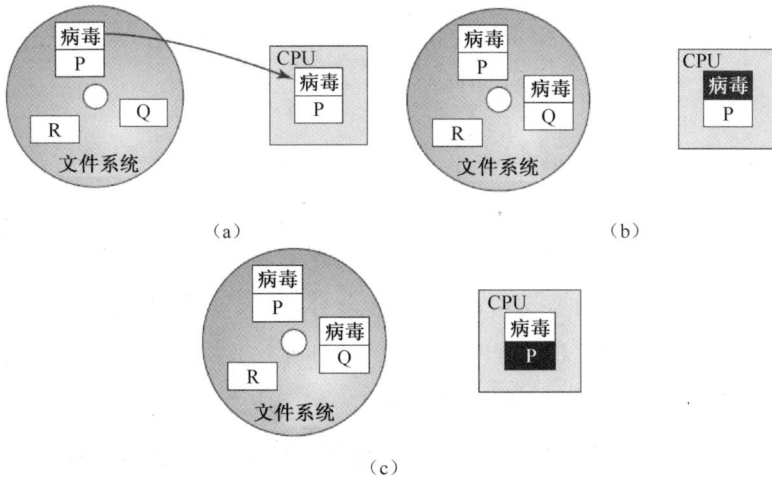

图 6.1　计算机病毒复制的一种方式。

（a）计算机用户执行被病毒感染的程序 P。

（b）病毒代码开始执行。它找到另一个可执行程序 Q，并且用被感染的版本 Q 替换原有程序。

（c）病毒放弃对程序 P 的控制。希望程序 P 执行的用户不会发现任何可疑之处。

由于病毒是附着在一个宿主程序中的，所以你可以在任何包含程序文件的地方发现病毒：硬盘、U 盘、光盘驱动器、邮件附件等。病毒可以通过 U 盘或光盘在机器之间传播。它们也可以通过从网络上下载的文件进行传播。有些病毒会附在免费计算机游戏中，人们会将它们下载并安装到自己的计算机上。

如今很多病毒会通过邮件附件进行传播（图 6.2）。我们都很熟悉普通的附件，比如照片，但是附件也可以是可执行程序、文字处理文档或包含电子表格的宏，这些都是小段的可执行代码。如图 6.3 所示，如果用户打开了包含病毒的附件，病毒就会获取计算机的控制权，读取用户的邮件通讯录，并且使用这些地址将病毒邮件发送给其他人。

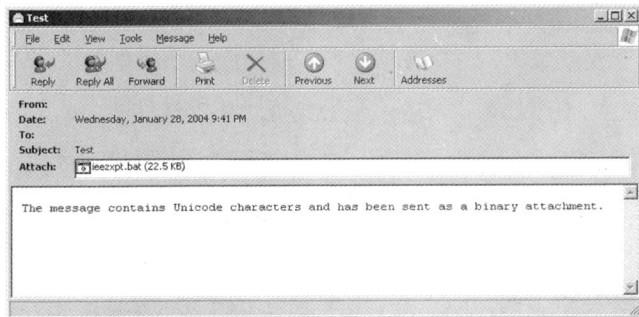

图 6.2　这封邮件中的附件可能包含病毒。（作者没有打开它。）（版权由 Microsoft. Copyright © 2011 提供。）

（1）用户打开包含病毒的附件。

（2）病毒读取用户邮箱通讯录。

（3）病毒发送包含病毒附件的邮件。

（4）一些病毒是完全无害的，它们仅仅进行复制。这种病毒占用磁盘空间和处理器时间,但是它们造成的危害相对来说是很小的。另一些恶意病毒就会给个人文件系统造成严重危害。

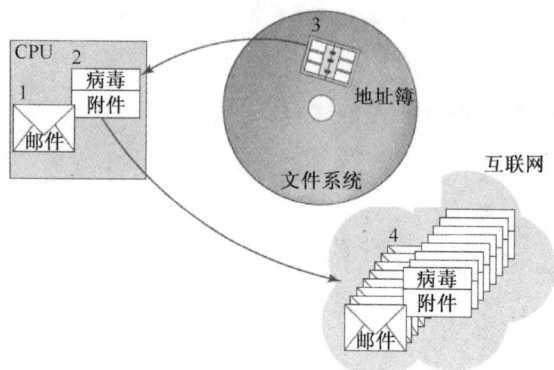

图 6.3　邮件病毒是怎样传播的。计算机用户阅读一封带有附件的邮件。

　　商业杀毒软件包让计算机用户可以发现并消灭潜伏在计算机中的病毒。为了保证效果,用户必须要不断从供应商的网站获取最新病毒模式的更新包。不幸的是,很多人都会忽视对杀毒软件的更新。根据欧盟统计处的数据,一项对互联网用户进行的调查结果显示,尽管有 84% 的用户说他们在计算机中运行杀毒软件,依然有31%的人表示他们在近 12 个月之内受到过计算机病毒的影响,导致信息的丢失或运行时间被占用。这个结果说明,他们没有保持杀毒软件处于最新版本。

　　更糟糕的是,当用户认为自己的系统被病毒感染时,他们会格外注意病毒的入侵并且急于安装杀毒软件,而罪犯们会利用人们的这种心理来获取利益。2011 年 7 月,超过 200 万的个人计算机被一个假的杀毒应用感染,它会改变原本流向谷歌的通信流量,使流量途经被黑客控制的中间服务器。通过将人们带到包含伪安全程序的页面,这个恶意软件为黑客带来了大量的点击量。

网络蠕虫

蠕虫是一个独立的程序，它们通过发现联网计算机的安全漏洞在网络中传播（图6.4）。"蠕虫"（Worm）这一名词来源于1975年约翰·布鲁勒尔（John Brunner）写的一本科幻小说《震荡波骑士》（*The Shockwave Rider*）。

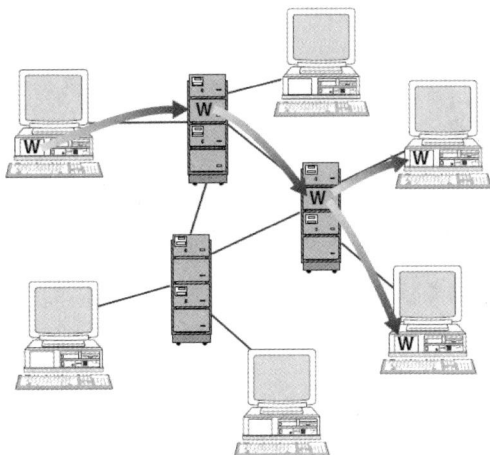

图 6.4　蠕虫病毒通过发现计算机网络中的安全漏洞来传播到其他
　　　　计算机中。

最有名的蠕虫病毒，也是第一个受到主流媒体关注的，这也是它成为网络蠕虫的原因，尽管还有很多其他蠕虫在网络中传播。对此事件最早的描述出现在凯蒂·海芙纳（Katie Hafner）和约翰·马科夫（John Markoff）所著的《电脑怪客：计算机前线的歹徒和黑客》（*Cyberpunk: Outlaws and Hackers on the Computer Frontier*）里罗伯特·莫里斯（Robert Morris）的传记中。

罗伯特·塔潘·莫里斯二世（Robert Tappan Morris Jr.）背景

罗伯特·塔潘·莫里斯二世还在上初中的时候，他就开始学习 UNIX 操作系统的相关知识。他的父亲是贝尔实验室的一名计算机安全研究人员，年少的莫里斯得到了一个可以在家通过计算机打字机登录贝尔实验室计算机的账户。他很快就发现了 UNIX 中的安全漏洞。在《史密森尼杂志》记者吉娜·科拉塔（Gina Kolata）于 1982 年对他进行采访时，他承认自己曾侵入过联网的计算机并且阅读了他人的电子邮件。"我从来没告诉过自己，这样做是正确的。"他说，但是他也承认，他从入侵系统中感受到了挑战和刺激，并且承认他一直在这样做。

作为哈佛大学的一名本科生，莫里斯主修计算机科学。他很快就作为计算机实验室的 UNIX 专家而广为人知。第一学年过后，莫里斯开始在贝尔实验室工作。他的研究成果是一篇描述 Berkeley UNIX 系统安全漏洞的技术性论文。

在哈佛上学期间，莫里斯做了很多计算机恶作剧。其中的一个是，他安装了一个程序，要求人们登录并回答"甲骨文"（the Oracle）给出的一个问题，并且向甲骨文提一个问题（甲骨文程序向尝试登录的人发出问题和答案）。

设计蠕虫病毒

1988 年秋天，莫里斯开始了他在康奈尔大学计算机科学研究生课程的学习。他开始设计一个计算机蠕虫来攻击他在 3 个 UNIX 应用（ftp、sendmail 和 fingerd）中发现的漏洞。他对这个病毒的设计有很多目标，其中包括：

- 感染每个局域网中的 3 台机器。
- 只在机器空闲的时候占用处理器周期。
- 避开较慢机器。

- 破解密码以便感染其他计算机。

该蠕虫病毒的最终目标是尽可能多地感染计算机,但不会破坏所感染机器中的数据文件。

发布蠕虫病毒

1988 年 11 月 2 日,莫里斯发现网上已经发布了一个修补 ftp 中漏洞的补丁,这意味着他的蠕虫程序不能再利用该安全漏洞了。不过针对其他两个莫里斯发现的漏洞的补丁还没有出现。在做了最后的修改后,莫里斯登录了一台麻省理工学院人工智能实验室的计算机,在晚上七点半发布了该病毒。

病毒很快传播感染了军队设施、医疗研究单位以及各大学的上千台计算机。不幸的是,由于该蠕虫程序中存在几个漏洞,被感染的计算机中出现了数百个蠕虫副本,使得机器每几分钟就会死机一次,或者对合法用户的程序没有响应。

莫里斯和哈佛的朋友联系,讨论接下来应该怎么做。他们最后决定让安迪·萨杜斯(Andy Sudduth)在网络上匿名发一条信息。下文列出了萨杜斯的信息。哈佛的计算机都没有被感染(安全漏洞已经打了补丁),而且你也可以从最后一句话里看出,萨杜斯并不是很相信莫里斯的故事:

> 病毒报告:
>
> 可能有一个病毒在互联网上失去了控制。
>
> 我得到如下的讯息:
>
> 我很抱歉。
>
> 为了防止更多的传染,请采取以下步骤:
>
> (1)不要运行 finger 程序,或者在它读取参数的时候不要越栈;

（2）重新编译 sendmail 的 w/o 调试定义；

（3）不要运行 rexecd 程序 。

希望这些能有所帮助。更愿这是虚惊一场。

萨杜斯的邮件本应该通过布朗大学的一台计算机发送出去，但是布朗大学的计算机已经被蠕虫病毒所感染，没有空闲周期来发送消息。而且由于这封邮件没有主题，就更难被人阅读。结果这条消息很晚才被收到，对那些对抗蠕虫病毒的人并没有什么帮助。

许多大学的系统管理员不停地工作，来制止病毒的传播。一天之内他们就查看了蠕虫病毒的代码，发现了 sendmail 和 fingerd 程序中的漏洞，并在互联网社区中发布了相应的补丁。没人知道到底有多少台计算机被该病毒所感染，但是它的确让大量的系统在一两天内无法使用。

通过记者约翰·马科夫（John Markoff）一段时间的调查，《纽约时报》（*New York Times*）将罗伯特·塔潘·莫里斯二世（Robert Tappan Morris Jr.）列为该蠕虫病毒的创造者。莫里斯被康奈尔大学停学。一年之后，莫里斯成为了第一个受到《美国计算机诈骗和滥用法案》重罪定罪的人。他被判处三年缓刑和 400 小时的社区服务，以及 1 万美金罚款。他的诉讼费和罚款共计 150 万美元。

伦理评价

罗伯特·莫里斯二世发布这个网络蠕虫是错误的吗？

康德评价注重的是莫里斯的意愿。莫里斯是否有好的意愿？他最初的目标是想看看到底有多少互联网计算机会被他的蠕虫所感染。虽然莫里斯并不想让这些计算机死机或者损坏任何存储数据，但是他的基本动机是自私的：他想看到他的创造在数千台计算机上运行带来的刺激。他在没有得到许可的情况下访问了人们的计算机，这是利用了他人。也有证据表明莫里斯知道他利用了别人：他通过技术手段让人们无法发现他就是这个蠕虫病毒的作者。从康德理论的角度来说，莫里斯的行为是错误的。

从社会契约论的角度来说，莫里斯的行为也是错误的。他侵犯了那些计算机被感染的个人和组织应有的权利。他们有权利决定谁可以使用他们的计算机，并且通过用户名和密码验证身份执行这个权利。莫里斯利用这些计算机中的安全漏洞在未授权的情况下进行访问。当他的病毒造成计算机未响应或者死机的时候，使合法用户失去了访问权限。

功利主义对事件的评价关注的是传播蠕虫病毒带来的利益和危害。这个网络蠕虫的主要意义在于让这些 UNIX 计算机用户发现了系统中存在的两个重大安全漏洞。在真正的恶意入侵者侵入他们的系统，破坏大量数据之前，获得了针对这两个漏洞的补丁。当然，莫里斯也可以只通过联系伯克利大学的系统管理员，告知他们所发现的安全漏洞来达到相同的目的。

网络蠕虫造成了大量的危害。系统管理员花了大量的时间保护他们的机器、找出问题、安装补丁以及让机器重新上线。大量计算机从网络下线，给邮件和文件交换造成了巨大影响。在一两天的时间里，有将近 6000 台计算机不能使用。在此期间，与系统正常上线、运行的时候相比，数千人的工作效率大打折扣。莫里斯自己也承担了相应的后果。他被康奈尔大学停学，并且受到重罪指控，最终判了缓刑、社区服务和一大笔罚款。

考虑到莫里斯所有的选择后不难看出，另一个选择——简单地向 UNIX 社区预警这些漏洞——就可以产生相同的利益而不带来任何危害。因此，从功利主义角度来说，莫里斯释放网络蠕虫是错误的行为。

从道德伦理的角度来说，莫里斯的行为不符合一个有道德的人的行为。他自私地将互联网当成他的实验室，而且他刻意从麻省理工而不是康奈尔大学释放了蠕虫病毒。在蠕虫的传播变得不受控制，为了不承担责任，他让一个朋友在网上发布消息，告诉人们如何对抗该病毒。

总的来说，莫里斯的行为可能不是恶意的，但是他的行为是自私的。如果他想测试他的蠕虫，可以在得到允许的情况下，在一个未联网的局域网中测试他的成果，这样即使蠕虫不受控制地无限复制，也不会给其他计算机社区带来威胁。然而他却将整个互联网当成他的实验室，给数千人带来不便。

震荡波（Sasser）蠕虫病毒

震荡波蠕虫病毒发布于 2004 年 4 月，它利用了一个运行 Windows 操作系统的计算机的弱点。一些使用了最新版本软件的计算机是安全的，但病毒还是在全世界范围内感染了 1800 万台计算机。震荡波病毒造成的影响相对来说是良性的，仅仅是让刚启动的计算机自动关机。但还是使得数百万台计算机不能使用，并且影响了三角洲航空公司（Delta Airlines）、欧盟委员会（European Commission）、澳大利亚铁路局（Australian Railroads）和英国海岸警卫队（British Coast Guard）的正常运作。

在微软公司悬赏 25 万欧元后，一个学生指证了德国少年斯万·贾斯查因（Sven Jaschan），后者承认罪行并之后为德国计算机安全公司 Securepoint 工作。由于释放病毒的时候只有 17 岁，贾斯查因在青少年法庭受审，最终被判处一年半缓刑和 30 个小时的社区服务。

即时通信蠕虫（Instant Messaging Worms）

最早攻击即时通信系统的两个蠕虫病毒分别是 Choke 和 Hello，它们都是在 2001 年出现的。当时的蠕虫病毒的破坏性还不是很大，主要因为当时只有 1.41 亿人使用即时通信。如今有超过 8 亿的人依赖于即时通信，因此蠕虫病毒造成的影响会更加严重。2005 年出现的 Kelvir 蠕虫病毒迫使路透社（Reuters News Agency）不得不将基于微软即时通信服务器上的 6 万订阅者屏蔽了近 20 小时。2010 年，Palevo 即时通信蠕虫的一个变种在罗马尼亚、蒙古国和印度尼西亚疯狂传播。

Conficker 蠕虫病毒

Conficker 蠕虫病毒（又被称为 Downadup），2008 年 11 月出现在 Windows 计算机上，计算机安全专家发现它很难被根除，因此也受到广泛关注。该蠕虫病毒可以通过多种途径进行传播。病毒最初的版本可以感染没有安装微软最新安全补丁的计算机。大约一个月之后出现的第二个版本有了两个新特征，这加快了它的传播速度：一是具有了入侵密码保护较弱的计算机的能力，二是可以通过 U 盘传播并且在局域网中分享文件。在 2009 年早期，有 800 万～1500 万台的计算机被 Conficker 感染，其中包括法国、英国和德国的部分军用网络。

根据 Conficker 工作小组（Conficker Working Group）成员罗德尼·约菲（Rodney Joffe）介绍，"它使用现行实践和最新技术进行通信并且自我保护"。尽管有数百万病毒副本在流通，但没有造成太大伤害。

安全专家尚且不能确定其制造者的意图何在。

跨站脚本（Cross-Site Scripting）攻击

跨站脚本是另一种在用户不知情的情况下，下载恶意软件的方法。在一些网站上，用户可以阅读其他用户发布的消息，这样的网站很容易受到这个安全问题的威胁。攻击者向网页中注入一段客户端脚本。一个普通用户之后访问该网页的时候，用户的浏览器就会执行这段脚本，可能会窃取 Cookie、追踪用户行为或者执行其他恶意操作。

偷渡式下载（Drive-By Downloads）攻击

很多恶意软件作者会侵入合法网站并且安装一个软件陷阱。在一些情况下，只是简单的访问，被侵入的网站就会在无意中下载软件，这被称为偷渡式下载。在另一种偷渡式下载中，网页浏览者遇到一个弹窗，询问是否允许下载软件。用户可能会认为代码是阅读网页的必备软件，于是允许下载，但实际上下载中包含的是恶意软件。

偷渡式下载问题不断出现。谷歌反恶意软件团队（Google Anti-Malware Team）发现了超过 300 万 URL 会触发偷渡式下载。与整个网络的规模相比，这个数字看起来可能没那么多，但黑客们都将最流行的网站定为目标。结果在谷歌搜索引擎的搜索请求中，约 1.3%的搜索结果页面中包含恶意 URL。

特洛伊木马（Trojan Horse）程序和后门木马（Backdoor Trojan）程序

特洛伊木马是一个看起来有良性作用实际上隐藏了恶意目的的程序。当用户执行一个木马程序的时候，程序如期完成它的有益任务。但是程序也在用户不知情的情况下进行着不一定被用户所接受的行为。

一个最近的木马程序实例是 Mocmex，2008 年第一次在中国制造的电子相框中被发现。它从电子相框传播到计算机硬盘，以及其他被用户连接到个人计算机上的移动存储设备上。该木马程序的目的在于窃取用户在线计算机游戏的账号密码。

后门木马是特洛伊木马程序的一种，它可以给攻击者提供受害者计算机的访问权。例如，一个后门木马程序看起来是清理恶意软件的，但实际上它会安装间谍软件（后面会讲到）。

Rootkit 恶意程序

Rootkit 是一种可以提供计算机特权访问的程序。一旦被安装，每次计算机启动的时候 Rootkit 都会被激活。它们很难被检测到，因为在操作系统完全启动之前它们就开始运行了，并且 Rootkit 可以使用安全特权来掩盖它们的行踪。

间谍软件和广告软件

　　间谍软件是一种可以在用户不知情和未许可的情况下，通过网络进行通信的程序。间谍软件可以监控网页浏览、登录击键、截取屏幕，并且将报告发送给控制主机。间谍软件通常都是 Rootkit 的一部分。广告软件是间谍软件的一种，它可以弹出与用户行为相关的广告弹窗。

　　由于用户不会故意下载间谍软件程序，间谍软件一般都会通过其他途径进行安装。从互联网上下载的免费软件通常情况下都会包含间谍软件。有时候，间谍软件也可能是一个木马软件，伪装成一个有用软件欺骗用户下载安装。包含间谍软件的木马程序就是后门木马的一个例子。2006 年的一个针对美国宽带网络用户的调查结果显示，有 89%的计算机存在间谍软件。

Bot 病毒和僵尸网络（Botnet）

　　Bot 病毒是一种特殊的后门木马，它可以对一个外部计算机上的指令控制程序发出的指令进行回复。最初的 Bot 软件支持的是合法应用：互联网中继聊天（Internet Relay Chat）频道和多玩家的网络游戏。但如今，Bot 软件通常被用来支持非法行为。一个被 Bot 病毒感染的计算机组成的集合被称为僵尸网络，控制僵尸网络的人被称为僵尸牧人（Bot Herder）。僵尸网络的规模可以从几千台计算机扩展到上百万台计算机。大多数情况下，人们都不知道自己的个人计算机已经受到攻击，并且成为僵尸网络中的一员。

据估计，超过90%的垃圾邮件都来源于僵尸网络。Bot病毒也可以被当作间谍软件，窃取文件或者登录击键以获取信用卡号或者其他敏感信息。僵尸网络也可以被用来支持分布式拒绝服务攻击，我们将会在后文讨论到。

Bot病毒不断变得更加成熟。计算机通常情况下都会包含基于签名的检测方案，它会通过检测病毒代码中的特定特征来发现并杀死Bot病毒。为了应对这种检测方案，如今的程序员会制造功能相同但代码不同的Bot病毒。

防护措施

为了保护个人计算机不受到恶意程序的影响，以下三种防护措施是很必要的：安全补丁、反恶意软件工具以及防火墙。

一些恶意软件会主动寻找软件系统中的缺陷，为了应对这种问题，软件制造者需要修改代码来修复这些缺陷。通常的缓解办法是，软件制造者发布安全补丁，这样用户可以通过更新他们的软件来修复被发现的缺陷。实际上，大部分蠕虫病毒都只能发现已经发布安全补丁的缺陷。这意味着病毒只能感染那些没有更新补丁的计算机。

反恶意软件工具通常是用来保护计算机不受恶意软件的侵扰，例如病毒、蠕虫、特洛伊木马、广告软件以及间谍软件。反恶意软件工具可以被用来扫描计算机的硬盘，检测那些含有病毒或者间谍软件的文件，并且删除这些文件（经过用户的许可）。新的恶意程序出现的速度使得人们必须要经常更新他们的工具。

防火墙是安装在单个计算机上的软件应用，它可以选择性地拦截出入该计算机的网络流量。用户可以通过防火墙控制计算机上的哪些程序访问互联网。防火墙的一个弱点是，它们很可能会被恶意软件控制。如果一台计算机被一个恶意软件所感染，既然它们在同一台计算机上运行，该恶意软件就有可能关闭防火墙。

网络犯罪和网络攻击

互联网在发达国家的经济生活中起着很重要的作用。它的影响包括简化制造商和供应商的联系、模拟新公司的建设、促进新商业模型的发展、使网络视频会议成本更低，同时也改变了人们的购物方式。如今有超过 8 000 万个 .com 的域名。电子商务年销售额超过 10 000 亿美元。既然涉及如此丰厚的利益，有组织的罪犯活跃在互联网上也就不足为奇了。由于互联网活动在经济中的重要作用，网络基础设施就成了带有政治意义攻击的目标。

我们在这一节中首先会回顾三个常见的网络攻击，之后会讨论这些攻击在犯罪或政治目的中起到了什么样的作用。

钓鱼攻击（Phishing）和鱼叉式钓鱼攻击（Spear Phishing）

钓鱼攻击（"Phishing"与"Fishing"钓鱼，发音相同）是一种大规模的从易受骗的计算机用户处获取敏感信息的攻击方式。攻击者利用僵尸网络发送出数百万封电子邮件，告知收信人，他的某一个账户被入侵，并且将用户带到某个网页来解决这一问题。点击了该链接的用户会进入一个伪造的页面，页面看起来和真实的电子商务网站非常相似。一旦进入伪造页面，就会要求用户输入登录名、密码以及其他隐私信息。这些被收集到的个人信息之后可能会被用于身份盗用等。

通过一个行业调查，仅在 2010 年下半年，全球就有超过 67 000 次钓鱼攻击。一个很有趣的发现是，钓鱼攻击在中国电子商务网站的大量增加，也说明了中国经济增长的重要性。

鱼叉式钓鱼攻击是普通钓鱼攻击的一个变种，这种攻击者会挑选有针对性的用户发送邮件消息。例如。攻击者可能会挑选老年用户，认为他们更易上当受欺骗，或者选择拥有高价值信息访问权的用户。

SQL 注入

SQL 注入是一种针对安全性不完善的数据库驱动的网页应用的攻击方式。攻击者就像普通用户一样访问应用，但是通过在客户发给应用的文字串中注入 SQL 查询语句，攻击者就可以欺骗应用获取一些敏感信息。

拒绝服务（Denial-of-Service，Dos）攻击和分布式拒绝服务（Distributed Denial-of-Service，DDos）攻击

拒绝服务（DoS）攻击是一种通过蓄意行为，使合法用户不能使用某项计算机服务的攻击方式。DoS 攻击可能会包括对一个或多个计算机系统的未授权访问，但是 DoS 攻击的主要目的不是窃取信息。DoS 攻击的主要目的是扰乱一台计算机服务器对其用户的响应能力。对计算机服务正常可用性的干扰可能会导致严重的结果。通过互联网销售产品

或者服务的公司可能会丢失大量业务。军事组织的通信可能会中断。政府或非营利组织会无法向公众发布信息。

DoS 攻击是"非对称"攻击的一个例子，"非对称"攻击是指单靠某个个体就可以对一个庞大的组织造成危害，例如对一个跨国企业甚至整个政府。由于恐怖组织最擅长非对称攻击，一些人担心 DoS 攻击会成为恐怖分子的一个有力武器。

在分布式拒绝服务（DDoS）攻击中，攻击者向僵尸牧人租用一个僵尸网络。在特定的时刻，发令控制计算机向受控机器发出特定指令，让它们对目标系统发出攻击。

网络犯罪

犯罪组织已经发现，通过恶意软件可以获得大量利益，所以很多组织都加入了网络犯罪的竞技场，增加了想要保护系统和敏感信息的企业和个人的危险性。爱德华·斯库迪斯（Edward Skoudis）给当前情形描绘了一幅严峻的画面：

> 一些攻击者会将恶意代码卖给那些出价最高、想要控制他人机器的买家。他们可以出租大批被感染的系统，可以用于发送垃圾邮件、发动钓鱼攻击、拒绝服务攻击或者身份窃取。间谍软件攻击以及激进的广告商会购买这些代码来入侵并且控制受害者的机器。单独一台受感染的机器的广告弹窗、个性化搜索引擎结果以及被拦截的金融账号的登录击键，每月可以产生超过 1 美元的利益。一台受感染的机器上的登录击键软件可以帮攻击者收集信用卡号，在攻击被发现之前就可以从受害者那里骗取超过 1000 美元的利润。通过控制 1 万台机器，攻击者可以通过网络

犯罪轻松地得到很大一笔固定收入。犯罪组织可以集合这些攻击者形成一种产业，导致恶意代码产业的迅猛发展。在 20 世纪 90 年代末，公开发布的恶意代码都是那些爱好者的作品，但是如今，攻击者将他们的恶意代码利益化，这些获取的利益可以用来支持研究，发展更加强大的恶意软件，并且改善商业模型，也可以用来支持其他犯罪。

在本部分，我们回顾一些有名的网络犯罪案例。

杰森·詹姆斯·安奇塔（Jeanson James Ancheta）

2004—2005 年间，网吧雇员杰森·詹姆斯·安奇塔制造了一个包含 40 万台僵尸机器的网络，包括一些美国国防部的计算机。在被 FBI 逮捕之后，安奇塔承认了指控，包括违反了《联邦计算机诈骗和滥用法》以及《反垃圾邮件法》。2005 年 5 月，联邦法院判处安奇塔 57 个月监禁，并要求他因入侵国防部计算机而赔偿美国政府 15 000 美元。美国政府还没收了安奇塔通过非法行为的全部所得，其中包括他的 1993 年版宝马跑车、超过 6 万美金的现金以及计算机设备。

PharmaMaster

以色列公司蓝色安全（Blue Security）为疲于接收垃圾的邮件的人们设计了一种垃圾邮件阻拦系统。蓝色安全公司将服务卖给了企业，但是个人用户可以免费使用，保护他们的家用计算机。超过 50 万用户使用了这项免费服务。用户在计算机上安装一个叫蓝蛙（Blue Frog）的软件，软件集合了雅虎邮件、Gmail 和 Hotmail，在收取的邮件中检查垃圾邮件。在检测到一个垃圾邮件的时候，软件会和蓝色安全公司的一台服务器联系，查询邮件的来源。然后软件就可以向垃圾邮件来源发送一封不再接收信息的邮件。

垃圾邮件发送者随意地发送数百万封垃圾邮件，并收到数十万条"不再接收信息"，严重影响了它们的运行。世界十大垃圾邮件公司中的6个决定用蓝色安全的过滤软件从它们的联系人列表中删除蓝蛙用户。

但是一个名为 PharmaMaster 的垃圾邮件发送者没有退缩。相反，他开始给蓝蛙用户发送如下信息："很不幸，由于蓝色安全使用的策略失效，你们将会收到比平时多 20~40 倍的消息或者其他垃圾邮件。"一番威胁过后，在 2006 年 5 月 1 日，他向蓝蛙用户发送了比平时多 10~20 倍的垃圾邮件。

第二天，PharmaMaster 向蓝色安全公司发起攻击。他发起了一个大规模的 DDoS 攻击，利用了成千上万的僵尸机对蓝色安全公司的服务器发起攻击。大量的来信使蓝蛙服务器开始定制服务。之后 DDoS 攻击又开始指向其他为蓝色安全提供网络服务的公司。最后，攻击者将那些为蓝色安全服务提供资金的企业作为攻击对象。当蓝色安全公司意识到，他们不能保护用户免受 DDoS 攻击以及带有病毒邮件的侵扰时，最终停止了他们的服务。"在这场因我们的服务而引起的愈演愈烈的网络战争中，我们无法承担责任。"蓝色安全的 CEO 伊兰·谢夫（Eran Reshef）写道，"我们会终止所有反垃圾邮件的服务"。蓝色安全公司最终失败了，这种利用僵尸机器对抗僵尸机器的做法也受到一致的争议。

艾伯特·冈萨雷斯（Albert Gonzalez）

2010 年，艾伯特·冈萨雷斯在承认使用 SQL 注入攻击，窃取了超过 1.3 亿信用卡及借记卡号的罪行之后，被判处 20 年有期徒刑。其中一部分卡号在网上售卖，导致了多起非法购买以及银行取款。被攻击的对象包括哈特兰支付系统（Heartland Payment Systems）、7-11 便利店、汉纳福德兄弟超市（Hannaford Brothers Supermarkets）、TJX 大型超市、DSW 超市、巴诺书店（Barnes &Noble）、马克斯办公用品（OfficeMax）

以及戴夫博斯特连锁餐厅（Dave & Buster's Chain of Restaurants）。大部分的卡号都是通过哈特兰支付系统（Heartland Payment Systems）窃取的，该公司的预估损失达到 1.3 亿美元。

阿弗兰奇帮（Avalanche Gang）

阿弗兰奇帮是发起钓鱼攻击最多的一个犯罪组织。反钓鱼工作小组（Anti-Phishing Working Group，简称 APWG）估计，2009 年下半年全球范围内 2/3 的钓鱼攻击都是由阿弗兰奇帮发起的。而在 2010 年下半年，APWG 注意到阿弗兰奇帮停止了他们所有的钓鱼攻击行动，这让 APWG 猜测他们可能改变了战略，转而开始发送诈骗垃圾邮件，欺骗人们下载宙斯木马病毒（Zeus Trojan Horse）。

带有政治动机的网络攻击

网络攻击是一种"计算机对计算机的攻击，暗中破坏一台计算机或者其中信息的保密性、完整性或可用性"。一些国家、恐怖组织以及联盟会对他们对手的计算机或者网络设施发动带有政治意图的网络攻击，而且一部分攻击造成了严重的破坏。

爱沙尼亚（2007）

爱沙尼亚自第二次世界大战结束后就是苏维埃共和国联盟的一部分，直到 1991 年才宣布独立，但俄罗斯民族仍然占据了其约 1/4 的人口。首都塔林的一座巨大的苏维埃战士的铜雕像一直以来都是爱沙尼亚人民和俄罗斯人民之间争论的焦点。俄罗斯人民认为它象征着苏维埃军队为苏联爱国战争中战胜德国做出的牺牲，而爱沙尼亚人民认为它象征着苏维埃的压迫与侵占。

在宣布独立的 16 年之后，爱沙尼亚政府决定将这座饱受争议的雕像从塔林市中心迁移到位于郊外的一座苏联军队公墓中。他们知道，这次迁移一定会引起俄罗斯巨大的不满。实际上，俄罗斯政府已经针对这次迁移警告爱沙尼亚，并说这将是"爱沙尼亚的灾难"。警察们已经为可能面临的冲突做好了准备，尽管在雕像迁移之后，俄罗斯民族发生了两个晚上的暴乱，但破坏程度毕竟有限。

政府也预料到一场对其网络设施的攻击。攻击确实发生了，但是它的规模要比政府网络安全小组预想的大得多。超过 100 万台计算机一起对爱沙尼亚政府部门以及爱沙尼亚所有主要商业银行、电信企业以及媒体机构发动了 DDoS 攻击。为了应对这次攻击，爱沙尼亚大部分互联网都阻断了国外计算机的访问，在 2008 年 5 月 10 日，爱沙尼亚最大的银行不得不暂停其在线服务一小时。

2009 年，一个俄罗斯积极分子组织联系了亲克里姆林宫青年组织 Nashi，声称对此次网络攻击负责。

格鲁吉亚（2008）

格鲁吉亚是另一个前苏联加盟共和国，于 1991 年宣布独立。南奥塞梯是格鲁吉亚比邻俄罗斯的一个地区，经过 1991 年短暂的战争之后获得了事实上的自主权，但在国际社会中仍被认为是格鲁吉亚的一部分。2008 年 8 月 7 日，因受到南奥塞梯分裂分子的挑衅，格鲁吉亚向南奥塞梯派去军队。俄罗斯军队于 8 月 8 日进入南奥塞梯，之后俄罗斯军队和格鲁吉亚军队在南奥塞梯境内进行了为期四天的对战。一周后格鲁吉亚与俄罗斯签订了停战协议。

格鲁吉亚和俄罗斯之间的斗争之所以备受关注是因为，在俄罗斯军队进入南奥塞梯之前，格鲁吉亚政府已经收到了一系列 DDoS 攻击，导致其丧失了和外部世界联系的能力。很多网站失效数小时。格鲁吉亚政府甚至将它的一些网站虚拟主机转移至美国。美国安全专家说他们已经发现了证据能够证明俄罗斯商业网络（Russian Business Network）参与其中，这个组织是位于圣彼得堡的一个犯罪团伙，但还没有证据证明这和俄罗斯军队有直接联系。

格鲁吉亚（2009）

2009 年 8 月 6 日，由于受到一大批 DDoS 攻击，全世界范围内的推特服务在几小时内都无法使用。马克斯·凯利（Max Kelly），脸书的首席安全官说，这次攻击主要是为了压制一个来自格鲁吉亚共和国的政治博主，并给出证据：该积极分子使用的其他三个网站——脸书、交友网（LIVEJOURNAL）和谷歌——也在同一时间受到了 DDoS 攻击。

没有组织为此次攻击承担责任，但是有人指出，2009 年 8 月 6 日是格鲁吉亚与俄罗斯因南奥塞梯事件发动战争的首个纪念日。

美国和南韩（2009）

一场针对美国和南韩政府机构和商业网站的 DDoS 攻击，导致 1/3 的网站在 2009 年美国独立日周末期间全部瘫痪。美国境内的目标包括白宫、美国政府、美国特勤部、纽约证券交易所以及美国全国证券交易商协会自动报价表（NASDAQ）。位于南韩的目标包括青瓦台（总统官邸）、韩国国防部以及韩国国会。

此次 DDoS 攻击相对于那些涉及上百万台计算机的大规模攻击来说，规模较小，只使用了一个有 50 000～65 000 五千台计算机的僵尸网络。但是，这次攻击仍然在几天时间内通过转移攻击对象，破坏了多个不同的网络。韩国的一些网站直到 7 月 9 日还不可用。大韩民国国家情报院指责是朝鲜政府和其支持者发动此次攻击，并假设此次攻击可能是为了报复联合国对朝鲜的制裁。安全专家认为，很难找到攻击的真实来源，因为攻击者是在其他人的系统上发起攻击的。

伊朗（2009）

很多工业过程例如化工厂、汽油以及燃气管道和电网等，都需要不间断的监控。在前计算机时代，监控都是由工作人员通过观察计量表和警示灯来完成的，监控过程中他们需要转动转盘，开关阀门。计算机使得自动化的中央监控成为可能。在 20 世纪 80 年代，分布式控制系统去掉了本地控制柜，取而代之的是通过网络将信息传送到中央控制中心。使用彩色编码字段的计算机监控器取代了计量表和警示灯。起初，分布式控制系统是专有系统，但是客户们要求"开放系统、通用协议以及和供应商的交互能力"。这一需求基于网络协议的数据采集与监视控制系统（SCADA）得以实现。相比于专有系统，基于互联网的 SCADA 系统更便宜而且更容易维护和管理（图 6.5）。另一种省钱的方式就是让它们从外部远程连接到 SCADA 系统来进行诊断。

这些优点也同时包含着安全隐患。远程诊断的许可给外来恶意攻击者带来了获取访问权的机会。很多工业机器中都有嵌入式微处理器。工业机器都会使用很长时间，也就是说，这些机器中很多都使用老旧的微处理器。防止恶意软件的安全补丁也许不能在这些处理器上使用，即使有针对它们的补丁，安装这些补丁有时也不切实际，因为这些处理器运行太慢了，很难在运行安全代码的同时，完成它的机器控制工作。

2009 年发布的超级工厂蠕虫病毒（Stuxnet worm）攻击了使用西门子（Siemens）软件的 SCADA 系统。这个蠕虫病毒攻击了伊朗的 5 个工厂设施，通过感染控制铀离心处理的计算机，该病毒可能导致伊朗核项目的暂时关闭。有证据表明，以色列国防军应为这次病毒泄漏负责。

图 6.5　基于网络的数据采集与监视控制系统更加省钱，而且更容易管理，但是包含很多安全隐患。（© p77/ZUMA Press/Newscom）

"匿名者"黑客组织（Anonymous）

牛津英语词典对"hacktivist"（黑客行为主义者）一词的定义是："旨在推动某一社会或政治因素的计算机黑客。""匿名者"黑客组织是一个松散的国际黑客行为主义者的组织。其中的成员被称为"匿名者"（Anons）。

因该组织在 2008 年对山达基教会（Church of Scientology）的反对活动，"匿名者"组织开始备受关注。有人在 YouTube 网站上上传了一段汤姆·克鲁斯的采访视频，该视频是由山达基教会制作，并且只为了给教会成员观看。对此，山达基教会提出一个侵犯版权声明，并且要求 YouTube 网站将该视频下架。YouTube 同意了该要求。作为回应，"匿名者"组织发布了一篇新闻稿，声称它要对山达基教会发动攻击，"以便结束其成员的经济剥削，并且保护自由言论的权利"。"匿名者"成员对山达基网站发动了 DDoS 攻击，并且让汤姆·克鲁斯的视频继续在网上流通。后来，超过 6 000 名"匿名者"在北美、欧洲、澳大利亚以及新西兰等近90个城市的街道上，带着盖伊·福克斯（Guy Fawkes，《V字仇杀队》主角）的面具举行反山达基教会游行。

在此之后，"匿名者"组织在世界范围内做出了一系列行动。以下举出几个例子：

- "报复行动"（Operation Payback）是一系列针对美国唱片工业协会、美国电影协会、印度 Aiplex 公司以及美国版权局的 DDoS 攻击行为。他们于 2009 年 9 月发动此次攻击，正是在他们得知美国唱片工业协会和美国电影协会让 Aiplex 公司对包括海盗湾（Pirate Bay）在内的多个 BT 下载网站发动 DDoS 攻击之后。

- 几个月之后，他们将"报复行动"的目标转移到贝宝（PayPal）、维萨（Visa）和万事达信用卡（MasterCard）上，因为它们冻结了朱利安·阿桑奇（Julian Assange）的支持者对"维基解密"（WikiLeaks）组织的汇款。所有这三家金融机构的网站都因受到 DDoS 攻击而瘫痪。

- "匿名者"在 2011 年的"阿拉伯之春"起义（Arab Spring uprisings）中起到了很大作用。例如，在突尼斯（Tunisia）"匿名者"对其政府网站发动 DDoS 攻击，告诉反对者如何在网上隐藏他们的身份，并且帮助当地积极分子将他们的反抗视频上传到互联网上。

- 2011 年 1 月，在美国司法部宣布其对网络文库"百万上传"（Megaupload）采取的措施之后，"匿名者"对美国司法部、环球唱片公司、美国唱片工业协会、美国电影协会、广播音乐联合会和美国联邦调查局发动了 DDoS 攻击。

- 2013 年 4 月，"匿名者"对以色列大屠杀纪念日网站发动网络攻击，来反对以色列对待巴勒斯坦人的做法。

世界范围内有数十人因参与"匿名者"网络攻击行动而被逮捕，其中很多人已在监狱服刑。德米特里·戛斯纳（Dmitriy Guzner）承认了其在针对山达基教会的 DDoS 攻击中，对计算机造成破坏的罪行。他被判处在美国联邦监狱服刑 366 天，并支付 37 500 美元的赔偿金。在布莱恩·蒙特布里克（Brian Mettenbrink）承认参与攻击山达基教会之后，被判处一年有期徒刑，并且需赔偿 20 000 美元。克里斯·多杨（Chris Doyon）因对加利福尼亚州圣克鲁斯县网站发动 DDoS 攻击而被捕，他在保释期间逃到了加拿大。英国人杰克·戴维斯（Jake Davis）因参与攻击索尼公司和英国重大组织犯罪署而被判处 24 个月有期徒刑。

网上投票

通过之前的部分，我们介绍了很多攻击者对联网计算机进行安全攻击的方法，但是网上办事的方便性和经济性还是会带来很多利益。当传统方法存在问题时，用在线方式进行解决已经不足为奇。在这一部分，我们来评估一个通过互联网进行选举的建议。

网上投票的动机

2000 年的总统大选是美国史上比分最接近的选举之一。佛罗里达是个关键的州，没有佛罗里达的选举投票，民主党候选人阿尔·戈尔（Al Gore）和共和党候选人乔治·沃克·布什（George W. Bush），谁也不可能获得选举团中的大多数投票。在重新手工计算了四个民主党大区的投票之后,佛州州务卿宣布布什一共获得 2 912 790 票,戈尔获得 2 912 253 票。布什的获胜分差十分小:不到 0.02%。

大部分县用的都是打孔投票机,投票人选择一个候选人,然后用打孔笔在候选人名字旁边的卡片上打一个孔。使用这种投票机存在两个问题。第一个问题是,有时候打孔笔不能清楚地打出一个孔,会留下一小片卡片挂在孔边上,这种票在自动投票计算器中不会被计算。手工重算主要就是为了鉴别这些本应被计算的有残留的投票卡。第二个问题是,很多佛州棕榈滩县的投票人都被"蝶形选票"所迷惑,并且错在改革党候选人帕特·布坎南(Pat Buchanan)的位置上打了孔,而不是在民主党候选人阿尔·戈尔的位置(图 6.6)。这个混淆可能导致阿尔·戈尔失去本该赢得的佛罗里达的选票。

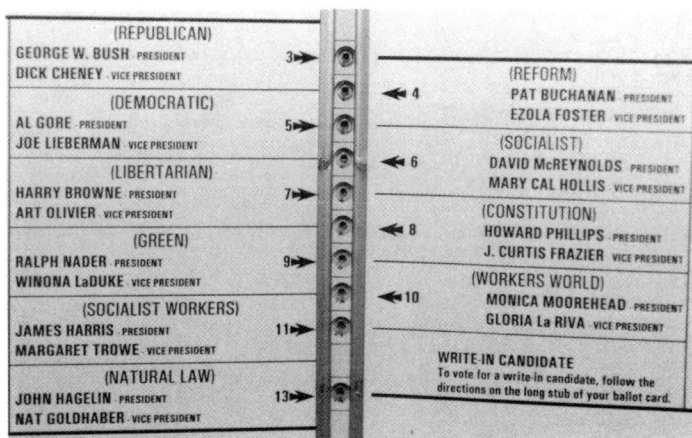

图 6.6 "蝶形选票"的设计让佛州棕榈滩县的数千名戈尔的支持者错在旁边帕特·布坎南的位置上打了孔。(Gary I. Rothstein 摄影)

提议

佛罗里达州出现的选举问题引发了改善美国投票系统可靠性的众多措施。很多州用直接记录投票机代替了纸质系统（这些系统会在后文中讲到）。

很多人提出使用互联网进行投票，至少可以用于缺席投票。事实上，网上投票已经变为现实。它已经被用于 2000 年阿拉斯加州共和党总统偏好调查和 2000 年亚利桑那州民主党总统初选。在 2004 年总统初选的时候，10 万名军队人员或在海外的美国人有机会作为安全电子注册和投票实验（Secure Electronic Registration and Voting Experiment）的一部分，进行网上投票，但是政府还是在最后一分钟取消了这个实验。

很多其他国家已经领先美国，允许通过互联网进行投票。2001 年英国地方选举就使用了网上投票。2003 年居住在美国的法国公民可以通过互联网选取他们在法国海外公民大会（the Assembly of French Citizens）的代表。爱沙尼亚是第一个允许其公民在网上进行地方和全国选举投票的国家。瑞士的一些行政区已经修改宪法，认可将网上投票、投票站投票和邮件投票一道，作为官方投票的方式。

伦理评价

在这一部分，我们通过权衡网上投票的利弊来对它的伦理性进行一个功利评价。虽然使用其他技术也可能得到相似的论点，但此次讨论假设网上投票需要通过一个网页浏览器来完成。

网上投票的有利之处

网上投票的支持者称它有巨大的优势。

网上投票可以给那些去不了投票站的人一次投票的机会。

网络投票比纸质投票在计算时快捷得多。

电子投票不会有物理投票中的歧义。

网上的电子投票比传统投票的花销要少。

网上投票可以消除人为对物理投票箱的损坏和篡改的风险。

在大部分选举中人们只需选择一个候选人，其他一些选举中选民需要选择多个候选人。例如，学生会有 3 个空缺，选举人就需要选择 3 个候选人。通过编程可以轻易避免人们不小心多选。

一些长而复杂的选举可能会导致"少选"——投票人可能会不小心忘记选择某一个职位的候选人。网络表格可以被设计成多页，这样每一页上只有针对一个职位的候选人名单。因此网上投票可以解决少选的问题。

网上投票的风险

网上投票的反对者提出了很多网上投票存在的风险，总结如下。

网上投票很不公平，因为对那些经济条件好的人来说会更有优势。那些家里有计算机并且联网的人投票更便捷。

验证投票人身份的系统同时也记录选票。这样很难保护投票人的隐私。

网上投票会增加投票征集和投票买卖的机会。比如 Z 付给 X 一笔钱，让他投票给 Y。如果 X 可以在个人计算机上投票，他就可以让 Z 看着他投票，这样就能证明他完成了交易。这在有人监控的官方投票站就不太可能发生。

举办选举的网站很容易成为 DDoS 攻击的目标。不像企业网站会吸引一些青少年黑客的注意，一个国家的选举网站可能会引起外国政府或者恐怖分子的注意，他们可能会扰乱选举过程。如果在截止日期之前，网站不可用，导致投票人不能进行投票该怎么办。

如果投票可以在家庭计算机上进行，选举的安全性就要取决于这些家用计算机的安全性。下面会描述几个攻击家用计算机的方式。

病毒可以在人们完全不知情的情况下篡改他的选票。很多人可以接触到别人的计算机，这样他们就有机会在选举的几周前安装投票欺骗软件。又或者，软件公司中一个卑劣的程序员或者一群程序员可以偷偷嵌入一个投票干预病毒。

一个安装在投票人计算机上的后门木马可以让外人监视他的投票结果。后门木马甚至可以让他人代替真正的选举人进行投票。

攻击者可以欺骗用户，让他以为自己已经连接到了投票服务器，而事实上他连接的是一个被攻击者控制的伪造投票服务器。例如，攻击者可以给用户发送一封邮件，让用户点击某个链接进入投票页面。当投票人点击链接之后，他们就会连上假冒的投票网站。攻击者可以向投票人索取验证证书，然后利用这些信息进入真正的投票网站，将票投给他心中的候选人。

功利主义分析

功利主义分析需要计算所有正面和负面的因素，来决定网上投票是否是一个好的决定。回顾前文可知，不是每条因素的权重都一样。我们需要考虑因素的可能性，每个因素在每个人身上的影响和可能影响到的人数。

有时候这个计算可能相对直接。例如，网上投票的一个好处就是人们可以不用到投票站排队。假设网上投票在美国代替了投票站，这个改变可能会影响到美国 50% 的成年人（那些真正投票的人）。我们可以假设每个投票人平均要花一小时在前往投票站、排队以及返回。美国年平均工资大约是 43 000 美元，也就是每小时 21 美元。这样我们就能计算，用网上投票代替投票站所节省的时间值大约是 21 乘以成年人的人数，或者每人 10.5 美元。

其他因素的权重就更难衡量。例如，网上投票的一个风险就是 DDoS 攻击可能会让合法投票人无法在时间截止前进行投票。虽然选举结果不能反映投票人的真实意愿，这会造成很大危害，但这种危害会被三种可能性降低：某人可能发起 DDoS 攻击的可能性、DDoS 攻击成功的可能性以及一个成功的 DDoS 攻击会改变选举结果的可能性。专家们对这些可能性会有完全不同的估计，这会让功利主义评价的衡量标准有很大变化。

康德主义分析

对于任何投票系统，康德主义分析都会关注，每个投票人的意愿是否都在他的选票中体现。每张选票的完整性是首要问题。因此，每个选票都应该有一个纸质记录，这样在有争议的时候，就可以通过重新计算来保证选举结果的正确性。从康德主义角度来说，为了达到节省时间和金钱或者提高投票人出席的目标，而取消纸质记录的决定是错误的。

结论

我们已经讨论了网上选举存在的利益和风险，也分别从功利主义和康德主义角度分析了网上投票的伦理性。

我们是不是把对计算机的要求设得太高了？毕竟现有的投票系统

也不是完善的。但是，我们现在提出的在线系统与现存的机械或机电系统有两个主要的不同之处。

第一个不同是现存的系统都是高度地区化的。一个人也许能扰乱某一地区的选举过程，但是不可能影响全境内的选举结果，但是基于网络的选举系统，会让单独一个恶意攻击者更容易破坏大范围的选举过程。

第二个不同是大多数现存系统都会生成一个纸质记录。如果没有纸质记录，也会强制生成一个。当其他方式都出现问题的时候，就可以通过纸质记录来判定投票者的意图。而基于网络的投票系统不会产生纸质记录，无法让市民证实自己的投票记录。

而且已经有证据可以证明网上选举中存在的干涉情况。2002 年 4 月，巴黎媒体企业维旺迪环球公司（Vivendi Universal）为其股民举办了一次网上投票。黑客使得一些大股东的选票被记为弃权票。如果一个私人选举都能引起黑客的注意，就不难想象加州的选举网站会引起多大的注意了。

布鲁斯·施奈尔（Bruce Schneier）写道："一个安全的网上投票系统理论上是有可能存在的，但这将会是计算机历史上第一个安全的网络应用。"

依赖于个人计算机安全性的选举系统，对于选举诈骗来说是很脆弱的。单凭这个原因，就很容易让政府决定，举办网上选举不可行。

总结

计算机和网络安全不仅对架构企业和政府部门系统的人来说很重

要，对拥有私人联网计算机的人来说也同样重要。人们使用他们的计算机越频繁，就会给犯罪集团制造更多机会。

罪犯们使用的一种策略是直接从计算机用户那里获取信息。钓鱼攻击就是一个阴谋的例子。很多人被钓鱼攻击，主要是因为他们经常在网上提供个人敏感的财务信息。

另一种策略就是监视计算机用户的行为。很多间谍软件程序中都包含击键记录功能，可以收集并且报告信用卡号等用户在登录电商网站时输入的敏感信息。

罪犯们还可以通过控制个人计算机，将它们当作僵尸机器来获取利益。僵尸牧人可以将这些庞大的僵尸网络出租给攻击者，攻击者可以把它们当作垃圾邮件、钓鱼攻击或者分布式拒绝服务攻击的发射平台。

恶意软件可以通过多种途径感染个人计算机。即使用户从来不打开可疑邮件附件，他们的系统也有可能被感染。蠕虫病毒可以利用操作系统中的安全漏洞来入侵计算机。仅仅通过简单的网页浏览，计算机用户就有可能成为跨站脚本注入或者路过式下载的受害者。这就是为什么每台个人计算机都应该使用个人防火墙，并且及时更新反恶意软件工具。

最近带有政治动机的网络攻击的兴起引发了很多值得思考的问题。在一个强大的网络攻击面前，美国的经济会变得多脆弱？对其他国家的网络攻击达到什么程度的时候会演变成一场战争？在可能遇到外来机构攻击的情况下，一个国家是否应该举办基于互联网技术的选举？

人物访谈

1984 年，马特·比舍普（Matt Bishop）在普渡大学获得了计算机博士学位，主要研究方向是计算机安全。在进入加州大学戴维斯分校计算机学院之前，他是高级计算机科学研究所（Research Institute for Advanced Computer Science）的一名研究科学家，并且在达特茅斯学院任教。他教授的课程包括计算机安全、操作系统和编程。

马特·比舍普

他的主要研究领域是分析计算机系统的漏洞，包括建模、发现漏洞和设计修补漏洞的工具。马特也活跃在其他领域，包括网络安全、对拒绝服务攻击的学习和防御、政策建设、软件可靠性检测以及形式化访问控制建模。他也研究作为安全政策、手段和机制根基的信任问题。

此外，他也活跃在信息可信度教育领域，是"信息系统安全教育研讨会"的创始人之一，并且主持了一个项目，以收集和发布很多未公开的计算机安全方面开创性的成果。他编了一本教科书：《计算机安全：艺术与科学》（*Computer Security: Art and Science*），由 Addison-Wesley Professional 出版社出版。

是什么让你专注于研究系统漏洞问题的？

我开始对这个领域感兴趣主要是因为这些问题很普遍。我们从 20

世纪 50 年代开始就在搭建计算机系统，但是直到现在我们也不知道怎么才能在实践中让系统更安全。为什么不能？我们应该怎么找到系统的漏洞并且提高现有系统的安全性呢？

而且这个问题和其他非技术领域有可以类比的地方。我觉得这些相似之处很让人着迷，我很喜欢学习研究其他领域，去寻找这些领域中有没有什么方法和观点可以用来分析系统并且提高它们的安全性。这和一些领域，比如军事学、政治学和心理学，有明显的联系。和另一些领域的联系则比较少，例如艺术和文学。但是都强调了人对计算机和软件安全方面的重要性。

你能不能举个例子说一说，如果安全被当作一种附加品，而不是一开始就存在于系统的设计中，会带来什么问题？

比如说互联网。当它最早出现的时候（那时还被称为"阿帕网"），由于服务的安全性还没有如今这么重要，所以网络协议都不能支持安全的服务（现在被看得很重要的安全服务包括多种形式的鲁棒性，这样就算网络系统甚至网络的一部分遇到多重问题，网络也可以继续连通，提供那些安全服务）。结果就是，那些安全服务例如身份认证、消息保密以及消息完整性都被当作附加产品，而不是重新设计原本就包含这些服务的协议，所以现在互联网中就存在很多安全问题。

编程语言的选择是怎样影响程序安全性的？

有两个方面。显而易见的一个是，一些编程语言有强制的约束，限制那些不安全的行为。例如在 Java 中，语言禁止超过数组末尾的索引。但是 C 语言就不会这样。所以使用 C 语言就有可能出现缓冲区溢出，而在 Java 中就不太可能有缓冲区溢出。不太明显的是，语言会控制编程人员对他们算法的看法。例如，一种语言可能对某些算法的运行比其他语言更好，这就意味着，编程人员不太会出错，他的错误一般也都是在实施层面，而不是在概念和设计层面——实施层面的问题要更容易解决。

对于病毒、蠕虫和木马等问题，我们可以做什么？

这些程序是在触发用户权限下运行的；蠕虫也可以通过网络自动传播，主要是利用漏洞进入一个系统，再从它传播出去。以下几点可以缓解这些状况：

1. 尽可能减少运行的网络服务数量。如果你不需要这项服务，就应该关掉它。这样可以阻止很多种蠕虫的传播。

2. 不要随便运行你收到的邮件中的附件，除非你信任发件人。大多数病毒和多种蠕虫都是通过这种方式传播的。尤其是有一些邮件应用（例如 Outlook），通过设置可以自动执行或解压附件。应该关闭这样的功能。

3. 用户不应任意修改特定的文件，例如系统程序和系统配置文件。如果用户一定要修改，必须要先确认。这样就可以限制大多数病毒，使其只能影响某一个用户而不是整个系统，也不会影响系统中其他用户。

很多个人计算机用户都不会安装最新的操作系统补丁。计算机的制造者是否可以拥有让所有连网用户的计算机都保持更新的能力（和强制权）？

对于让销售商远程更新计算机的想法，我表示怀疑。主要问题是销售商不知道这些计算机是在什么样的特定环境中运行的。环境决定"安全"的定义。所以一个补丁可能提高了某种情况下的安全性，但有可能会削弱其他情况下的安全保障。

举一个例子，假如一家公司不允许连接任何网络，只使用一个虚拟专用网（VPN）。它的系统被设计成启动一个特定目录中的所有服务，这个目录中包含所有网络服务。所以为了强制这种限制，除了 VPN 以外的所有网络服务都被从系统中移除，这样就可以防止其他服务被启动。

系统销售商在邮件服务和登录程序中发现了一个安全漏洞。它同时修复两个漏洞，并发布一个补丁，其中包括新的登录程序和新的邮件服务。补丁安装之后就会重新启动系统，这样新的登录程序和邮件服务就会立即运行。

问题在于安装了新的邮件系统（这会提高大多数系统的安全性），该公司的系统就不安全了，因为别人就可以通过除了 VPN 以外的其他端口（例如邮件端口、端口 25）连接进入，这样该销售商的补丁就会破坏安全性。这样的情况就发生在 Windows XP 系统的 SP2 补丁中，它并不能修补很多漏洞，也破坏了多个第三方应用，其中一些应用对用户来说是非常重要的。

所以我认为，销售商应该有责任和用户一起，提供安全补丁和改进，但是他们不应该有在用户不知情的情况下更新系统的权利。销售商还应该提供更好更便捷的配置界面和容易更改的默认配置，也应该为顾客提供（免费）支持，帮助顾客使用。

你认为十年后个人计算机会比现在更安全吗？

在一些方面是肯定的，但是在另一些方面就不一定了。我想将来的计算机可以提供更多易于配置的安全服务，使系统在不同环境中都更加安全——不过不是所有环境。我还认为，系统安全的主要问题，包括配置、操作和维护，在十年内不会被解决，因为这些问题首先是人的问题，而不是技术问题。

你对那些真心热爱设计安全软件系统的学生有什么建议？

我建议着眼于软件系统的各个方面。看清一个软件系统的特殊要求，生成一个系统需要实现的安全策略（同时也要符合要求），正确地设计、构造软件，并且在做上述事情的同时，考虑它将会在什么样的环境中运行。还要把软件系统做得尽可能容易安装和配置，并且为用户将会出现的错误操作做好准备。人无完人，没有一种安全性能指望人们做出所有正确的选择。

第七章
——CHAPTER7——

计算机可靠吗？

我认为，最严重的错误莫过于不觉得自己有任何错误。

——托马斯·卡莱尔

导言

　　计算机数据库追踪我们的许多活动。当计算机输入不良信息，或有人曲解从计算机检索到的信息时会发生什么？我们周围处处是包含嵌入式计算机的设备。当计算机程序包含一个错误，导致计算机出现故障时会发生什么？

　　有时候，一台计算机误差的影响可以是微不足道的——你在计算机上玩游戏，做出一些非常规的动作，接着程序崩溃，迫使你重新开始。但在其他时候，计算机系统出现故障会带来真正的不便。你收到一份账单有误的邮件，花费几个小时与公司的客服人员在电话里交涉，最终修正了错误。一些软件的缺陷导致企业做出了糟糕的决定，而不得不花费上百万元弥补。在某些情况下，计算机系统的失误甚至会造成恶性事件的发生。

　　在这一章里，我们会研究几个证明计算机系统不可靠的方法。系统通常有许多组件，而计算机只是其中之一。一个精心设计的系统可以容忍任何单个组件产生小故障。不幸的是，在许多系统里，计算机是最薄弱的环节，而且计算机的一个失误就会导致整个系统的失败。失败的产生可能是由于数据输入或数据反演的误差，设计不良，或不充分的测试造成的。透过一些例子，你将会更好地体会到建立一个可靠的计算机系统的复杂程度。

　　我们也研究了计算机模拟，它在现代科学和工程上正发挥着越来越重要的作用。我们调查了一些模拟的运用，并描述了开发模拟程序的人如何验证基础模型。

软件工程的产生是在一些组织开始构造大型软件系统遭遇瓶颈时出现的。软件工程指的是利用流程和工具，将程序创建成更加结构化的方式。我们将会描述软件开发过程，并提供证据证明，越来越多的软件项目能按时按预算地完成。

在本章的最后，会涉及软件的保质问题。对使用了软件而造成的利益损失，或其他相应的损害赔偿，软件制造商通常拒绝承担任何责任。我们要讨论软件制造商应该对自己的产品质量承担多少责任。有人说，软件应保证与其他产品相同的标准，也有人说，当涉及购买软件的可靠度时，我们应该有一套不同的要求。

数据录入和数据检索错误

有时计算机化系统之所以失败，是因为录入了错误的数据或者人们没有正确地阐释检索到的数据。在这一节，我们会给出几个采取错误行为的例子，都是由于数据输入或者检索错误造成的。

被剥夺了公民权的选民

在 2000 年 11 月的大选中，佛罗里达州数千名选民被剥夺了投票资格，因为选举前的审查确定他们为重罪犯。但是这些计算机数据库中的记录是不正确的，后来选民被指控为轻罪。然而，他们被禁止投票。这个错误或许已经影响到了总统大选的结果。

错误逮捕

正如我们在前文中看到的，美国国家犯罪信息中心（NCIC）的数据库包含约 40 万条与失窃汽车、失踪人员、通缉犯、恐怖分子嫌疑人的记录。曾经就有警察基于从 NCIC 获取的信息进行非法逮捕。这样的故事还不少，下面列举 3 个。

希拉·杰克逊·斯多森，一位航空公司的乘务员，在新奥尔良机场被警察逮捕，警方把她和雪莉·杰克逊搞混了，而后者才是德克萨斯州被通缉的人。希拉在监狱里度过了一夜，被拘留了 5 天。

加州警方依靠 NCIC 的信息，曾经两次把罗伯托·埃尔南德斯当作芝加哥入室盗窃案的犯罪嫌疑人，并对其进行了抓捕。第一次，他被拘留了 12 天，而第二次他被关押了一个星期。警方混淆了他和另一个也叫罗伯托·埃尔南德斯的人，他们俩都有同样的身高和体重，都有棕色头发、棕色眼睛，而且他们的左手臂上都有文身。他们的生日也一样，两人的社会保障号码只相差一个数字。

有人用密歇根州居民特里·迪恩·罗根的个人信息伪造了一个加州驾照。在这个伪造驾照的人因两起杀人案和两起抢劫案被捕入狱后，警方在这个错误的身份下向 NCIC 输入了有关这些罪行的信息。在 14 个月的时间里，真正的特里·迪恩·罗根被洛杉矶警方逮捕了 5 次，有 3 次性命都受到了威胁，虽然他和密歇根州警察在第一次抓捕后就试图纠正 NCIC 的错误记录。之后罗根起诉了洛杉矶警察局，并得到了 5.5 万美元的补偿。

功利性分析：NCIC 记录的准确性

美国司法部门背离了 1974 年《隐私法案》的要求，于 2003 年 3 月宣布，在把信息录入 NCIC 之前，美国联邦调查局（FBI）不再需要确保罪犯和受害者信息的准确性。

美国政府应该为 NCIC 中存储的信息的准确性负责吗?

美国司法部认为，让其对 NCIC 数据库中的信息负责是不切实际的：有很大一部分输入到数据库的信息来自于其他执法部门和情报机构。联邦调查局没有办法确定所有的信息都是准确的、相关的、完整的。即使信息来自 FBI 内部，探员们也应该运用他们的判断力，以决定哪些信息可以用于刑事调查。如果 FBI 严格遵守《隐私法案》的规定，并核实每一条 NCIC 记录的准确性，数据库中信息的数量将大大减少，该数据库对执法机构的帮助也会降低，其结果可能是执法机构逮捕的罪犯数量减少。

隐私权倡导者认为，现在 NCIC 数据库的准确性比以往任何时候都更加重要，因为越来越多的记录存储在这些数据库里。随着越来越多错误的记录进入数据库，美国公民被错误逮捕的概率也随之增加。

哪种论点更有力？让我们先把重点放在 NCIC 年代最长的一个数据库上：失窃车辆的数据库。汽车盗窃对社会造成的危害十分巨大。美国每年有超过 100 万辆的汽车被盗。被盗的车主不仅要承受情绪上的压力，蒙受经济损失，并要花大量的时间来寻回车辆或替换车辆。此外，汽车盗窃的肆虐伤害了每一个通过提高保险费来拥有汽车的人。在过去，偷车贼可以通过将车辆运出州外，来降低失窃汽车被寻回的可能性。但 NCIC 数据库包含美国各地被盗车辆的信息，使得执法人员能够鉴别出被盗的车辆，无论在国内的哪个地方。

目前，只有超过一半的被盗车辆被找到。如果我们保守地估计 NCIC 能将被盗车辆找回的比率提高 20%，每年就会有超过 10 万辆汽车被送回到车主那里。每找回一辆车都有很多好处。首先，车辆被返还给车主，车主就省去了解决保险索赔以得到一辆新车的麻烦。其次，把车送还给失主，警方可以确保"犯罪没有好下场"，并且实实在在抓到了罪犯，这样一来也能减少未来被偷汽车的数量。我们将归还每一辆被盗车辆的经济利益算作 5000 美元。用 5000 美元乘以 10 万，即 NCIC 失窃车辆数据库中增长的数量，我们可以确定 NCIC 失窃车辆数据库每年可以带来 5 亿美元的价值。

我们再来考虑一下数据库会带来的有害后果。如果 NCIC 失窃车辆数据库中的一个失误导致了错误逮捕，给无辜驾驶员造成的伤害是巨大的。不过几年之间也只有为数不多的几起事例。假设每年发生一起错误逮捕，基于之前特里·迪恩·罗根的案例，我们要给每起被误逮捕的受害者 5.5 万美元的补偿。

将 NCIC 失窃车辆数据库带来的好处和伤害一中和，我们得出数据库的操作每年可以为受影响的群体带来 44.5 万美元的净利润。如果 NCIC 失窃车辆数据库不存在，利与弊都为零，也就意味着不会再有任何利润。比较这两种选择，我们得出结论，建立和维护数据库是正确的行动。

软件和计费错误

即使输入计算机的数据是正确的，但如果操作数据的计算机程序中有错误，系统仍可能产生错误的结果或完全崩溃。报纸上到处充斥着关于软件缺陷或是"故障"的故事。下面这些故事就曾出现在报纸上。

错误导致系统故障

在明尼苏达州的明尼阿波利斯，琳达·布鲁克斯于 2001 年 7 月 21 日收到了一封邮件，发现自己的电话账单高达 57 346.20 美元。奎斯特公司（Qwest）计费软件中的一个错误导致手机用户被收取每分钟 600 美元的费用。Qwest 公司大约有 1.4% 的客户，合计 14 000 人，收到了错误的账单。Qwest 公司的发言人说，错误发生在一个新安装的计费系统中。

一次，软件错误造成肉类加工者低估了牛肉价格，美国农业部在发现这一错误后，实施了新的家畜价格报告准则。由于牛肉生产商和肉类加工者都是根据美国农业部的价格报告准则进行协商，这个失误造成了牛肉生产商 150 万～200 万美元的损失。

1996 年，美国邮政局因一个软件错误，造成两周寄往美国专利局的邮件被退给了寄件人。总共有 5 万封邮件被退给了发件人。

匹兹堡大学的研究显示，对于大多数学生来说，计算机拼写和语法错误检查的程序反倒增加了错误率。

2008 年 9 月至 2009 年 5 月，数百户居住在纽约市公租房的家庭，因计算每月房租的程序出了差错，被收取了过高的租金。9 个月以来，纽约市房管局不仅没有认真考虑租房者的投诉，相反，还把很多没有补齐房租的租房者告到了法庭，威胁要收回他们的房子。

2010 年，为了缓解监狱人满为患的情况，加利福尼亚州约 450 名有"高风险暴力"的犯人被错误释放。加州官员不能再将他们当中的任何一人关回监狱，或者进行监督假释，因为他们已经被授予"不可撤销的假释"。

错误导致系统失败

在伦敦第一天使用全新的、完全计算机化的救护车调度系统时，拨打救护电话的人被搁置了长达 30 分钟，系统与几个打电话的人失去了联系，而救护车花了 3 个小时才做出回应。在那一天由于救护车没有及时到达，20 人为此丧命。

1998 年 1 月 23 日，一个软件错误导致芝加哥期货交易所暂停交易一小时。1998 年 4 月 1 日，另一个漏洞导致交易终止了 45 分钟。在这两种情况下，暂时关闭的交易都造成了投资者的损失。系统错误造成伦敦国际金融期货和期权交易所在 1999 年 5 月的两周内两次停止了交易。第二次故障导致中断持续了一个半小时。

由于车载计算机死机，锁上了所有门窗，还关闭了空调，泰国财政部部长被困在了自己的宝马车内 10 分钟。保安不得不用大锤砸破一扇窗户，素察特·操威西（Suchart Jaovisidha）和他的司机才得以逃生。

2003 年 3 月 1 日上午，日本的空中交通管制系统崩溃了 1 个小时，延误航班起飞数小时。备份系统与主系统同时崩溃，有 4 个小时都不能正常工作。机场通过电话联系，才保证没有乘客处于危险之中。然而，部分航班延误超过 2 小时，32 趟国内航班被迫取消。

在洛杉矶南加州大学医疗中心，一个新的实验室计算机系统在开放当天瞬间负载过量。2003 年 4 月 16 日和 17 日两天，短短几个小时之内，急诊室医生不得不发出停止派遣救护车的申明，因为医生无法访问所需要的化验结果。"这几乎就像在第三世界进行医疗救助，"阿曼达·加纳博士说，"我们太依赖于计算机和快速变化的技术，甚至差点被蒙蔽了双眼。"

Comair 航空公司，达美航空的子公司，在 2004 年圣诞节取消了所有航班，原因是分配机组成员的计算机系统停止了运行（图 7.1）。该航空公司的官员表示，该软件无法应付 12 月 23 日和 24 日大量的恶劣天气造成的航班取消，约 3 万名旅客在 118 个城市因航班取消受到影响。

图 7.1 Comair 航空公司取消了 2004 年圣诞节的所有航班，因为分配机组成员的计算机系统出现了故障。（美联社照片/阿尔贝尔曼）

2005年8月，乘坐马来西亚航空公司从澳大利亚珀斯飞往马来西亚吉隆坡的乘客突然发现自己坐的飞机像过山车一样——在印度洋上空跌宕起伏。当波音777突然快速上升时，飞行员断开了自动驾驶，但他花了45秒才重新控制了飞机。飞机极速上升、下降，在稳定下来之前又上升了一次。经过调查，波音公司称这次事故是软件错误造成的，飞行计算机接收到了飞机速度和加速的虚假信息。此外，另一个错误导致飞行计算机未能立即响应飞行员的操作指令。

分析：电子零售商标错价格，拒绝送货

2003年3月13日，亚马逊网站关闭了英国的页面，原因是软件错误导致一台正常标价275英镑的iPAQ掌上电脑售价变成了7英镑。在亚马逊关闭网站之前，一些在网上淘便宜货的人都冲向了亚马逊的网站，有人甚至订了10台掌上电脑。亚马逊表示对以错误价格订购了商品的客户不予发货，除非他们可以把差价补齐。一位亚马逊网站的发言人称："在我们的《定价有效性政策》里，商品的正确价格高于标注价格时，我们会在发货之前联系顾客。顾客可以选择取消订单或者重下一个正确的订单。"

亚马逊拒绝接受以7英镑购买iPAQ掌上电脑的订单，这么做错了吗？

让我们从功利性规则的角度分析这个问题。我们可以设想一个道德规则，"个人或者机构想要售卖商品都必须尊重广告价格"。如果这个规则被广泛遵守，会发生什么？人们会花更多的时间和努力修改广告，无论是印刷的，还是电子的。机构会对出现在报纸和杂志上的广告负责，网站也会更加小心，确保没有错误。很有可能公司会拿出保险政策，防

止由于一个错字造成的巨大损失。为了承担额外的费用,公司出售的商品价格会更高。上面提出的规则会伤害到出价更高的消费者,而会给利用错误印刷就获得某件商品的消费者带来可乘之机。我们可以得出结论,以上的道德规则弊大于利,因此亚马逊拒绝发货是正确的。

从康德哲学的观点来看,那些精明的、订购了 iPAQ 掌上电脑的消费者是不对的。正确的售价为 275 英镑,广告的价格是 7 英镑。尽管电子产品时有促销,零售商也不可能降低价格的 97.5%,哪怕是大清仓阶段。如果消费者认识到广告价格有误,并在错误被修正之前就订购掌上电脑,他们是占了亚马逊股东们的便宜,并没有做到"善意行事"。

值得关注的软件系统故障

在本节,我们把焦点转移到复杂的设备或某些部分由计算机控制的系统。嵌入式系统是将计算机作为一个更大系统的组成部分。您可以在微波炉、恒温器、汽车、交通信号灯和无数的现代设备里找到基于微处理器的嵌入式系统。因为计算机需要软件来运行程序,每一个嵌入式系统都有一个软件。

软件在系统功能中正发挥着更大的作用。有几个原因能说明为什么硬件控制器要由软件控制的微处理器取代。软件控制器运行更快,可以执行更复杂的功能,运算更多的数据,且成本较低,使用更少的能源,还不会磨损。不幸的是,硬件控制器具有更高的可靠性,但软件就不一定了。

大多数嵌入式系统也是实时系统，是当事件发生时，处理来自传感器数据的计算机。控制现代汽车安全气囊的微处理器是一种实时系统，因为它必须立即回应其传感器读数，并在碰撞发生的瞬间启动安全气囊。手机里安装的微处理器是另一种实时系统，可以把电信号转换成无线电波，反之也可以将无线电波转换成电信号。

这一节包含了七个计算机系统故障的例子：在海湾战争中使用的爱国者导弹系统，阿丽亚娜5号运载火箭，AT&T公司的长途网络，美国宇航局的机器人火星探测器，丹佛国际机场的自动行李系统，东京股票交易所和直接记录电子投票机。这些都是嵌入式、实时系统的例子。每一个例子，都可以将问题归咎于该软件的错误。研究这些错误可以给参与嵌入式系统发展的人提供很重要的启示。

爱国者导弹

爱国者导弹系统原先是美国军方用于击落空中飞机而设计的。在1991年海湾战争中，美国军队使用了爱国者导弹系统，以抵御以色列和沙特阿拉伯发射的飞毛腿导弹。

海湾战争结束后，美国军方声称爱国者导弹防御系统在摧毁来犯的飞毛腿导弹中达到了95%的精准率。然而稍后又有分析表明，也许只有9%的飞毛腿导弹是被爱国者导弹摧毁的。事实证明，许多飞毛腿导弹在接近自己目标时就土崩瓦解，它们的毁灭与爱国者导弹一点关系都没有。

爱国者导弹系统最惨痛的一次失败发生在1991年2月25日，当晚飞毛腿导弹从伊拉克发射，击中了美国在沙特阿拉伯达兰的军营，造成28名士兵丧生。架设爱国者导弹的炮位防御区域甚至都没有向来犯的飞毛腿导弹开火。

密西西比州众议员霍华德·沃尔普要求美国审计局（GAO）对此事件进行调查。GAO 的报告跟踪到爱国者系统故障是软件错误造成的（图 7.2）。导弹炮位确实在敌军导弹在上空经过时，检测到了它的存在。但是，为了防止系统发出错误警报，计算机编了多次检查导弹存在的程序。计算机预测了来袭导弹的飞行路径，引导雷达瞄准该地区，并扫描了一部分雷达信号，称为目标射程波闸。在本次失败中，程序扫描了错误的射程波闸。由于没有发现飞毛腿，也就没有发射爱国者导弹。

图 7.2 软件错误导致爱国者导弹系统没有攻打入侵的飞毛腿导弹。（1）雷达系统进行了大范围的搜索，发现了飞毛腿导弹。（2）雷达系统孤立了设定的目标。(3) 软件错误导致系统设立了错误的射程波闸。该系统追踪不到导弹，因为没有通过这个范围。（图片来源《科学杂志》 255:1347 图。版权所有 © 1992 年美国科学促进协会。转载经许可）

为什么程序扫描到错误的射程波闸？跟踪系统依靠系统的时间获得信号。这些值被储存在精度不足的浮点变量上，产生了一个叫作截断的数学错误。该系统运行的时间越长，就会积累更多的截断误差。爱国者导弹系统设计之初，一次只能运行几个小时，然而，该系统在达兰已经连续运行了 100 个小时。实际的时间与计算机时间的误差累计造成了大约 0.3433 秒的偏差。由于导弹是高速行驶，0.3433 秒的误差造成了687 米（半英里）的跟踪误差。这个错误，足以使导弹炮位无法定位飞毛腿的射程波闸区域。

阿丽亚娜 5 号卫星

阿丽亚娜 5 号卫星运载火箭是由法国航天局、国家空间研究中心和欧洲航天局共同设计的。1996 年 6 月 4 日，在其首次飞行的 40 秒内，一个软件错误造成固体助推器的喷嘴和主要的火箭发动机旋转到了异常的位置。因此，火箭大幅偏离轨道。当固体助推器和芯级连接断裂时，运载火箭出现自毁。这支火箭运载着没有投保的、价值 5 亿美元的卫星。

调查委员会追查到了一段代码上的错误，一个双精确度的值被转换为 16 位带符号整数。被转换的值超过了存储在整数变量里的最大值，造成抛出异常。不幸的是，当时没有处理这个特殊异常的机制，所以机载计算机瘫痪。

这段错误的代码曾是阿丽亚娜 4 号软件的一部分。64 位浮点值代表运载火箭的水平偏差，关系到它的水平速度。软件模块在设计时，工程师确定由于水平偏差过大而不能储存在 16 位带符号整数的情况是不会出现的。错误处理程序没有必要，因为不会出现错误。此代码被"按原样"搬进了阿丽亚娜 5 号的软件中，而事实证明这是巨大的错误，因为阿丽亚娜 5 号比阿丽亚娜 4 号更快。软件设计师最初的假设被彻底推翻。

AT&T 长途网络

1990 年 1 月 15 日下午,AT&T 的长途网络服务遭遇了严重的故障。大约有一半的计算机电话路由交换机死机,而剩余的交换机又不能处理所有流量。由于故障的发生,有 7000 万个长途电话无法接通,约 60 000 人失去了所有的电话服务。AT&T 公司损失了数千万美元,同时也失去了提供可靠长途电话服务的良好声誉。

AT&T 工程师调查发现,这次网络崩溃是一次错误重启过程中的一段故障线路造成的。该系统设计的目的就是,如果一台服务器发现了错误状态,就会重新启动,这个方法比较粗鲁,但也能有效地解决问题。在交换机重启后,它将发送一个"OK"给其他交换机,让它们知道已经重新联机。在一台繁忙的交换机收到"OK"的消息时,该软件的漏洞就表现出来了。在某些情况下,应对"OK"消息会导致繁忙的交换机进入错误的状态,并重新启动。

在 1990 年 1 月 15 日下午,纽约市的 7 号系统交换机检测到了错误情况,并自动重启(图 7.3)。它重新联机,发出了"OK"的消息。几乎所有收到"OK"消息的交换机都正确进行了处理(除了在圣路易斯、底特律和亚特兰大的三个交换机)。这三个交换机检测到错误情况,然后重启。等它们联机后,也在网络上发出了"OK"的消息,引起其他交换机陷入了重复的故障浪潮。

每个交换机故障都有两种方式加剧这一问题。当交换机工作中断后,会把更多的长途流量交给其他交换机,使其更加忙碌。恢复后,交换机又给忙碌的机子发送"OK",导致其中一些工作中断。有些交换机在接二连三的"OK"消息下反复重启。10 分钟内,AT&T 就有一半的网络交换机出了故障。

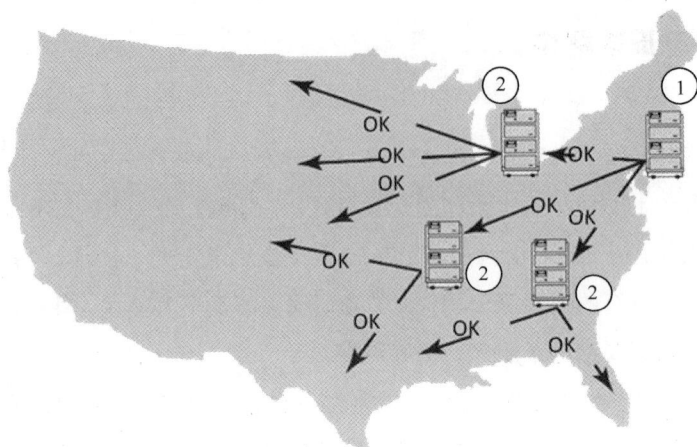

图7.3 1990年，重启代码中的7号系统交换机崩溃。(1)纽约市的
一个交换器检测到错误情况并重启。当重新联机后，给其他
机子发出"OK"消息。(2)在底特律、圣路易斯和亚特兰大
的机子都很忙，处理"OK"的消息使其工作中断。它们检测
到错误情况后重新启动。联上机后，给其他机子发出"OK"
消息，使其中一些又中断了工作，以此类推。

系统崩溃原本会更糟糕，好在AT&T只是将其网络交换机中的80%
转为7号系统软件。留了34台交换机使用6号系统软件。6号系统的
交换机没有这些漏洞，所以也没有崩溃。

机器人火星探测器

美国航空航天局设计了价值125亿美元的火星气象卫星，以促进地
球和火星表面自动探针之间的通信，包括火星极地登陆者号。具有讽刺

意味的是，由于地球上的两个支持团队之间的消息误传，航天器失踪了。

科罗拉多州洛克希德·马丁公司的飞行运营团队在设计时，使用英制单位。这个程序能输出以尺磅为计的推力。加利福尼亚州的喷气推进实验室的导航队伍则使用了公制单位，能输入以牛顿为计的推力。一尺磅相当于 4.45 牛顿的力。1999 年 9 月 23 日，火星气象卫星靠近了火星，就在航天器要发射引擎进入轨道时，科罗拉多州团队向加利福尼亚团队提供了推力信息。由于单位不匹配，导航队将其认定为 4.45 倍的推力，远远高于正常值。航天器飞到过于靠近火星表面的地方，在大气层里燃烧起来。

几个月后，美国航空航天局的火星计划遭遇了第二次灾难。成本165 亿美元的火星极地登陆者号，本该降落在火星的南极，并提供数据帮助科学家了解火星气候随着时间的推移如何变化。1999 年 12 月 3 日，美国航空航天局失去了与火星极地登陆号的联系。美国航空航天局的工程师怀疑系统的软件收到了着陆器的虚假信号，关闭了离地表 100 英尺的发动机。

托尼·斯皮尔是火星探路者的项目负责人。他说："现在要完成火星任务和在 20 世纪 70 年代中期一样困难。我一直坚信软件没有解决问题，我错了。"

在斯皮尔做出这番言论几年后，美国宇航局两个火星探测器实现了成功着陆。这两个探测器，分别叫"机会号"和"精神号"，于 2003年 6 月和 7 月发射，2004 年 1 月成功登陆火星。设计者曾希望每个探测器可以完成 3 个月的任务，在火星表面寻找曾经有足够的水源维持生命的线索。两个探测器的表现都远远超过了这一目标。"精神号"探测器成功运行了 5 年多。"机会号"发现了之前咸水湖的证据，并且发射10 年之后依然可以正常工作。

丹佛国际机场

巨大的航线客运量使斯特普尔顿国际机场不堪重负,丹佛市计划要建造一个更大的机场。斯特普尔顿国际机场行李处理效率之低尽人皆知,项目策划人要确保新机场不会遭遇同样的问题。他们宣布了一项雄心勃勃的计划,将为丹佛国际机场(DIA)建造一个具有国际一流水平、最先进的自动行李处理系统。

机场方面与 BAE 自动系统公司签订了一份 193 000 000 万美元的合同,修建一个自动化行李处理系统,其中包括数千个金属轨道的、长达 21 英里的行李推车。根据设计,工作人员会给每一件行李贴上标签,放在传送带上。计算机会给每件行李规定线路,通过一条或多条运送带,直到装载点,在那里,每件行李会被放在一个类似浴缸的推车里。扫描仪将从手提箱标签读取到目的地信息,然后沿着轨道以每小时 20 英里的速度运送推车,将其送到正确的卸载点。每个行李都会被卸载到一个传送带上,并最终抵达目的地。为了监视行李的运动,该系统使用了56 个条形码扫描仪和 5000 个电子眼。

项目从一开始就产生了问题。在选择行李处理系统之前,机场已经建好,结果地下隧道太窄并且时有急转弯,要在自动行李系统里塞入行李变得很困难。再加上机场雄心勃勃的目标,该项目的建设时间实在是太短。

然而,自动行李处理系统遇到的最重要的问题是,该系统的复杂性超出了开发团队的理解范围。以下是 BAE 遇到的一些问题:

- 行李车错误传送,未能到达目的地。
- 计算机无法追踪到小推车。

- 条码印刷的字迹不够清晰，扫描仪无法读取。
- 行李必须被正确地定位在传送带上，以保证准确装载。
- 推车保险杠会干扰电光管。
- 工人安装电子眼或光传感器时没有标齐。
- 重量较轻的行李被直接扔出了快速移动的推车。
- 行李被自动化行李处理系统损毁。
- 设计中没有考虑到在所有地点平衡可用车辆的问题。

BAE 试图通过试验一次解决一个问题，但该系统过于复杂，无法一一解决。BAE 应该着眼于大局，努力找到系统参数到底是哪里出错，或者哪些是无法实现的。

DIA 本该在 1993 年 10 月 31 日开放投入使用，但启动仪式一再推迟，就是因为行李处理系统还没有投入使用。最终，丹佛市市长宣布，将斥资 5000 万美元修建一个传统的、使用拖船和推车的行李处理系统（修建这个传统的系统，最终实际耗费了 7100 万美元）。1995 年 2 月 28 日，新机场正式投入使用。然而，A 大厅是不开放的。C 大厅处理 11 家航空公司的传统行李服务。BAE 公司花了 311 亿美元，远远超出预算的自动化系统，仅用于 B 大厅美国联合航空公司从丹佛起飞的行李处理。剩下的美联航的行李都在 B 大厅，使用传统的处理系统。

BAE 未能按时交出一个可以工作的系统，导致启动仪式延迟了 16 个月。这个延误造成丹佛每天损失 100 万美元的债券利息和运营成本。后来，DIA 开始向所有过往的航空公司加收每位乘客 20 美元的费用，成为美国国内机场建设费最贵的机场。航空公司又通过提高来往于丹佛的机票价格，将这笔费用转嫁到消费者头上。

虽然丹佛国际机场的故事因高额的资金投入更加受人关注，但是软件工程常常不能按时按预算完成的情况是很常见的。事实上，大多数的软件工程都不能按时、按预算完工。我们将在后文中更详细地探讨这个问题。

东京证券交易所

2005 年 12 月 8 日是招聘公司 J-Com，在东京证券交易所向公众开放的第一天。那天早上，瑞穗证券公司的员工接到一位顾客的电话，说他想以每支 61 万日元的价格出售 J-Com 的股票。上午 9:27，瑞穗证券的员工错误输入了一份交易，以每股 1 日元的价格出售了 61 万支 J-Com 的股票。当计算机屏幕显示"超出限价"的警告时，该员工不顾警告按了两次 Enter 键，将订单发到了东京证交所。上午 9:28，交易出现在东京股票交易所的显示屏上。在发现错误后，瑞穗证券试图在 9:29 到 9:35 之间多次取消订单，但均以失败告终，因为东京证券交易所的交易程序里有一个漏洞。瑞穗证券公司还给东京证券交易所打了电话，要求取消订单，但东京证交所拒绝了。

上午 9:35 分开始，瑞穗开始回购 J-Com 的股份，但只能购买约 50 万支股份。超过 9.6 万支股已经被其他买家购买。瑞穗证券不可能提供这些股票，因为 J-Com 公司只有 14500 支公开交易的股票。根据联交所促成的一个特别条款，瑞穗向买家以每股 91.2 万日元回购这些股票。总之，瑞穗证券为回购股票，损失了 400 亿日元（2.25 亿美元）。东京证券交易所拒绝赔偿瑞穗证券的损失，于是瑞穗证券将东京证券交易所告上了法庭，并要求赔偿 4.16 亿美元。法院作出了对瑞穗证券有利的判决，但把赔偿款减少到了 1.07 亿美元，因为这个错误一开始是瑞穗证券的员工自己造成的。

最终，东京证券交易所找到了阻止订单被取消的漏洞。该漏洞已经潜伏了 5 年，只有在 7 个反常条件同时发生的时候才会出现。

直接记录电子投票机

2000 年的美国大选中，近 200 万张选票没有被计数，因为这些选票没有选择任何一个选项或选择了多个选项。佛罗里达州一场势均力敌的选举竟然遭到了"悬空票"和"蝴蝶选票"的破坏，在前文中我们讨论过这种争议。为了避免问题再次出现，美国国会通过并由总统布什签署了《2002 年美国投票协助法案》（简称 HAVA）。HAVA 给各州出钱，更换划卡式投票系统，提高管理选举的标准。

许多州利用 HAVA 提供的资金购买了直接记录电子（DRE）投票机。选民通过 DRE 投票机触摸屏或按下按钮（图 7.4），来表示他们的选择。在所有选择完成后，屏幕将显示所有选择。这时候，选民可以投出选票或备份并进行更改。

图 7.4　迪堡投票机采用触摸屏来捕捉每一个选民的选择。（©美联社照片/罗赫略·索利斯）

巴西和印度一直在国家大选中使用 DRE 投票机。在美国，各种投票技术都在用，2006 年 11 月的大选中，大约有 1/3 的选民在 DRE 系统上投下了选票。DRE 投票机的支持者认为机器的速度和计算的精确度是一大优势。他们说，系统比纸质选票更耐磨损，而纸质选票还会被选举工作人员动手脚。一旦投票实行了电子化，如果投票结果高于预期，各选区就不会超出界限，投出额外的选票。此外，投票机触摸屏可以进行编程，以避免出现选民不选或多选的情况。

一些计算机专家曾公开反对使用触摸屏投票机，认为它们不一定比之前的系统更好。专家们尤其担心出现编程错误和缺乏纸质审核线索：原始选票的记录。

从 2002 年以来，已经出现了相当一部分与 DRE 投票机相关的投票违规行为。以下罗列了一部分。

2002 年 11 月，一个编程错误导致触摸屏投票机出现故障，没有记录下北卡罗来纳州韦可县的 436 张选票。

2003 年大选，印第安纳州的布恩县，触摸屏投票机统计了 14.4 万张选票，然而全县只有 1.9 万个登记选民。在修复了一个编程错误后，选票重新计数，生产了与实际投票人数相一致的结果，但是，由于没有纸质审核线索，也无从知道新的结果是否正确。

2004 年 1 月，美国佛罗里达州举行了一次特殊的选举，以决定谁代表 91 号选区参加大选。在计算出 10 844 张票时，投票机统计显示有134 位选民没有投票，好在这只是第一轮选举。最终获胜的候选人比第二名多获得了 12 张选票。由于投票机对原始的票数没有记录，也无法进行验票。

2004 年 11 月，印第安纳州拉波特县所有的 DRE 投票机原始输出只统计出了 300 张票，而实际应该有 5 万张，直到找出问题，这个故障才得以解决。

2004 年 11 月，在北卡罗莱纳州吉尔福德县，投票机的计数软件出现了程序错误，导致系统达到 32 767 最大值后，又重新计算了一遍。问题解决后,新的计票数改变了两场竞选的结果,给总统候选人约翰•克里新增了 22 000 票。

2006 年，一些佛罗里达州的选民在给民主党候选人投票时产生了麻烦。在选择了民主党候选人后，选民发现，机器的屏幕把一些民主党候选人换成了共和党候选人。选民不得不多次操作，屏幕才显示了正确的候选人的名字。

2006 年 11 月，佛罗里达州举行的大选上，超过 18 000 张选票没有被计入。最终，共和党候选人弗恩•布坎南仅以 369 票击败了民主党后选人克里斯蒂娜•詹宁斯。

一些计算机专家担心电子投票机存在易被篡改的脆弱性。芬兰安全专家哈里• 赫斯特调查了记录选票的迪堡 DRE 投票机储存卡。（在投票机关闭后，这些储存卡会从机器中取出带到统计票数的中心。）赫斯特发现，他可以利用一个现成的农业扫描设备不留痕迹地改变投票结果。

计算机科学教授赫伯特•汤普森检查了迪堡投票机的中央部件，它要统计单独的投票机的票数。汤普森表示，系统甚至缺乏基本的身份验证机制，不需要用户名和密码，就能够访问系统的程序。仅仅通过插入五行代码，他就成功地把 5000 票从一位候选人转移到了另一位的名下。"我想恐怕初二的学生也可以做到这一点。"他说。

不能访问触屏系统的源代码，就无法检测它的安全程度。这些系统的制造商都拒绝公开软件，并称源代码是宝贵的知识产权，是商业秘密。支持开放投票的联盟指责公司对于美国境内选举的控制权，他们提倡开源软件的发展，使选举"公开，透明"。

触摸屏投票系统的批评者说，该系统会使选举舞弊的可能性达到前所未有的水平。老旧的、杠杆式机械投票机容易在地方一级作假。投票官员可以到投票站多次为同一名候选人投票，额外的票数可以被添加到任何一个选区，而不被发现，但这个数字毕竟有限。与此相反，通过改变电子表决系统的程序，一个人可以穿过数千个选区，改变选票。

支持使用触摸屏投票机的人认为对 DRE 投票机的批评被过分夸大了。太平洋研究所的一份报告指出，DRE 投票系统比可以被选举官员篡改的纸质选票更安全。"开源倡导者和提出纸质线索的人是想在一个很危险的状态下操控选举。与其要求建立一个完美无缺的机器和为了其政治利益传播阴谋论，他们应该把精力放在帮助美国选民的事情上。"

尽管如此，有些州确实重新考虑了 DRE 投票机的使用。2007 年 5 月，美国佛罗里达州的立法机构投票决定，用光学扫描选票取代 DRE 投票机。选民在候选人名字旁边的圆圈进行填涂，接着光学扫描机计算出有标识的选票。这种方法留下了纸质审计的线索，在有争议的选举中，让人工计票成为可能。

计算机模拟

在前文中，我们重点关注了一个不可靠的计算机控制系统，其对癌症患者放射出了致命剂量的辐射。但即使计算机室的大门紧闭，当中的系统依然可以造成伤害。计算机模拟的错误会产生糟糕的产品，平庸的科学研究和不当的决策。本节中，我们会回顾对计算机模拟的依赖、包括计算机模拟设计的产品，计算机模拟帮助我们了解世界，甚至预测未来。而我们描述的方法可以使计算机建模师验证他们的模拟。

模拟的使用

计算机模拟在当代科学和工程中扮演着重要的角色。有很多原因导致科学家或工程师无法进行实物实验。也许是造价太高，或耗时太长，或道德层面不允许做这样的实验。计算机模拟可以用来设计核武器，寻找石油，开发药物，设计出更安全、更省油的汽车，甚至可以用于设计消费品，如一次性尿布。

一些计算机可以模拟过去的事件。例如，当天体物理学家在获得关于宇宙演化的理论时，他们可以通过计算机模拟测试。计算机模拟表明，围绕一颗年轻恒星的气体运动的行星可以分裂成巨大的气体行星，如木星。

对于计算机模拟的第二种运用是为了了解我们周围的世界。其中一个最重要的用途就是在勘探石油中提供帮助。

钻探一处石油井要花数百万美元，大部分钻探结果只是得到了一口"干井"，不能带来任何收益。通过计算机模拟，这个工程变得更有预见性。地质学家布设了一个麦克风网络，并点爆了一些炸药。计算机会分析由话筒接收到的回声，形成一个地下岩石构成图，分析当中的构成可以帮助石油工程师挑选出最有希望的钻探点。

计算机模拟还可用于预测未来。现代气象预测系统就是基于计算机模拟。当人们在遭遇极端天气状况，如洪水、龙卷风和飓风时（图7.5），这些预测变得尤为重要。每个计算机模拟都有一个基本的数学模型。速度更快的计算机使科学家和工程师可以开发更复杂的模型。随着时间的推移，这些模型的质量都会有所提高。

图 7.5 我们依靠计算机模拟来预测飓风的路径和速度。（美国航天局提供）

当然，通过计算机模拟得出的预测结果也可能是错误的。在 1972 年，罗马俱乐部，一个总部设在德国的国际智囊团，委托发行了一本书，叫作《增长的极限》。该书预测，世界人口继续呈指数增长，会导致矿物质和耕地短缺，食品价格上涨和更严重的污染。这本书出版一年后，阿拉伯石油禁运造成了西方国家石油价格和汽油价格显著上升，给那些令人恐慌的预测增加了筹码。然而事实证明，书中的预言过于悲观。地球人口确实在过去 40 年里增加了超过 80%，耕种土地的数量几乎没有增加，然而粮食和矿产品价格已经下降，而且西方主要城市的污染状况已经有所下降。

《增长的极限》中的计算机模型是有问题的。它假定所有必要资源的储备已经被开采。事实上，在过去 40 年里，已经发现了许多新的石油储备和其他资源。该模型忽略了技术的进步可以减少社会对其他资源的使用,例如通过提高汽车的燃油效率减少对石油的需求,或以数字摄影取代传统摄影,以减少对银的需求。

验证模拟

计算机模拟可能因为两个不同的原因产生错误的结果:程序可能存在漏洞,或者基于该模型的程序可能有缺陷。验证的过程就是确定计算机程序是否正确地实现了模型对真实系统的呈现。本节,我们关注验证的过程。

验证模型的一种方法就是确保它能再现实际系统的性能。例如,汽车和卡车制造商为他们的产品创建了计算机模型(图 7.6)。他们通过模型来测试车辆在各种撞击中的表现。在计算机上撞毁一辆汽车比撞毁真车速度更快、花费更低。为了验证他们的模型,制造商比较了撞毁实际车辆与计算机模型预测的结果。

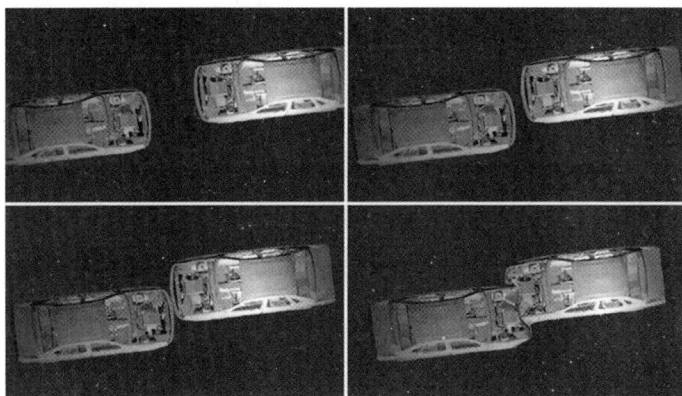

图 7.6 汽车事故的计算机模拟可以揭示与真车碰撞测试相同的信息,而且造价更低。(橡树岭国家实验室,美国能源部)

要验证一个预测未来的模型可能会带来新的困难。如果我们要预报明天的天气，那么等到明天看看天气怎么样，就可以知道这个模型是否可行。但是，假设一个科学家，要用一个全球变暖的模型来估计未来50年后的气候。你不可能通过比较预测结果与现实情况来验证这个模型，因为你不可能等50年来看预测是否成立。不过，你可以用它预测当前，来验证模型。

图7.7说明了模型如何预测现在。假设你想了解模型预测25年后的水平怎么样，你有75年前的数据，让模型测试至少25年的数据，但是不让模型知道任何25年间真实的数据。让模型用25年前的数据预测现在和用现在的数据预测25年后的未来，二者难度相当。预测现在的好处在于你可以用当下的数据来验证模型。

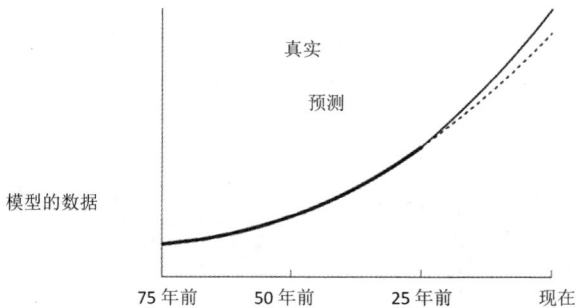

真实

预测

模型的数据

| 75年前 | 50年前 | 25年前 | 现在 |

图 7.7 你可以验证一个模型预测25年后的能力，通过使用25年前
到现在的数据来"预测现在"。然后，将模型对现在的预测与
当前的现实进行比较。

验证计算机模型的最后一个方法就是看它是否获得了专家和决策者的信任。最终，只有得到了那些有决定权的人的认可，一个模型才是有价值的。

软件工程

由于对"软件危机"的意识日益增强，软件工程这一领域应运而生。20世纪60年代，计算机设计师利用商用集成电路，设计出性能更为强大的大型机。与以往相比，这类大型机能够执行更大型的程序，程序员也针对性地设计了功能强大的操作系统和应用软件。然而，编程工作遇到了一系列麻烦。新的通用软件系统延迟推出，开发成本超出预期，实际表现与需求说明不符，程序错误百出，难以修复。非正式的、特定的编程方法曾适用于以往的软件系统，但当系统复杂到一定程度时，这些方法便不再适用。

软件工程作为一门工程学科，主要研究软件开发、工具开发、工程方法和软件开发理论。软件工程师开发一款软件需要遵循以下4个步骤。

1. 需求分析：明确软件要实现的功能。

2. 软件开发：编写符合要求的软件。

3. 软件校验：测试软件功能。

4. 软件维护：根据客户需求的变化，对软件进行修改。

需求分析

需求分析的过程旨在明确软件系统的要求及运行限制。软件工程师与目标用户进行交流，了解用户需求。他们必须根据客户的预算和进度要求来判断开发软件系统的可行性。如果一款软件需要取代当前的一套程序，软件工程师就会对其进行研究，分析出软件所必须具备的功能。他们可以先开发出用户界面的原型，以确保系统满足用户需求。

需求分析最后会形成一份高级需求声明，有时还包括一款用户认可的用户界面模型。软件工程师还会发布一份低级需求声明，阐述软件系统实际使用者所要求的具体细节。

软件开发

在软件开发阶段，软件工程师将制作一款符合需求说明的软件系统。初步设计的基础是从高层次和抽象的角度对系统进行分析。初步设计的过程中会暴露出需求分析里含混不清、疏忽遗漏，甚至大错特错的问题。一旦发现类似问题，就会对需求分析进行修改。在设计尚处于较为笼统和抽象的阶段修正错误，效率更高，成本也更低。

总体而言，软件工程师会不断向设计中添加细节，该工作完成后，软件系统的各个组成部分便一目了然。设计者会尤其注重将各个组成部分的衔接处划分清楚。软件系统采用的算法和数据结构同样由他们来决定。

软件工程成为一门学科后，出现了不少结构化的设计方法。这些设计方法最终形成了大量以视图形式存在的设计文件资料。许多公司机构都使用计算机辅助软件工程（CASE）工具来协助设计并记录细节。

软件工程方法中另一重要的进步是面向对象设计。在传统设计中，软件系统被视为一系列共用一套数据结构的功能的集合。在面向对象设计中，软件系统则被视为一系列彼此间交换信息的对象的集合。每一个对象都有独立的状态，并基于接收的信息独立处理自身数据。

与传统架构的软件系统相比，面向对象设计的软件系统存在以下优势：

1．由于每个对象都与系统某一特定组件相连接，面向对象设计更易于理解。

这种易于理解的设计能够在软件项目的编写、测试和维护阶段节约时间。

2．由于每个对象都隐藏了自身状态和专用数据，其他对象不会出现不巧修改了某一对象数据项的情况。

这一优势减少了错误的出现，参见前文描述的静态条件。

3．由于各个对象间彼此独立，重新利用面向对象系统的组件更加容易。

为某一软件系统创建的某个对象定义可以复制并插入到另一个软件中而不影响其他对象。

当软件系统设计达到足够的细节层次，软件工程师即开始编写真正的计算机程序，执行该软件系统。编程语言多种多样，每一种语言都有各自的优点和缺点。执行面向对象设计的软件系统，程序员通常也会使用面向对象的编程语言，例如 C++、Java 以及 C#。

软件校验

软件校验即软件测试，其目的是确保软件符合需求说明的要求，并能够满足用户的需要。在一些公司，软件测试交由新聘用的软件工程师负责，证明自身能力后，他们很快就会转到程序设计工作上。然而，高质量的测试要求大量技术支持，一些公司机构将软件测试作为一条独立的职业发展道路。

与测试桥梁之类的工程相比，软件测试难度更大。我们可以建造模型来验证我们的设计。要验证模型桥梁的承重能力，我们可以测试它对不同负载的反应。不断增加负载，桥梁构件承受的压力和张力以及桥梁跨度的偏移也不断发生变化，由此便可在可控的不同负载条件下进行实验。根据所收集的数据，工程师能够推断得出全尺寸桥梁的各项性能数据，并且通过增加模型零部件的尺寸，控制误差范围以保证成桥的质量。

计算机程序与桥梁截然不同。程序通过小测试能够发现漏洞，但这并不意味着遇到更大的问题时，程序仍能运行。计算机程序对几乎相同的数据产生的反应不一定相似。相反，看上去运行正常的程序也许会因为单项参数的细微变化而崩溃。不过，程序员不可能没日没夜地测试，即使是小型程序也可以输入几近无限的信息。既然无休止的测试难以实现，程序就永远无法完成测试。因此，软件测试人员整合了测试案例套件，囊括了被测系统或组件的所有性能。

为了简化大型软件系统的校验工作，测试通常分阶段进行。测试第一阶段是对软件系统各个模块进行独立测试。代码行数较少时，隔离并修复错误就更加容易。单个模块调试结束后，再结合成较大的次级系统进行测试。最后，所有次级系统都会结合成为完整系统。在某一模块中发现并修复程序错误后，所有与该模块相关的测试案例都需要再重复一遍，以免修复程序错误造成新的错误。

软件维护

　　一个成功的软件系统能够不断维护升级，满足用户变化的需求。软件系统的维护与开发有诸多相似之处。软件工程师必须理解用户需求，评估当前系统的优缺点，并且设计出软件修改方案。软件维护也能借助开发新软件系统所使用的 CASE 工具，而测试升级后的系统时，许多为原系统开发的数据集也能派上用场。

软件质量的提升

　　有证据显示，软件工程领域正日趋成熟（图 7.8）。著名咨询机构斯坦迪什集团定期追踪了上千个 IT 项目的开展情况。数据显示，1994 年约有 1/3 的软件项目中途叫停；约半数项目大大超出了时间和预算的限制勉强完成；仅有约 1/6 的项目在预算内按时完成，不过，在这些项目中制作的软件系统，与原计划相比仍有缩水。2009 年，斯坦迪什集团再次开展调查，近 1/3 的软件项目能够在预算内按时完成，与 1994 年相比翻了一番；仅有约 1/4 被叫停；少于半数的项目超时超支，但超出幅度小于第一次调查结果。

　　不过，由于仅有约 1/3 的软件项目能够在预算内按时完成，软件产业的发展道路仍然漫长。软件产业的变化日新月异，企业必须加速推出新产品才能保持竞争力。既要追赶进度，又要严格遵循软件工程的方法理论，许多公司机构因此压力重重。

图7.8 根据斯坦迪什集团的调查,2009 年顺利完成的 IT 项目较 1994
年翻了一番。如今,约 1/3 的软件项目能够在预算内按时
完成。

总结

计算机是大型系统中的一环,而最终,重要的是整套系统的可靠性。
设计出色的系统能够在任一组件发生故障时继续工作。本章列举了诸多
案例,证明计算机是系统的"薄弱环节",足以导致系统崩溃。这些案
例是重要的经验教训,供计算机科学家和其他参与设计、运行和测试大
型系统的人员参考。

系统故障有两个原因,一是数据输入错误,二是数据检索错误。个
人在输入和检索数据时出现的具体错误很容易被发现,但系统却比个人
大得多。比如,在 2000 年佛罗里达州大选中,计算机数据库中的错误
记录导致成千上万选民失去投票权,数据输入错误导致了投票系统异
常;再比如,一位名叫希拉·杰克逊·斯多希(Sheila Jackson Stossier)
的女子曾遭到警方逮捕,原因却是她被错认为另一位名叫雪莉·杰克逊
(Shirley Jackson)的人,数据检索错误导致了刑事司法体系运行失误。

当软件和账单出现错误时，系统发生故障显而易见。比如美国奎斯特通讯公司曾将 14 000 份错误的账单发给手机用户，显然是账单系统发生了故障。

两个小节主要讨论了大型系统。部分发生故障的嵌入式系统通过详细排查来确定故障原因。爱国者导弹的雷达追踪系统程序存在细微的缺陷：每次时钟信号被保存在一个浮点型变量中都会产生微小的截断误差。误差不断积累，经过 100 小时后达到相当程度，导致雷达系统失去目标。阿丽亚娜 5 号运载火箭发射失败，原因就是某个赋值语句导致的火箭上计算机崩溃。美国电话电报公司的长途网络故障，罪魁祸首也是一行错误的代码。

好的系统不会因单个组件发生故障而崩溃。这一原则在硬件上更易实现。比如一架喷气式客机拥有三台引擎，依靠其中任意两台，飞机都能维持飞行。因此，有一台引擎发生故障时，飞机仍可以飞到最近的机场降落。软件上要达成这个目标却很难。假设一个系统里安装了两台计算机，那么其中一台计算机发生硬件故障时，冗余技术可以容错。然而，如果这两台计算机运行的软件相同，软件是无法达成冗余的，因为造成一台计算机故障的软件漏洞也会使另一台计算机发生故障。美国电话电报公司部分长途网络发生故障就是很好的例子。全部 80 台运行最新版软件的交换机统统失灵，幸好还有 34 台交换机运行的是旧版本软件，从而避免了美国电话电报公司的网络系统完全瘫痪。

想一想，如何才能在软件系统中运用真正有效的冗余技术。公司是否应该运行两套完全不同的账单系统，让一套系统对另一套系统生成的账单进行复查？联邦政府又是否应该运行两个完全不同的国家犯罪信息中心？这样做并不现实。另一方面，在数据输入和数据检索中，冗余技术似乎更为可行。由两名数据录入员将数据输入数据库，再由计算机检查两份数据是否一致，这首先就减少了错误数据被录入数据库的概率。两个人都可以看到计算机反馈出的结果，并根据他们各自的常识和理解来确认结果是否有效。对投票而言，使用书面审计线索能切实可行地为电子投票机增加冗余。

虽然提供作为冗余的软件系统似乎并不可行，对安全性要求较高的系统也不应该完全依靠单独一款软件。Therac-25 超剂量辐射事件的发生，就是因为该系统缺少了前代系统的硬件互锁装置。

计算机系统发生故障的事件还具有其他宝贵的教训。阿丽亚娜 5 号事件和 Therac-25 事件证明了重复利用代码会存在安全隐患。即使最初撰写代码时的设计构想是合理的，再次使用同样的代码时就未必合理。也许先前的部分设计构想没有文件记录，新的设计团队便无从确认这些构想是否适用于新的系统。

修复复杂系统的漏洞是非常困难的，丹佛国际机场自动行李处理系统的问题就是例证。一次只对付一个问题，解决后再对付下一个问题，这种方法并不明智，因为系统的整体设计将存在严重的缺陷。比如，BAE 系统公司甚至没有意识到，单是顺利地把行李拖车送到需要的地方就已经非常困难了。即使 BAE 公司能够解决所有具体的低级别技术问题，但高级别的整体性问题没有解决，行李处理系统就无法在工作高峰期达到预期表现。

最后，人员间的沟通失误同样会导致系统出现问题，火星气候探测者号的失败就是例证。这一事件中，科罗拉多团队为卫星编写软件时使用的是英制单位，而加利福尼亚团队使用的是公制单位，因此一个程序输出的数据与输入另一个程序的数据存在矛盾。由于一个不确定的接口掩盖了这个错误，直到解体事故发生之后这个问题才被发现。

计算机模拟技术常用于进行数值实验，以寻求新的科学发现，帮助工程人员创造更好的产品。因此，模拟结果的可靠性至关重要，验证方法是比较预期结果和实际情况。假设模拟的目的是预测未来，那么只需输入过去的数据，让模拟器预测现在的情况。最终，获得领域专家和决策人的认可后，模拟器便通过了验证。

由于对"软件危机"的意识日益增强，软件工程学科应运而生。小型程序也用特别的方法编写，但大型程序必须经过精心设计才可靠。软件工程就是运用工程方法理论进行软件制作和维护。对 IT 行业的调查显示，能够在预算内按时完成的项目数量不断增加，中途叫停的项目数量不断减少。这也许表明软件工程正在产生积极的影响。但是，未能在预算内按时完成的项目仍占多数，因此进步空间还很大。对许多公司而言，比起遵循严苛的软件开发方法理论，按时交货仍然更为重要。

软件开发商是否应该对他们的产品负责？或者说，程序是否是与钳子扳手完全不同的产品？通过调查软件制造商在许可协议中撰写的担保条款能够发现，他们不愿为任何因使用其产品而导致的损失负责。法院倾向于将软件本身视为商品，这意味着，不管软件担保条款的内容是什么，《统一商法典》中涉及损坏与保修的条款仍然适用于该软件。不过，由于法院并不愿将软件的程序视为产品，软件制造商便会受到严格责任理论的制约。

人物访谈

阿维·鲁宾（Avi Rubin）博士是约翰·霍普金斯大学的计算机科学教授及信息安全学院技术主管，他领导了国家科学基金会赞助的 ACCURATE 中心项目，该项目用于得当、可用、可靠、可编辑和透明的选举。他也是独立安全咨询公司 Independent Security Evaluators（www.securityevaluators.com）的共同创始人之一。

阿维·鲁宾

379

鲁宾博士通过了美国参众两院多重场合下的测试。由于确保了选举程序的完整性，2004 年 1 月《巴尔的摩杂志》将他列为年度人物。他还是 2004 年电子前沿基金会先锋奖的获奖者。

鲁宾博士著书包括《勇敢的新投票》（兰登书屋出版社，2006），和比尔·切斯威克（Bill Cheswick）、史蒂夫·贝露文（Steve Bellovin）共同著有《防火墙与因特网安全》（第二版）（艾迪生-斯利出版社，2003），《白帽子安全军火库》（艾迪生-斯利出版社，1997）以及和丹·吉尔（Dan Geer）、马库斯·让姆（Marcus Ranum）共同著有《网络安全大全》（约翰·威立出版社，1997）。他还担任美国计算机协会《互联网技术交易》的副主编，《IEEE 安全&隐私》的副主编，施普林格信息安全与密码学系列丛书的顾问。

太平洋研究所称直接记录电子投票器比传统的纸质投票更加安全，此前选举办公室很容易篡改选票。你是否赞同这一言论？

我认为纸质选票的确存在被篡改的可能性。我认为对于不怎么高明的人，篡改纸质投票更容易，而非直接记录电子投票器中的投票结果。但我认为使用电子投票器比纸质投票对选举的真实性造成的威胁更大。首先，篡改纸质投票比篡改软件或电子投票更容易被发觉。其次，如果投票器中的软件被操控，这将影响到几千个地方，而纸质投票被操控的影响则是有限的。不过我最大的担心是电子投票器中一个无心的错误可能会改变实际的选举结果却丝毫不被察觉。纸质投票不以软件为基础，也就不存在类似的威胁。

支持直接记录电子投票器的人表示电子投票器可以清除其他投票系统中存在的错误。举两个常见例子：穿孔卡片可能出现挂角票；投票人可能误投给两名候选人。纸质选票的好处是否超过了其潜在风险呢？

挂角票的确是穿孔卡片系统存在的问题,但不是所有纸质投票都存在这样的问题。我认为应停止穿孔卡片系统的使用。基于光学扫描技术的纸质投票方式就不会产生上述问题。还有其他的系统能够避免每人只有一票却误投给两名候选人的情况。比如,选区扫描仪能够筛选出未正确标识的选票,给予投票人一次修正机会。目前商业扫描仪能够完成这项工作。此外,选票标识器也不会产生上述问题,因为投票人在触屏上投票,之后才会将选票打印出来接受扫描仪扫描。

是什么让你产生研究迪堡(Diebold)直接记录电子投票器的念头?

我是一名电子安全研究员,20 世纪 90 年代我对电子投票器产生了兴趣,因为那是一个艰难而有趣的问题。迪堡投票器的源代码在互联网上开放后,我把它视为研究真实投票系统的良机。

在《电子投票系统研究》中,你说公众本应获得电子投票器中使用的源代码,然而这种源代码对编写公司而言是有价值的知识产权。为什么一家公司要花时间和金钱开发向每个人包括潜在竞争者开放的创造性、高质量的软件?

我认为对投票和类似事物的透明度要求超过了供应商对知识产权的保护。此外,我们国家拥有知识产权保护的专利系统,也因此要求完全披露。我觉得这种争议十分可笑,因为投票器的功能非常简单。最后,很多公司也现身说法,开放源代码依旧能够帮助他们赚大钱。

你曾担心过在势均力敌的选举中,"无纸化直接记录电子投票器将会产生许多不确定性"。对此你有何提议,你的提议又能如何改善电子投票系统的准确性?

我提出在选区使用光学扫描仪来配合纸质投票,这样可以检查出投票错误。为了更方便，我提出了让投票者选择使用投票标识器，正如上述所说的那样。

国家支持 ACCURATE 是否说明直接记录电子投票器的问题得到了普遍重视、确保公平选举得到广泛支持?

ACCURATE 中心项目得到国家科学基金会（NSF）的赞助。赞助 NSF 中心要受到许多资深计算机科学家严格的审批。计算机科学界了解直接记录电子投票器存在的风险，也希望找到一套透明、准确、适当且可以充分获得公众信任的投票系统。

ACCURATE 将如何改进美国的投票进程?

我们的中心正在开发改善投票进程的技术。我们的调研员亲身参与选举进程，同各个层级的官员一道工作，并自愿举办选举。我们希望中心开发的技术能够用于未来系统的设计和执行，以避免可能存在的软件漏洞，阻止试图破坏选举的恶意攻击者。

第八章

——CHAPTER 8——

职业道德

从编程成为一种人类活动开始，我们就陷入了一个奇怪的循环。一知半解的经理人以为任何人都能写程序，直到如今程序员才开始赢得专家的称号。

——温伯格，《程序开发心理学》，1971

导言

雅克布斯·伦茨（Jacobus Lentz）是第二次世界大战前荷兰人口登记的检察官。身为检察官，他负责运用 IBM 研发的机器，管理平稳运行的数据处理基础结构。他热衷于收集个人数据，他写道："理论上，收集到的个人数据丰富而完善，我们甚至可以说平面的人就能完全代表立体的人。"

伦茨发明了一种防伪身份证，提议每位公民都办理一张随身携带。然而荷兰政府拒绝了他的提议，因为这种做法违背民主的理念。1940年德国占领荷兰时，伦茨又有一个机会来推广他的发明。他同纳粹党分享了这一设计，令对方印象深刻。他发明的防伪身份证比当时德国使用的身份证先进得多。没过多久防伪身份证就在荷兰人手一张了。

1941 年，德国对荷兰的犹太人实行特殊普查。所有的犹太人都被要求到当地的普查办公室注册。荷兰社会普遍谴责德国政府的敕令，然而犹太人不得不执行命令。如果没有前去注册，将会受到 5 年牢狱的惩罚，且没收全部个人财产。此外，由于政府在发放伦茨的防伪身份证时获得了有关犹太人的最新消息，任何没去注册的人都能被查出。

伦茨并没有简单地按照德国人指令行事，他想在了他们前面。1941年德国人与他签订合同，让他制作犹太人的花名册，伦茨说他的办公室已经开发了一套能够达到此目的的系统。在回忆录中，伦茨写道："我租用了一台何勒内斯代码器，专业的统计调查都用这台机器完成。德国人对此非常满意，他们相信我的意见是正确的。"

1942 年 7 月，火车每两周都会将犹太人从荷兰运往东欧的集中营。伦茨办公室制作的花名册让德国人轻而易举地完成这项工作：有序地汇集犹太人，让火车准时出发。德国占领荷兰的日子里，14 万犹太人中有 10.7 万人被运往集中营，10.2 万人死亡。

一般来说，专业指的是一种要求在某领域取得高学历和丰富实战经验的职业。专家们有特殊的义务确保他们的行为有益于依靠他们的人，因为他们的决定比普通人能产生更为严重的后果。伦茨在数据处理方面堪称世界级专家。作为人口登记的检察官，他的职位赋予他重任。然而，他太过注重展示他的创造力、技术能力和聪明才智，却忽略了个人行为产生的后果。缺少了道德导向，他便堕落成了希特勒解决犹太问题的"屠杀方案"中的一员。

本章重点探讨设计、执行、操作和维护计算机软硬件人群的道德抉择。本章伊始探讨了计算机相关职业的专业界定，然后提出并分析了计算机相关即软件工程的职业道德规范。

本章最后讨论了举报，即某个组织的成员跨越职权揭露该组织对公众产生的实际伤害或潜在伤害。举报关乎忠诚、信任、责任等道德问题。两个举报实例充分说明了这些道德问题，也展示了为了社会和平与美好，个人所作的牺牲。本书认为管理对于组织环境至关重要，组织环境指的是提倡广开言路或压制不满之声的环境。

软件工程师道德准则

　　软件工程道德准则和专业实践是软件工程师所面临的道德抉择时的务实框架。

　　软件工程道德准则和专业实践内容如下（版权©美国计算机协会出版社；获准转载）

序言

　　计算机在商业、工业、政府、医药、教育、娱乐甚至整个社会中扮演了愈加重要的角色。软件工程师指的是通过直接参与或教学致力于分析、说明、设计、开发、认证、维护、测试软件系统的人。由于他们扮演软件系统开发的角色，软件工程师有很多机会自己行善作恶，或是使得他人行善作恶，或是影响他人行善作恶。为了尽可能确保软件工程师的努力有所回报，他们应当致力于使软件工程师成为一项有益的、受人尊敬的职业。这一愿景要求软件工程师遵循以下道德准则和专业实践。

　　道德准则包含与专业软件工程师的行为和决定相关的八大原则，包括从业人员、教育家、经理人、管理者、政策制定者和该行业的教练与学生。八大准则指出了个人、团体、组织牵涉的道德责任关系及其包含的重要义务。各项原则的分项对一些重要义务做出了阐释。这些义务是软件工程师人性的写照，特别是关照受到软件工程师工作影响的人们，软件工程从业的独特性等。道德准则规定上述分项为软件工程师或立志成为软件工程师的人的义务。

道德准则中涉及个人的部分不能单独存在，为疏忽或犯罪开脱。道德准则中的各项原则和条款并非面面俱到。各项条款也并不能区分所有从业情况下可接受和不可接受的专业行为。道德准则亦不是做出道德决定的简单算法。在某些情况下，一些标准可能与其他来源的标准相冲突。一旦遇到这种情况，就要求软件工程师运用道德判断做出符合道德准则与专业实践的行为。

仔细思考基本原则能够解决道德冲突，盲目依赖详细规定则不然。这些准则让软件工程师得以全面思考谁将受到他们工作的影响，检验自己及同事是否给予他人应有的尊重，思考社会公众在知情的情况下如何看待他们的决定，分析社会上弱势群体如何受到他们的影响以及思考他们的行为是否与软件工程师之名匹配。

涉及健康、安全、公共福利的判断是最为重要的，也就是说，"公共安全"是道德准则的核心。

软件工程师灵活机动又要求颇高的工作环境要求其道德准则能够适应新情况。然而，哪怕是笼统概括，道德准则仍能依据职业的道德立场为需要对特殊情况作出回应的软件工程师及经理人提供支持。道德准则提出的道德基准是团队中个人和整个团队都应遵守的。道德准则明确了对软件工程师个人或团队提出的不合乎道义的要求。

道德准则不是简单地对可疑行为做出宣判，它也拥有重要的教育功能。该准则经过专家的一致认可，是教育公众和立志成为专业软件工程师道德义务的方式。

原则

原则 1：公共利益

软件工程师的行为应符合公共利益，特别是在适当的情况下软件工程师应当：

1.01 完全承担工作责任。

1.02 以公共利益为出发点平衡软件工程师、雇主、客户和用户的利益。

1.03 批准软件时，应确定该软件安全、达到标准、通过测试，且不会影响生活质量、隐私或有害环境，一切工作以公共利益为前提（图 8.1）。

图 8.1 软件工程师在批准软件时，应确定该软件安全、达到标准、通过测试，且不会影响生活质量、隐私或有害环境，一切工作以公共利益为前提（第 1.03 条）。

1.04 向有关个人和机构披露任何他们认为软件或相关文件对用户、公众或环境造成的实际或潜在危险。

1.05 通力合作解决软件安装、维护、支持和文件编制等公众担心的问题。

1.06 在任何时候维护公平、避免欺骗，特别是软件或相关文件、方法、工具涉及公共利益问题时。

1.07 考虑身体残疾、资源分配、经济劣势和其他阻碍人们获得软件益处的问题。

1.08 应致力于将自己的专业技能用于公益事业和公共教育的发展。

原则 2: 客户和雇主

在保持客户和雇主的利益与公众利益一致的原则下，软件工程师应注意满足客户和雇主的最高利益，特别是在适当的情况下软件工程师应当：

2.01 在其力所能及的领域提供服务，对其经验和教育方面的不足应持诚实和坦率的态度。

2.02 不故意使用非法或非合理渠道获得的软件（图 8.2）。

2.03 在客户或雇主知晓和同意的情况下，仅在适当获准范围内使用客户或雇主的资产。

2.04 当被要求发布一款软件时，确保发布软件相关的文件得到审批。

2.05 只要工作中所接触的机密文件不违背公众利益和法律，对这些文件所记载的信息须严格保密。

图 8.2 不故意使用非法或非合理渠道获得的软件（第 2.02 条）。

2.06 根据其判断，如果一个项目有可能失败，或者费用过高，违反知识产权法规，或者存在问题，应立即确认、文档记录、收集证据、通知客户或雇主。

2.07 当软件工程师知道软件或文档涉及社会关切的重大问题时，应确认、记录、报告给雇主或客户。

2.08 不接受不利于雇主工作的其他工作。

2.09 不提倡与雇主或客户的利益冲突，除非出于符合更高道德规范的考虑，在后者情况下，应通报雇主或另一位涉及这一道德规范的合适的当事人。

原则 3：产品

软件工程师应当确保他们的产品和相关改进符合最高专业标准，特别是在适当的情况下软件工程师应当：

3.01 努力确保高质量、可接受的成本和合理的进度，确保对任何有意义的折中方案雇主和客户是清楚和接受的，且从用户和公众角度是适用的。

3.02 确保他们所从事或建议的项目有适当和可达到的目标（图 8.3）。

图 8.3 确保他们所从事或建议的项目有适当和可达到的目标（第 3.02 条）。

3.03 识别、定义和解决软件工程师工作项目中有关的道德、经济、文化、法律和环境问题。

3.04 通过适当地结合教育、培训和实践经验，确保软件工程师能胜任正在进行和建议开展的工作项目。

3.05 确保软件工程师从事或建议的项目中的使用方法得当。

3.06 只要适用，遵循最适合手头工作的专业标准，除非出于道德或技术考虑时才允许调整。

3.07 努力做到充分理解所从事软件的需求说明。

3.08 确保软件工程师所从事的软件需求说明记录良好、满足用户需要并经过适当批准。

3.09 确保对经过适当批准从事或建议的项目作出实际和定量的估算，包括成本、进度、人员、质量和输出，并对估算的不确定性作出评估。

3.10 确保对经过适当批准从事的软件和文档资料进行充分测试、排错和评审。

3.11 确保经过适当批准从事的项目有充分记录，包括记录所发现的重要问题和所采取的解决办法。

3.12 开发软件和相关的文档时，应尊重受到软件影响的人的隐私。

3.13 谨慎使用通过正当途径或法律渠道获得的精确数据，并仅在获准范围内使用。

3.14 注意维护易过时或易出错的数据的完整性。

3.15 维护各类软件时，应保持与新开发时一样的职业态度。

原则 4：判断

软件工程师应当维护其职业判断的完整性和独立性，在适当的情况下软件工程师应当：

4.01 所有技术性判断应满足支持和维护人类价值的需要。

4.02 只有在本人监督下或在本人专业知识范围内并经本人同意的情况下才能签署所备文档。

4.03 对应邀评估的任何软件或文档保持职业的客观性。

4.04 不参与欺骗性的财务行为，如行贿、重复收费或其他不正当财务行为。

4.05 向所有相关方披露无法回避的利益冲突。

4.06 当软件工程师本人、其雇主或客户存有未公开的潜在利益时，拒绝以会员或顾问身份加入与软件有利益冲突的私人、政府或职业团体。

原则 5：管理

管理软件工程的经理人和领导者应赞成并推动对软件开发和维护合乎道德规范的管理，在适当的情况下软件工程师经理人和领导者应当：

5.01 确保其从事的项目得到良好管理，包括实施提高质量和减少风险的有效步骤。

5.02 确保软件工程师在遵循标准前了解标准内容。

5.03 确保软件工程师了解雇主为保护本人或其他人的机密口令、文件和信息采取的有关政策和方法。

5.04 布置工作任务应先考虑其教育背景和经验会对社会做出怎样的贡献，同时考虑进一步教育和经验需求。

5.05 确保对软件工程师所从事或建议的项目作出实际和定量的估算，包括成本、进度、人员、质量和输出，并对估算的不确定性作出评估。

5.06 在雇用软件工程师时，应实事求是地介绍雇用条件。

5.07 提供公平合理的报酬。

5.08 不得以不公正的手段阻止一个人获得其可胜任的岗位。

5.09 对于软件工程师有所贡献的软件、流程、研究、写作或其他知识产权，确保存在一份涉及所有权的公平协议。

5.10 对于违反雇主政策或道德准则的指控，履行正规的听证程序。

5.11 不应要求软件工程师做任何有违道德准则的事情。

5.12 不得惩罚任何对项目表现出道德担忧的人。

原则6：专业

在与公众利益一致的原则下，软件工程师应当捍卫专业的信誉和名誉，在适当的情况下软件工程师应当：

6.01 帮助创造一个有助于道德规范的组织环境（图8.4）。

图 8.4　帮助创造一个有助于道德规范的组织环境（第6.01条）。

6.02 推动软件工程的公共知识传播。

6.03 通过适当参加各种专业组织、会议和出版物，拓展软件工程知识。

6.04 作为一名专业人员，支持其他软件工程师遵循道德规范的努力。

6.05 不以牺牲职业、客户或雇主利益为代价谋求自身利益。

6.06 服从指导工作的一切法规，除非在特殊情况下，法规与公众利益产生冲突。

6.07 准确描述所从事软件的特性，避免错误言论，也要防止那些可能造成投机性、空洞无物、具有欺骗性、误导性或令人怀疑的言论。

6.08 对所从事的软件和相关文档负起检测、更正和报告错误的责任。

6.09 确保客户、雇主和管理者知晓软件工程师对道德规范的承诺以及该承诺带来的后续影响。

6.10 避免接触与道德规范有冲突的业务和组织。

6.11 承认违反道德规范不符合一名专业软件工程师的行为。

6.12 在出现明显违反道德规范时,应向有关当事人表达自己的关切,除非无法向有关当事人表达关切、表达关切会适得其反或引发危险。

6.13 当与明显违反该道德准则的人无法协商、协商会适得其反或引发危险时,应向有关当局报告违反道德规范的行为。

原则7:同行

软件工程师对其同行应持平等互助、相互支持的态度,在适当的情况下软件工程师应当:

7.01 鼓励同行遵守本道德规范。

7.02 在专业发展方面帮助同行。

7.03 充分信任和赞赏其他人的工作,但应避免过分信任。

7.04 应以客观、坦诚的态度、得当的记录方式评审他人工作。

7.05 保持良好的心态聆听同行意见、关切和抱怨。

7.06 协助同行充分熟悉当前的工作实践标准,包括保护口令、文件和其他保密信息的相关政策和程序,以及一般安全措施。

7.07 不得不公正地干涉同行职业发展,但出于客户、雇主或公众利益的考虑,软件工程师可以善意地质询同行的能力。

7.08 在超越个人能力范围的领域,应主动征询其他熟悉这一领域的专业人员。

原则8：软件工程师个人

软件工程师应当参与终生职业实践的学习，并践行合乎道德的职业实践，特别是软件工程师应不断致力于：

8.01 深化知识发展，包括软件和相关文档的分析、需求说明、设计、开发、维护和测试以及开发过程中的管理。

8.02 在成本合理、时间允许的情况下，提高开发安全、可靠、实用和高质量的软件的能力（图8.5）。

图8.5 在成本合理、时间允许的情况下，提高开发安全、可靠、实用和高质量的软件的能力（第8.02条）。

8.03 提高撰写内容准确、丰富、条理清晰的文档的能力。

8.04 增加对所从事软件和相关文档以及应用环境的了解。

8.05 增加对所从事软件和有关文档的标准和法律的了解。

8.06 增强对道德规范、解释和应用的了解。

8.07 不得因无关偏见不公正地对待他人。

8.08 不得影响他人在执行道德规范时所采取的任何行动。

8.09 承认个人违反本道德规范不符合一名专业软件工程师的行为。

举报

　　我们很容易赋予一个人道德责任，并高谈阔论道：如果他以其他方式行事，事情的结果将大为不同。然而，一件产品或一个决定往往是一个偌大组织下许多人共同工作累加的结果。假设组织中的某个人发现了对公众造成的危险却不能说服组织中的其他人做出改变，消除危险，那么这个人是否应该带着这一信息离开组织？

　　举报人指的是在通过正规途径汇报重大关切而受到忽视和拒绝后，跨越职权揭露对公众产生了实际伤害或潜在伤害的人。员工成为举报人有时候是因为害怕雇主采取的行动会伤及公众利益，有时候是因为他们发现了欺诈纳税人钱财的行为。

莫顿聚硫橡胶公司（Morton Thiokol）/美国国家航空和宇宙航行局（NASA）

　　1986 年 1 月 28 日，航天飞船挑战者号从卡纳维拉尔角起飞。船上有七名飞行员，包括一名学校老师丽斯塔·麦考利夫（Christa McAuliffe），她是第一位进入太空的普通公民。在飞船起飞后仅 73 秒，热气从其中一个助推器中泄漏出来，直接引发了爆炸，挑战者号坠亡，飞船上的宇航员无一幸存（图 8.6）。

图 8.6　挑战者号的爆炸使得七名宇航员命丧黄泉，其中包括登上太空的第一位平民宇航员丽斯塔·麦考利夫（Christa McAuliffe）。（由 NASA 提供）

　　罗杰·博伊斯乔利（Roger Boisjoly）负责检查发射航天飞船后返回的助推火箭上的密封圈。密封圈本应紧密连接各节助推火箭。1985 年他两次发现，有证据表明一个主密封圈失效。博伊斯乔利将他的发现报告给在马歇尔太空飞行中心的 NASA 官员。然而令他失望的是 NASA 官员并没有给予此事足够的重视。随后他写信给主管工程的副总裁罗伯特·隆德（Robert Lund），信中写到一个密封圈的失效可能会致使飞船失事和发射台受损。尽管博伊斯乔利坚持对密封圈重新设计，这一问题始终没有得到解决。

　　1986 年 1 月 27 日，博伊斯乔利和几名莫顿聚硫橡胶公司的工程师会面探讨第二天将进行的发射计划。佛罗里达州正值一场极不寻常的寒流，天气预报预测佛罗里达州北部夜晚的气温将低至 18 华氏度。

　　工程师们知道寒冷的气温大大增加了密封圈失效的可能性，这会让热气从助推火箭中泄漏。他们连夜制作了 14 页 PPT 表达对低温发射的担忧。

　　1 月 27 日晚，莫顿聚硫橡胶公司同马歇尔太空飞行中心和肯尼迪航天中心进行了电话会议。莫顿聚硫橡胶公司展示了 PPT，展示结束时工程师们建议美国国家航空和宇宙航行局，如果气温低于 53 华氏度就中止发射挑战者号。NASA 询问莫顿聚硫橡胶公司副总裁乔·基尔明斯特（Joe Kilminster）关于发射的决定，基尔明斯特表示取消发射。

NASA 官员们对于莫顿聚硫橡胶公司的建议十分不悦。发射几次推迟。他们迫切想要总统在第二天晚上发表国情咨文前发射太空飞船，这样总统便能在演讲中提及此次发射任务。听到 NASA 官员们对建议大失所望，基尔明斯特请求 5 分钟休息时间。

在休息过程中，莫顿聚硫橡胶公司 4 名高级经理人让工程师们暂时回避。高级副总裁杰拉尔德·梅森（Jerald Mason）和副总裁卡尔文·威金斯（Calvin Wiggins）支持这次发射，而副主席乔·基尔明斯特和罗伯特·隆德表示反对。然而当梅森让隆德"脱下工程师的帽子戴上管理者的帽子"的时候（莫顿聚硫橡胶公司一半以上的利润来源于NASA），隆德改变了他的主意。

莫顿聚硫橡胶公司重新加入电话会议，基尔明斯特告诉 NASA 官员莫顿聚硫橡胶公司建议继续发射。马歇尔太空飞行中心的 NASA 官员的行为也导致工程师们的反对意见没能传达给有权决定批准或延迟发射的 NASA 官员。

挑战者号失事的一个月后，博伊斯乔利在受命调查事故的总统委员会面前指证。莫顿聚硫橡胶公司的律师建议博伊斯乔利仅用是或否来回答每一个问题。然而，博伊斯乔利向委员会汇报了他对于低温如何引发密封圈失效的假设。在同委员会后续的会议中，博伊斯乔利提交了支持假设的文件，包括 1985 年写给副总裁的信。博伊斯乔利的证词和证据与莫顿聚硫橡胶公司管理层的证词产生矛盾。莫顿聚硫橡胶公司对此的回应是让博伊斯乔利不得与 NASA 人员有任何往来，且不再让他负责密封圈的重新设计工作。

这种充满敌意的环境让博伊斯乔利十分失望，他于 1986 年从莫顿聚硫橡胶公司辞职。两年后，他找到了一份新工作，成为了一名法医工程师。

休斯航空公司（Hughes Aircraft)

20 世纪 80 年代，休斯航空公司在位于加利福尼亚纽波特比奇的微电子电路分公司制造出了军用级混合计算机芯片（包括数码电路和模拟电路）。该分公司每年共生产 10 万枚混合计算机芯片。军方将这些芯片置于战斗机和空对空导弹等多种尖端武器中。制造这些芯片对于休斯公司来说是一笔横财。政府可为一枚芯片支付 300～5000 美元。

作为高价的交换条件，政府坚持对芯片进行严格的质量保障测试。休斯航空公司的技术人员制作了两种测试。一种是保证芯片正常运转的测试。另一种是检查芯片的抗震、抗高温和防潮能力的测试。10%的芯片未能通过测试。普遍原因是芯片的密封出现了问题，导致水分进入其中。这些芯片被称为"漏气芯片"。

玛格丽特·古德尔（Margaret Goodearl）和唐纳德·拉鲁（Donald LaRue）负责管理测试区域。公司还聘用鲁斯·伊瓦拉（Ruth Ibarra）作为独立质量控制人。

1986 年 8 月，一线工人莉莎·莱特纳（Lisa Lightner）发现了一枚漏气芯片。唐纳德·拉鲁让她呈上芯片。莱特纳向古德尔报告，古德尔把这一紧急事件报告给上级管理层。然而休斯公司管理层威胁古德尔说一旦发现任何人走漏风声，就立刻将她解雇。

两个月后拉鲁要求另一位一线工人雪莉·雷迪克（Shirley Reddick）重新密封某些混合芯片的盖子，没有按照规定流程处理漏气芯片。雷迪克将此事报告给古德尔，古德尔向上级管理层进行了汇报。然而古德尔再一次被警告如果她继续跟踪此事将被解雇。

在同一个月，拉鲁要求测试师瑞秋·雅内施（Rachel Janesch）给芯片出具证书，证明有缺陷的混合芯片通过了漏泄试验，正是因为古德尔向休斯航天公司的管理层汇报了芯片事故，那批芯片全部进行了重新测试。

古德尔和伊瓦拉发现了一盒没有任何文字记录的混合芯片，这意味着必要的测试并未执行。而当古德尔向她的上司们报告此事时，却被告知她已不再属于这个团队。古德尔撰写了一份正式的妨碍投诉书。一位中层管理层把她叫到自己的办公室，撕毁了这份投诉书，指着她的鼻子说道："如果你再这么做，我不会放过你。"

原本表现优秀的古德尔在报告芯片测试设备的问题后，突然绩效一落千丈。1986 年下半年，古德尔和伊瓦拉联系上了美国司法部下属的总检察官办公室，最终决定让古德尔和伊瓦拉找到公司欺诈的证据。

一天拉鲁将两枚漏气的混合芯片放在桌子上，打算等古德尔回家后贴上审批通过的标签。古德尔和伊瓦拉复制了证明芯片未通过漏泄测试的文件。芯片从休斯航空公司运到国防部后，国防部对芯片进行了测试并断定为"漏气芯片"。这件事情发生后，总检察官办公室开始着手调查休斯航空公司的欺诈行为。

1989 年，休斯航空公司解雇了古德尔。伊瓦拉"终于卸下所有重任，与测试实验室再无瓜葛"，她于 1988 年从公司辞职。1990 年玛格丽特·古德尔和鲁斯·伊瓦拉（婚后改名为鲁斯·奥尔雷德）对休斯航空公司提起民事诉讼，称休斯公司违反了《反欺骗政府法》，为蒙骗政府伪造记录。民事诉讼一再搁置直至刑事诉讼结束。

总检察官的刑事调查使得该案于 1992 年尘埃落定。法官判定休斯航空公司密谋欺骗政府。休斯航空公司提出上诉，结果是维持原判。刑事定罪可作为民事诉讼的证据,因此判决结果几乎可以肯定古德尔和奥尔雷德胜诉。休斯公司则从民事诉讼中斡旋,企图找到其他解决办法。

4 年后,休斯航空公司被要求支付 405 万美元。古德尔和奥尔雷德获得其中 22%的钱款,也就是 89.1 万美元。此外,休斯航空公司还被要求另付 45 万美元的法律费用。

古德尔和奥尔雷德为举报付出了高昂的代价。两个人此后很长一段时间处于失业的状态。奥尔雷德和其丈夫在找到新工作前一直靠福利救济。古德尔及其丈夫不得不申请破产,他们最终离婚。尽管经历了如此多的艰难险阻,两个举报人仍说他们"义无反顾"。

涉及举报的美国立法

举报人常常会因揭露组织不愿公开的信息而受到惩罚。他们或丢掉工作,或完全丧失在组织中的发展机会。举报人及其家人还常常饱受精神和经济上的折磨。

不过,举报对社会来说是功德一件。因此,美国政府通过了两项立法鼓励举报的行为:《反欺骗政府法》和 1989 年的《举报人保护法》。

《反欺骗政府法》于 1863 年由国会批准,为防止内战中向联邦军供给的公司的欺诈行为。这项法律允许举报人以政府的名义起诉向政府隐瞒实情的个人或公司。如果该组织被认定有罪且要向政府支付赔偿金,那么举报人可以获得其中一半的报酬。

1943 年国会修改了《反欺骗政府法》,大幅减少了举报人所获得的报酬,并且对举报人在上诉中所使用的证据和信息做出了限制。后来,该法一度停用。

到了 20 世纪 80 年代中期,国防契约企业欺诈政府的新闻铺天盖地。

国会再一次修改了《反欺骗政府法》，这使得人们更容易上诉成功，且举报人可获得 15%～30%的报酬。《反欺骗政府法》也向举报人提供了一些保护，使他们免受雇主的打击报复。

1989 年的《举报人保护法》为因举报受到报复的联邦雇员和前雇员建立了保障机制。举报人可以向美国《实绩制度保护委员会》提出上诉。

举报的道德

举报人是英雄还是叛徒？玛西亚·米莉（Marcia Miceli）和珍妮特·尼尔（Janet Near）指出人们成为举报人的理由不一。他们建议考虑举报人的动机再断定他们的行为是否符合道义。虽然所有的举报人都试图中止不当行为，这种说法不失公允，但是他们揭发检举也可能出于其他考虑。我们可以通过评判举报人的动机缘起帮助他人还是伤害他人来评价举报的道德。

比如，某人一直以来都知道某个产品存在危险，但是仅仅在他未能顺利晋升后才选择揭发。如果这位愤愤不平的员工举报的目的是报复辜负他的组织，那么他最初动机是伤害公司，而不是帮助公众。还有一例：某个员工很长一段时间里都卷入了肮脏的勾当，在他意识到或被逮捕时，他为了逃避惩罚便协助相关机构使党羽落网。

假设某人没有二心，仅仅想向公众告知危险情况或检举揭发专款滥用，对于这种利他的举报一般会出现三种反应。

对举报人造成伤害

公司普遍的反应是谴责举报人。举报人背叛了公司，他们的行为给公司带来负面影响，破坏了公司的社会构架，使得公司人心涣散。换句话说，他们的背叛给公司带来了短期和长期的损失。工程师的职责是揪出技术问题，管理层的职责是做出优劣决策。如果管理层犯了错，公众可以通过法律途径向公司寻求赔偿，董事会和 CEO 也可以撤掉判断失误的经理人。

这种想法错在它忽略了对公众造成的伤害，仅依靠法律行事。如果人们受伤或死亡，他们本人或家属可以起诉获得赔偿。然而若一开始便能将悲剧扼杀在摇篮里，这个社会无疑会更加美好。毕竟真金白银换不回鲜活的生命。

举报说明组织不当

对于举报的第二种反应是将其视为组织不当造成的现象，正是组织无法发挥出作用才出现问题。公司遭受负面新闻重创，罪魁祸首经理人前途被毁。人们相互猜忌、相互怀疑，团队精神被蚕食。举报人遭受报复，受到同行疏离，他们被其视为麻烦制造者，未来渺茫。

举报说明了组织运行失效，因此组织需要及时预防。有人建议组织可以建立管理机构和交流渠道从而提出、讨论、解决问题，这样便不会出现举报者了。

然而知易行难。罗伯特·斯宾塞（Robert Spitzer）注意到组织做决定时有时会撇开原则转而功利。原则指导下合乎道义的决定是做决定的本质。根据康德哲学和社会契约论，为了目的不择手段是错误的。如果某一行为违反了道德原则，那么这种行为就该叫停。相反，功利主义衡量预期的利弊。一旦一个组织开始持功利思维，那么问题就不再是"我们该不该做"，而是"在不造成伤害的前提下，我们可以多大程度违反原则？"斯宾塞写道："通过恶劣的手段来达到善意的目的，只要可以获得足够的实际利益，这种思想已逐渐为人接受。"但他认为组织应当重新依据原则做出决定。

举报是一种道德责任

第三种反应是坚持认为在特定情况下人们有道德责任去举报。举报在软件工程师道德准则和专业实践分项第 1.02、1.03、1.04、1.05、2.05、2.09、3.01、6.06 和 6.13 条中都有提及。这些分项为多种情形下的举报提供了援引。

理查德·德·乔治（Richard De George）认为举报人应问自己五个问题：

1．你认为这一问题是否会"对公众造成严重伤害"？

2．你是否告知你的经理人你对潜在伤害的担忧？

3．你是否尝试通过组织内的渠道解决问题？

4．你是否有纸质证据使中立的旁观者赞同你的观点？

5．你是否确定如果将此事公开于众，会有一些措施阻止可预见的伤害？

德·乔治表示，如果你对前三个问题的回答为"是"，你则有权举报，如果对五个问题的回答都为"是"，你则有义务举报。

德·乔治的五个问题引发了争议。有人说少于三个问题的答案为"是"，举报人也有正当理由举报。比如，如果某个潜在举报人清楚核电站失灵等问题将会导致几百万人死亡或受伤，他该怎么办？举报人已经向经理人汇报，但是他没有时间游说公司内部每一位政策制定者。他非常肯定如果他联络电视台，至少能做一些事阻止核电站的失灵。至少，媒体可以警告人们尽快撤离。如此说来，即便第三个问题的回答为"否"，这名举报人难道也没有义务举报吗？

另一方面，为了使举报成为一种道德律令，要求举报人只有在有令人信服的证据时才能举报未免太过严格。毕竟，一旦举报人向有关机构揭发问题，有关机构可能比举报人更容易收集证据。

但也有人说即便只有前三个问题得到肯定回答，举报人也有义务举报。他们认为人们应当为了社会和谐而牺牲小我和家庭。

有些人认为德·乔治提出的举报的道德条件不切实际。他们称一个人举报的义务应同一个人的其他责任，比如照顾家庭的责任加以比较与权衡。举报常会导致情感疏离和失业。举报造成的严重的情感和财务后果不仅影响举报者个人，也会影响他的配偶和孩子。

换句话说，以功利主义判定应不应该举报是否合理？我们是否指望潜在举报人将群众的利益和给自己及家人带来的伤害加以比较与权衡？毕竟，举报人在向管理层汇报危险状况时已经置自身危险于不顾。做出不道德决定掩盖错误的是经理人，而不是举报人。让无辜的人为了陌生人的利益失业和牺牲家庭和睦，未免要求过多了。当举报人艾尔·瑞普斯克斯（Al Ripskis）被问及他对潜在举报人有何建议时，他毫不犹豫地答道："千万别这样！"这样的反应并不令我们感到惊讶。

而举报人卡洛斯·G.贝尔（Carlos G. Bell）一针见血地谴责了逃避责任的工程师同伴：

> 我们这些工程师总是无一例外地将道德责任推给上级管理者、执行官或政治家。这样的生活受到美国梦的嘉奖：我们很少卷入争议，年复一年地积累起客观的财富，了此一生。

道德责任不同于其他责任。首先，道德责任的肩负者是人。宪法第十四条修正案规定公司是法律意义上的人，而非道德意义上的人。我们不能给公司或组织加上道德责任。

其次，道德责任不同于角色责任、因果责任或法律责任，因为道德责任不是专属责任。角色责任指的是一个人所被分配的责任。公司聘用一位图书管理员寄发票、付款。图书管理员的责任就是保证钱款按时支付。因果责任指的是人们由于造成某些事件发生（或阻止某件事未发生）而需要承担的责任。"乔要对网络的瘫痪负责，因为他传播的病毒使得计算机中毒。"法律责任是法律赋予的责任。房主需要为邮递员支付医疗费,因为后者在送快递的途中滑到在车道上。角色责任、因果责任和法律责任都是专属的。例如,一个人负责支付账单,那么其他人就不必负此责任了。但道德责任不是专属于个人的。例如,婴儿的诞生,父母双方都需要负起照顾婴儿的责任。

由于道德责任不是专属的,因此人们不能互相推诿:"是我的老板最终拍板,可不是我。"或说:"我只负责编写软件,可不管测试。"人们放弃道德责任就会造成很大的伤害。例如,20 世纪 70 年代福特公司的执行官们迫不及待地向日本出口重 2000 磅、价值 2000 美元的福特汽车。然而,福特平托的模型并没有通过必要的碰撞测试,因为挡风玻璃总是弹出。由于改变设计将会增加汽车的重量或推迟发售,工程师们采用的办法是改变传动系统到汽缸的碰撞能量。他们知道这点手脚会让气缸更易破裂,但是汽车不必通过油箱完整性测试。掩盖设计问题的福特公司任由小型车流入市场。然而,福特最终为摆平几起车祸事故的法律诉讼付出了几百万美元的代价。此外,媒体的曝光也让福特名声扫地。

米歇尔·麦克法兰(Michael McFarland)认为工程师应当比其他人具有更高的道德责任。在一些情况下,个人有义务讲实话。麦克法兰也指出道德行为应具有的另一项义务:帮助有需要的人的义务。如果举报属实,且个人之力无力回天,那么就要靠团体的力量来避免错误了。

总结

计算机相关的工作,如系统管理员、程序员、软件工程师,都不是法律和医学类的需要持证上岗的工作，因为这些工作不要求具备资格证就可以设计、执行、维护计算机软硬件。不过，和计算机打交道的人，即便没有受到高等教育，没有足够的实战经验，也可能对公众造成伤害。因此，计算机"专业人士"的责任和持证上岗的专家的责任并无不同。正因如此，两大计算机社会协会制定道德准则来指导工程师的行为，既包括开发、维护软件的工程师，又包括从事教育的工程师。

软件工程师道德准则和专业实践是以八项通用准则为基础，准则涉及公众、客户和雇主、产品、判断、管理、专业、同行和个人。每条大的准则下又包含了针对特定领域可能出现的道德问题的分项。当然，正确的判断力不可或缺。在很多场合下，其中两条甚至几条分项会相互矛盾。这时，当事人就应该判断哪个分项最能应景或最重要。

很多人认为举报是一种需要极大勇气的英勇行为。当试图在组织内部解决问题无果时，举报人将已造成或可能的伤害公布于众，比如揭露滥用纳税人钱的恶劣行径或是举报残次产品流入市场。然而，举报人及其家人难免受到精神和经济挫折。他们可能得花 10 年时间才能洗去骂名。

人们对举报常持不同观点。有人说举报给举报人和组织都带来了伤害，不是明智之举。也有人说在某些情况下，举报人产生的伤害远远小于给社会带来的利益。处于中立的人则认为断定举报的利弊需要就事论事。

就算提倡举报，也只能作为不得已的手段。毋庸置疑的是，一旦发现了对公众造成的或可能造成的伤害，应当首先在组织内部解决问题，不通过举报便能解决问题最好。组织应当建立交流和决策机制，从而更易识别和处理经济违规或产品不合格的情况。

美国公司的主流思想与举报的逻辑并不合拍。从功利的角度看，关注"底线"最大化的经理人能够做出令人称赞的决定，他们将每个选择的成本与利益反复权衡。功利主义思想驱使组织为大利而行小恶。恶劣行径罕为人知比真相大白造成的伤害要小。因此，功利主义思想下营造的氛围是，个人不得随意指点组织的行为。在这样的氛围中，报告金融违规或产品不合格的情况往往受到忽视或打压。安然、泰科国际、世通、菲亚的金融丑闻使投资者付出了几十亿美元的代价，因此道德主义者大声疾呼用道德原则指导决定。

人物访谈

保罗·阿克斯特尔（Paul Axtell），公司公关顾问，他帮助约翰·迪尔公司、美国运通、惠普、柯达、孟山都公司、俄勒冈州立大学、俄亥俄州立大学和其他一些常春藤院校提高个人和团体表现、提升组织效率。阿克斯特尔曾在巴西和加拿大工作过，也曾培训过非洲年轻的政治领袖。现阶段，经他手的项目包括培训制造团队、支持大学内的文化变革、主管一年期组织顾问的培训项

保罗·阿克斯特尔

目、改善管理团队的工作关系、为中小学阅读辅导开发培训项目等。

阿克斯特尔关注三大领域。一是情境教育，即教育人们转变思维方式、拓宽眼界、改变他们最基本的处事待人的方式。二是过程技能，即建立并管理人人参与的过程。三是创造团队合作大于个人努力的意识。

阿克斯特尔获得南达科塔矿业理工学院化学工程的学士学位和圣路易斯华盛顿大学的工商管理学硕士学位。

　　有些评论家认为举报是组织失效的暗示。他们认为组织可以通过建立管理建构和交流渠道从而提出、讨论、解决问题。您是否认同这样的观点?

　　举报在某些情况下是一种分权与制衡。若员工必须通过寻求外部机构的帮助才能使问题得到重视,组织就岌岌可危。一旦发生这种事情,不仅暗示着许多事情行而无效,而且增加了人们对组织内领导者的不信任。

　　然而这些情况不足为奇。几乎所有的关系,无论是个人关系还是组织关系,都可能存在难以言说的问题。而我们成长的环境并不鼓励我们分享想法、说出忧虑或促膝长谈。我们对与爱人分享观点、在会议上向同事提出见解的行为合不合适都还存在争议。这种处理关系和交流的基本方式出现问题不出所料。

　　因此创建框架、流程、建立许可和安全机制是值得一试的。其意义不仅在于发现错误的行为,真正的好处在于开放和坦诚的关系能孕育出归属感和互相关心。

　　除了建立起保护人们的框架,我们还应追求更大的目标。我们应建立自由、包容和安全的文化准则。当然这并不容易,因为我们成长的环境中不存在这样的文化。然而,不存在就说明这不是可行之路吗?

　　两方面的培训必不可少。所有人都应接受如何提问、如何表现出行事周密、有亲和力的培训。我们要清楚我们是一个团队、要往同一个方向努力。我们也应学习如何聆听、如何回应问题和抱怨,特别是当它们没有以最恰当的方式表现出来的时候。

　　如果一家公司想要转变文化氛围,就应当关注公司的管理者、经理人和总监。专栏作家大卫·贝利 (Dave Berry) 说:"如果你的约会伙伴对服务生很粗鲁,你就在和一个粗鲁的人约会。"这正像我们提拔下属。

我们需要一些培训，但许多行为从一开始就能预见。

根据你的经验，改善大公司内部交流最主要的障碍是什么？

我认为有三大障碍。第一，人们从小受到的教育就是谨言慎行。第二，大多数管理者和经理人不能周全地处理问题和抱怨。第三，邀请员工反馈却不对员工反馈做出回馈，缺少后续工作使事情难以进展。

公司如何清除这些障碍？

经常请员工提出问题和关切。但是，如果你不打算追踪问题就不要让他们提出问题。对员工的错误做出正确的回应。因为管理层处理问题的态度决定了员工是否能产生安全感。最后，了解下属。如果你不了解这个人，你很难与他毫无保留地交流。

你能否举个例子说明邮件如何不利于组织的交流？

邮件有很多缺陷。最常见的问题是缺少语境信息。语境通常由语调或铺垫反映出来。显然邮件中常常缺少语气，邮件写得十分简略，没有足够的铺垫。收到邮件的人往往主观臆断。这就产生了防御心理。

你面临的最有挑战的工作是什么？

第一大挑战，即最大的挑战是重新教会人们学习。我们两三岁的时候求知欲很强。我们观察、模仿、留心周围的人、不断练习直到可以完成一件事。我们并不在乎这样会使我们看起来笨拙，或因不知道如何做一件事而尴尬。长大后，与隐性知识相比，我们更看重显性知识和信息。令人惊讶的是，只有智慧的人才愿意不断学习、想要获得反馈。大多数人对于谁能给我们反馈、能给我们怎样的反馈十分挑剔。我们不愿洗耳恭听那些反馈，更不愿主动寻求反馈。

第二大挑战是让人们承认交流在他们生活中的影响，甚至让人们承认即便与工作无关的交流也会对人们的生活产生影响。除了技术能力，交流的质量决定了事情的成败。交流是人际关系的基础。交流是在组织中建立影响力的基石。交流决定了文化。交流决定了别人对自己的看法。

第三大挑战是改变不在个人职责范围内的工作观点或看法。当我们用"这不是我们的错"或"这不是我们的事儿"推卸时，我们便失败了。生活中发生的事情有其必然结果，但勇敢的人会对任何失败不屈不挠。他们坚信他们能够改变事情的结局。有意思的是，这类人很少找各种理由推卸责任。

公司内部交流最让你感到惊讶的是哪一点？

我不确定是否可以用惊讶来形容，不过的确有些未发生的事如果发生了会收获不一样的结局：

1. 如果经理人能够多发起一些沟通交流，他们便能够赢得更多信任。员工对空话、套话持怀疑的态度，他们更欣赏直截了当、平铺直叙的表达方式。

2. 写信给员工表示赞许和肯定对他们来说举足轻重。多年来我们一直如此。给个人或团队的手写便条是一种失传的艺术。

3. 事情行而有效的关键在于建立交流机制、跟踪机制和总结机制，不仅是在会议中，而且要融入工作日常。这常常是组织各层缺失的过程技能。

4. 给承诺确定一个明确的期限，这样可以减少因缺乏预期或进展产生的忧虑。

5. 了解人们的家庭、工作、假期生活，在交流中探讨这些话题是给技术人员的另一条建议。

第九章
——CHAPTER9——

工作与财富

工作可以使你远离三种最大的不幸：无聊、恶习和贪婪。

——伏尔泰

导言

下午六点半，LiveBridge 呼叫中心即将发生一个巨大的转变。20岁的大学毕业生"克里斯蒂·格罗弗"开始给客户打电话，验证他们提供的信用卡申请资料，她将工作到凌晨三点。她的工作时间与常人不同，因为"克里斯蒂· 格罗弗"的真名实际上是希尔帕·图格拉（Shilpa Thukra），而且她身处印度往美国打电话。和 LiveBridge 公司一样，有很多公司每年都通过招聘印度工作人员负责呼叫中心和后台部门，节约了数十亿美元的成本。

1996 年，印度的电信基础设施仅支持 13 000 个越洋电话同时进行。截至 2002 年，在跨国公司投资了新的水下光缆后，越洋电话的容量已超过 250 万个，这使美国公司向印度出口数以十万计就业岗位成为了可能。

许多美国人对印度呼叫中心打来的客服电话十分不满。他们抱怨无法理解代理商的口音并要求和讲美式英语的代表通话。为了解决这一问题，公司在菲律宾建立了新的呼叫中心。菲律宾人小学时就开始学习美式英语，看美国电视节目，十分熟悉美式习语。2011 年，菲律宾已有 40 万呼叫中心员工，超过了印度的 35 万名雇员，成为了呼叫中心的第一大海外网点。菲律宾工人的月薪约为 300 美元，略高于印度呼叫中心员工 250 美元左右的月薪，但仍远低于美国呼叫中心工作人员 1700 美元起的月薪。

就业市场的全球化只是信息技术和自动化为工作带来的诸多变革之一。在本章中，我们将会研究工作变化带来的各种伦理问题。首先我们得思考这个问题：自动化会增加失业率吗？一些证据能支持这个命题。也有一些证据表明自动化虽然会取代一些人力工作，但会创造更多的就业机会。毫无疑问，自动化推动了生产力的飞速发展。我们也会想到第二个问题：如果生产力大幅度提高了，为什么每个人都工作得这么辛苦？这需要我们来研究，人们是怎样分配使用多余的生产力的。

一些未来学家警告说，人工智能和机器人技术的进展在不久的将来会带来大规模失业。因此，我们必须思考研发高度智能化的机器带来的道德伦理问题。

一些更为实用的信息技术已经给公司的组织方式带来了重大变化。这些技术也导致了远程办公（也称为远程工作交流）的使用、临时工的雇用、工作场所监测及多国分工合作小组的流行。我们要思考，这些变化是如何改善或者影响员工的生活的。

现在，全球化是一个不争的事实。一些组织相信全球化可以造福世界上的每个人，无论穷富。有些人则认为，全球化危害了世界上的每个人。而我们将提供两种观点各自的论据，并且研究关于在美外籍 IT 人员的争议性问题。

很多人认为，没有信息技术的支持是一个极大的弱势。"数字鸿沟"一词指由于缺少信息技术的支持，尤其是网络的支持，而造成机会流失。我们将证明数字鸿沟的存在，并研究新技术在社会中扩散的两种不同的模型。

信息技术为利益不均创造了更有利的环境。互联网的利益都被掌握在少数顶级执行者中，因此有些人将信息时代社会称为"赢家全拿的社会"。接下来，我们将探讨赢家全拿现象的产生、带来的经济问题和可能的补救措施。

自动化与就业

在许多科幻小说作家描述的未来世界里，机器做大部分不需要创造力的工作。有些作家对这样的世界持乐观的看法。在艾萨克·阿西莫夫（Isaac Asimov）的短篇故事和小说中，技术被视为改善人类生活的工具。有些人可能不喜欢智能机器人，但机器人并不构成威胁。"机器人三定律"被写进了他们的电子大脑中，确保他们永远不会背叛他们的创造者。而有些作家，比如小库尔特·冯内古特（Kurt Vonnegut），认为这种社会只是个乌托邦。冯内古特的《自动钢琴》描述了未来的美国。在本书中，几乎所有制造业的就业机会都因自动化而消失了。人们讨厌机器人，因为机器人抢走了他们的自我价值感，但他们对自动化的迷恋，让机器人获得了必然的胜利。

在 2008—2009 年经济大萧条后的"失业型复苏"期间，企业利润急剧增长，但失业率一直居高不下。我们将要进入自动化所造成的高失业率时代吗？让我们思考一下这个问题的两个层面。

自动化和岗位损失

自动化备受指责，因其减少了制造业和白领阶层的工作岗位，增加工薪阶层工作周的长度。

制造业工作岗位减少

美国制造业的就业人数在 1979 年达到顶峰,有 1940 万个就业机会。2011 年制造业的就业人数下降了 40%,只有 1170 万,而美国的总人口在这段时间内增加了 39%。美国工人参与制造业的比率已大幅下降,从 1947 年的 35% 下降到了 2011 年的 9%(图 9.1)。

图 9.1 通用汽车在 2009 年通过裁减 30% 的员工来避免破产。(© 丹尼·雷曼/考比斯图片社)

同时,由于自动化,美国制造业产量持续上升,自 1970 年起增加了一倍。换句话说,生产力提高了:更少的工人正在生产更多产品。例如,1977 年美国生产一辆汽车需要花费 35 小时,2008 年的总工时数已经下降到 15 个小时。

白领阶层工作岗位减少

这些自动化也影响到了办公室的环境。电子邮件、语音邮件和高速复印机取代了秘书和办事员的职位,甚至需要高学历的职位也不再是铁饭碗了。电子表格和其他软件减少了对会计师记账的需求。20 年前,在加拿大的一个小镇，一名药剂师一年需要填写 8000 张处方。而今天，Merck-Medco（默克公司 Medco 网站）运营的网上药房里，机器人一小时就开出 8000 张处方。

事实上，1991—1996 年的经济复苏十分具有代表性，因为即使在经济复苏的过程中，仍有大批白领和中层管理人员被淘汰。不同于 20 世纪 80 年代初的经济衰退，大多数在 90 年代失业的人至少都接受过大学教育，很大一部分是由薪资超过 50 000 美元的职员。然而这些高薪职员中只有 35%在经历裁员后还能找到薪资相等的工作。

工作更加辛苦，挣得钱越来越少

虽然调整通货膨胀后的家庭收入在 1979—1994 年期间基本持平，每周工作时间却更长了。哈佛大学经济学家朱丽叶·思格（Juliet Schor）称，在 1970—1990 年，美国人每年的平均工作时间增加了 163 小时。这等于每年多出来一个月的工作时间。

有些人认为工作时间的延长是公司人员减少的必然结果，而这更是引进自动化和信息技术带来的后果（图 9.2）。当一个组织遣散一部分员工时，他们的工作量就不得不分给留下的员工。因此，自然而然的趋势就是工作时长的增加。此外，对于留在工作岗位上的人来说解雇又是强烈的刺激，他们会更加努力地工作，这样他们就不会在下一次裁员中牺牲。

信息技术的进步也让把工作带回家更容易。例如，现在，许多公司为员工提供笔记本电脑。在工作中，员工可以通过接入全尺寸键盘、鼠标和显示器，把计算机变成台式计算机的样子。而把笔记本电脑拿回家后，他们可以继续访问他们需要继续处理的各种项目文件。支持工党的斯坦利·阿龙诺维茨（Stanley Aronowitz）、唐·埃斯波西托（Dawn Esposito）和威廉·笛法茨沃（William DiFazio）合著的书中说，"近一个世纪，回家工作被视作压低工资的手段，但计算机已经让雇主轻松地重新使用这种手段。随着传呼机、手机和手提电脑的使用，所有时间都成了工作时间。"他们得出结论：

图 9.2　当工作机会因自动化或引入信息技术而减少时，剩下的工人可能会更加努力工作，以避免成为下一个被裁员的人。

资本主义社会晚期是一个破坏工作保障的漫长历史过程……与以往相比，我们更加担心失去工作，我们的工作时间更长；我们比以往任何时候都要承受更多的压力，更紧张，就好像被困在工作里一样。同时，与此形成对比的是，21 世纪预示着一个后工作时代：自动化和工作重组正在以越来越快的速度取代人的工作岗位。

自动化和创造就业机会

传统经济学家对自动化和信息技术对就业的影响的看法迥然不同。他们的结论是，虽然新的技术可能会减少某些工作岗位，但也创造了新的就业机会，最终导致工作机会总量的增加，而不是减少。

购买力增加

这些"自动化乐观派"的思维逻辑如图 9.3 所示。从表面上看，很明显，自动化减少了某些工作岗位，这就是自动化的意义所在。然而，去深挖背后的本质也很重要。自动化的引入是为了节约成本：机器完成某项特定工作比人力要更便宜。由于企业相互竞争，降低了生产成本，导致对消费者的价格也更低了。产品价格的下降有两个好处。首先，它增加了对产品的需求。为了生产更多的产品，必须雇用更多的员工。其次，已经购买该产品的人不必再花更多的钱在该产品上。这留给了他们更多的钱去购买其他东西，增加了对其他产品的需求。这也可以创造更多的就业机会。最后还有一个影响，设计、创造以及自动化设备的维修保养都创造了很多的工作岗位（在图中未展示出来。）。

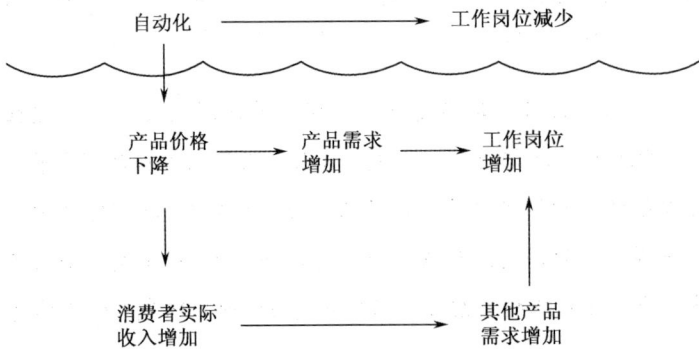

图 9.3 表面上，自动化减少了工作岗位，但自动化也可以激发新的工作岗位诞生。

我们思考一下证券交易所的自动化。在过去，证券股是由雇用的场内经纪人在证券交易所里进行交易的。今天，电子系统处理了大部分交易，而且电子交易更快，也更便宜。虽然电子交易大大降低了场内经纪人的数量，但股市中的股票数量却急剧增加，证券行业的就业数量持续上升（除了在经济衰退期间）。同时，也出现了新的工作岗位。例如，证券公司会聘请数学家和计算机科学家开发先进的自动交易系统。

工作量减少，工资增加

马丁·卡诺伊（Martin Carnoy）质疑"人们工作时间比以前更长"这一观点。"今天的工人，"他写道，"工作比一个世纪前少得多，生产得更多，赚得钱更是多得多，而且还有机会参与不同类型的工作。技术让工人下岗了，但也促成了劳动生产率的提高和新产品的生产，这有助于创造新的就业机会，也有助于经济增长，提高收入。"

生产力提高的影响

1948—1990 年间，美国的生产力增加了一倍。朱丽叶·肖尔（Juiet Schor）要求我们考虑一下对于生产力的这种戏剧性的增长，我们的社会可以做些什么。我们可以维持 1948 年的生活标准，恢复 4 小时工作日或一年 6 个月的工作时间。或者，每个工人可以采取隔年带薪的形式。在没有减少工作时间的情况下，每周的工作时间实际上小幅上涨了。其结果是，美国人在 1990 年拥有和消耗的是 1948 年的两倍，但是享受这些东西的自由时间变少了。

美国工作时间长

美国社会的伟大在于美国公民努力工作的态度。美国人每年的工作时间比法国人和德国人要长很多。此外，还有研究表明现代美国人比古希腊人、罗马人和中世纪的西欧人工作得还要努力。朱丽叶·斯科（Juiet

Schor）表示，虽然中世纪以及古希腊、罗马的普通人生活得比较艰辛，但他们过得很悠闲。4世纪中叶，罗马帝国设立了175个公共节假日。在中世纪的英国，一年的节假日加起来有4个月；西班牙有5个月，法国有6个月。斯科还指出："有足够的证据支持经济学家所说的后弯劳动供给曲线理论，即随着工资的提高，工人的劳动力下降……（工人）只会提供他常规工资所必要的劳动量。"

不用做任何历史研究，我们也能轻松得知过去的工作周要短很多。想想那些现代社会中活在"石器时代"族群，例如巴布亚卡保库人，他们从来不会连续工作两天。澳大利亚的土著人以及夏威夷的三明治群岛的居民每天也只工作4小时左右。昆人和布须曼人每周只工作15个小时。

清教徒的工作伦理

为什么美国人工作如此努力？在马克思·韦伯（Max Weber）的文章《新教伦理与资本主义精神》中，韦伯指出在整体上，宗教改革尤其是加尔文主义，刺激了资本主义思想在西欧的发展。在宗教改革之前，人们还是用传统的眼光看待工作。韦伯将传统的工作态度定义为：

> 一个人不是"天生"想要赚取更多的钱，而只是简单地想要过他熟悉的生活，赚的钱只要能达到这个目标就足够了。

根据马克思·韦伯（Max Weber）所说，加尔文主义引入了一种非常不同的工作理念。他写道：

> 浪费时间因此成为了第一个也是理论上最致命的原罪……对无休、连续、系统性的工作的宗教性的评价是一个世俗的"神召"，是通向禁欲主义的最高形式，同时也是重生和真正信仰的最有力、最不言自明的证据。工作也是最有力、最令人信服的杠杆，它使清教的生活态度得以传播。而现在我们称这种精神为资本主义。

我们来看一个发生在新英格兰（美国最早的 13 个州之一）早期的"新教工作伦理"的案例。清教徒们取消了所有节假日，只保留周日为唯一的休息日。1659 年，马萨诸塞州议会下达命令，所有因庆祝圣诞节或其他节日而拒绝工作或者设宴的公民将被罚款或处以鞭刑。

时间 VS 财产

我们可以把空闲时间换成物质财产。与中世纪的欧洲和当代的布希曼人相比，我们有更为先进的医疗体系、教育机构和交通网络。我们生活在一个连天气都可以随心所欲控制的环境里，而且我们可以自由选择我们想去哪里旅游，我们想穿什么，想吃什么，以及我们的娱乐项目。这些自由的代价就是我们的空闲时间，现在空闲时间已经成为了奢侈品。

机器人崛起?

尽管自动化还没有为大部分美国人减少工作时间，一些专家仍然坚信，大部分工作将会被机器人取代。事实上，机器人专家汉斯·摩拉维克（Hans Moravec）曾预言，在 2050 年机器人不仅将在制造业取代人类，还会在决策领导层取代人类。

计算机科学百科全书将人工智能（AI）定义为"计算机科学和计算机工程的一个领域，研究计算机对一般意义上的智能行为的理解，并且用人工的方式创造重现这样的智能"。该书还将"机器人"定义为"性能和外形都仿照人类的可编程的机器"。摩拉维克认为，人工智能和机器人学的发展因为不完善的计算机技术而延后了几十年。微处理器运算速度的迅猛提升已经带来了许多突破。以下是 1995 年来人工智能和机器人学领域的几大成就。

- 1995 年，一辆配备有摄像头和便携式工作站的厢式旅行车从宾夕法尼亚州的匹茨堡出发开往加利福尼亚州的圣地亚哥市。一路上 98.2%的时间里，这辆车的行使方向都是由计算机控制的（由人类操作员控制刹车和油门，保证了每小时 60 英里的平均速度）。

- 1997 年，IBM 的超级计算机"深蓝"在六局对抗赛中打败了世界象棋冠军加里·卡斯帕洛夫（Gary Kasparov）。

- 2000 年，日本本田汽车公司研制了机器人阿西莫（AISIMO），第一款可以上下楼梯的人形机。两年后，工程师们让阿西莫学会读懂人类的手势和姿态。有些人认为日本是机器人研究的温床，因为他们没有像西方人一样对机器人有文化上的恐惧。

- 2001 年，瑞典知名电气设备制造公司 Electrolux（伊莱克斯）研发了全自动吸尘器 Trilobite，它是世界上第一款家用吸尘清洁机器人。

- 2005 年，斯坦福大学研发的机器人汽车斯坦利（Stanley）以及四辆全自动汽车，成功跑完内华达沙漠中崎岖的 128 英里赛道（图 9.4）。斯坦利当时是跑得最快的车型，时速 19 英里。

- 2011 年 2 月，IBM 超级计算机运营的名为"华生"（Watson）的人工智能程序轻松地打败了两名在美国智力游戏 Jeopardy!中获胜的选手——肯·金尼斯（Ken Jennings）和布拉德·拉特（Brad Rutter）（图 9.5）。在长达三阶段的比赛末尾，华生赢得了 77 147 美元的奖金，而金尼斯只赢得了 24 000 美元，拉特只有 21 600 美元。

图9.4　2005年，斯坦福车队将大众途锐汽车改装为一辆名为斯坦利的全自动汽车，成功完成了穿越内华达州的沙漠128英里的路程。(© 基恩·布莱维斯/路透社/ 考比斯图库)

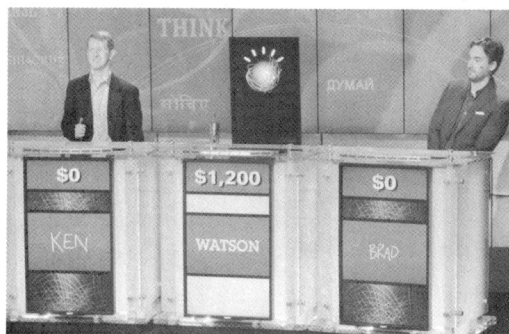

图9.5　2011年，IBM 的超级计算机运营的名为"华生"的 AI 程序大败 Jeopardy!节目中的两位最厉害的选手——肯·金宁斯（Ken Jennings）和布拉德·拉特（Brad Rutter）。(©美联社照片/塞斯·维尼格)

摩拉维克认为这些新发明只是新的自动化时代的开端。在未来 30 年里，低价的台式计算机会比今天的机型快上百万倍，可以计算复杂的人工智能程序。摩拉维克写道："在 21 世纪，廉价又高能的机器人会大范围代替人类劳工，为了使每个有用的人被雇用，站在工作岗位上，工作时间会直线跌落到零。"摩拉维克预言，人类将会在一个"奢侈并懒惰"的世界里全面退休。

摩拉维克大致预测了未来 40 年机器人的发展，但他说得一定对吗？他所预言的变化对社会的影响十分深远。因此，理查德·艾普斯汀（Richard Epstein）建议，在机器人成为现实前，人们亟须探究制造智能机器人的伦理问题。艾普斯汀提出了以下几个问题：

- 制造出有能力淘汰人类的机器是否正确？
- 智能机器人大量涌现之后，人类的道德水平会下降吗？如果会，那么对这些机器人的开发是否正确？
- 我们在不确定机器的行为是否善良的情况下开发智能机器，这样的做法是否道德？
- 我们如何保证机器人不会被坏人利用而做出邪恶的行为？
- 如果计算机具有创造性思维，那么我们对知识产权的定义将发生怎样的改变？
- 如果超高速计算机能够计算我们生活的电子、网络使用痕迹，我们对隐私的态度将发生怎样的转变？

迈克尔·拉切特（Michael LaChat）评论说，"很多人很期待人工智能研究的发展，他们是带着一种苦涩的娱乐态度……来掩饰其强烈的不安。可能我们不安的是有一天人工智能真的能成功，有一天我们会造出科学怪人弗兰肯斯坦，或许有一天我们会被机器人侵蚀，就像俄狄浦斯王的悲剧一样，被自己造出的机器人摧毁"。

拉切特如此评价这个问题：有些人想要研发个人人工智能——一个可以意识到自己存在的机器人。没有人能证明这个目标无法实现，所以我们先假设，理论上这是可能的。那么，建造这样的个人人工智能在道德伦理层面上是可行的吗？

我们可以顺着这个逻辑思考：根据康德的道德伦理学的第二条绝对命令，我们应该始终把别人当作目的来对待，而不是达到某种目的的工具。在创造个人人工智能时，科学家将会把人工智能当作实现"丰富人类科学"这一目的的工具。我们也很好理解，一个有自我意识的个人人工智能会愿意接受自己是人造物的地位吗？在这种情况下，拥有个人人工智能将成为一种剥削的形式。

我们做好赋予人工智能一个人类所拥有的权利了吗？联合国世界人权宣言明确禁止奴役，并且保证每个人的人身自由。如果我们打算将个人人工智能当作私人物品，那么从康德主义的角度来说研发人工智能就是不道德的。

拉切特承认在这个思路中存在着争议性的前提，即有自我意识的机器人应该获得跟人类一样的道德上的尊重。争议假设人工智能拥有自由意志以及做出道德选择的能力。也许任何由计算机程序操作的系统都不会拥有自由意志，因为除了执行程序他们别无选择。而且，从康德主义角度来说，这也不应该当作目的，它天生就是一种手段。尽管它是智能的，但它不会拥有和人类一样的道德地位，所以制造一个没有自由意志的个人人工智能在道德上是可行的。

我们不知道科学家和工程师是否有能力制造个人人工智能，我们也无法肯定人工智能会不会有自由意志。我们的预言都是不准确的，因为我们也不知道人类自由意志的来源。事实上，很多哲学家、心理学家、神经学家都否认自由意志的存在。拉切特总结道："尽管伦理学总是以'不要伤害……'作为起点，我们也只能期待未来的科技是经过深思熟虑的。"人类在发展时要意识到"我们有可能被自己创造的东西腐蚀掉。"

值得一提的是，人工智能研究者的主流观点是，个人人工智能的诞生还十分遥远。2009 年 2 月，一个由该领域的顶尖学者组成的小组在加利福尼亚州的蝴蝶镇召开了一次会议，讨论智能机器会给我们社会带来怎样的影响。会议报告称，专家们普遍不相信短时间内能出现拥有超人智慧的人工智能。

工作环境的转变

专家学者对信息技术是否导致工作岗位的减少持不同意见，但是一致表示信息技术影响了人们的工作环境。在这一节，我们将探索信息技术术为工作体验带来的巨大变革。

组织方式的转变

信息技术改变了制造业和服务业中企业的组织方式。计算机早期的使用主要是后勤部门的自动化，例如支付工薪。这样的使用方式不需要企业做任何组织上的改变。而后来，企业开始在制造工厂里使用计算机。计算机可以定制产品并且为客户带来更好的服务。计算机的使用减轻了流水线工人的责任，促进了销售和售后的去中心化，减少了企业的官僚制度。企业中信息技术的使用已达到第三个阶段，创造出了联系各个部门的计算机网络。例如，让柜台和仓库联动起来，就能自动下单。

信息技术的引用使企业的组织方式扁平化。在过去，信息的流通是依赖于手打、纸质的文件，大部分信息都顺着组织方式树形图（图 9.6（a））流动。而今天，大量的信息技术让组织内成员的联系变得轻松又低成本（图 9.6（b））。因此，新的机遇诞生了。很多企业组织了"虎队"，即一群从组织内部各个部门挑选的专家团队，常常解决紧急问题，解决后即解散。灵活的信息流动也让企业采取了"即时生产"和"即时销售"的模式，减少了库存成本。

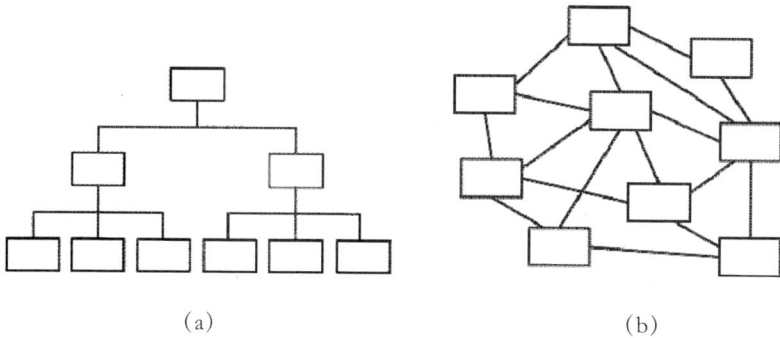

（a）   （b）

图 9.6　组织方式图

信息技术同时也让运作更加流畅，减少了交易的中间商。例如，供应链的自动化。A 公司要从 B 公司进货，在过去 A 公司的人只能打电话给 B 公司的人来下订单。而今天，很多公司使用自动化供应链。A 公司的计算机可以和 B 公司相连。下单的任务就交给了计算机，不需要中间商。采购供应中的文书工作的自动化也可以减少负责下单、开票、支付、处理支票的工作人员数量。信息技术对组织方式的影响也很可能使一些工作岗位增加了对人才的需求，而另一些岗位则降低了对人才的需求（表 9.1）。

表 9.1　岗位需求变化表

需求增多	需求降低
计算机工程师#	银行收纳#
计算机技术支持人员#	采购员#
系统分析师#	财务记录处理#
数据库管理员#	秘书、速记员、打字员#
桌面排版专家#	通信工具操作员#
#	计算机操作员#

表 9.1 信息技术在工作中的应用将使一些特定工作岗位更迫切地需要人才，而一些工作岗位的需求量则会降低。

Dell（戴尔）公司是供应链自动化的领军人物。客户直接通过电话或者 Dell 官方网页下单购买计算机。戴尔销售量的 70%是卖给大公司的。这些公司拥有根据其需要定制的预安装在其系统中的下单网址。戴尔不需要在接到订单前生产计算机，因此它的仓库很小，只够储存几天的产量。

远程办公

信息技术带来的工作上的另一个改变就是远程办公的兴起。远程办公（又叫家庭办公）指的是工作人员的大部分工作时间都不在雇主身边或者不在传统的工作场所里的一种工作安排。根据消费电子协会的报告，美国 37%的工作人员一个月都至少有一天远程办公。

远程办公的一种形式是家庭办公。远程办公的另一种形式是通过与远程计算中心沟通来完成工作而不是直接访问公司主页。远程计算中心会向不同公司的员工提供与其公司计算机互通的服务。第三种远程办公的形式是针对那些没有办公室的销售人员，他们会在自己的车里用手机和笔记本电脑完成所有的销售。

远程办公的优势

远程办公越来越普及，也证明了远程办公有很多优势。以下列举了几个常被提及的远程办公的优势：

1. 远程办公提高工作效率

很多研究表明远程办公的员工效率要比传统办公场所办公的员工高 10%～45%。

2. 远程办公减少旷工现象

远程办公员工和一些来到办公室工作的人相比，不工作的可能性更小。

3. 远程办公能提升士气

远程办公的员工有更多的自由空间，这样一来也更容易根据自己的时间来安排工作。如果是在家里办公，他们还可以打扮得更随意。

4. 企业可以雇用且留住更多的优秀员工

例如，允许远程办公的公司可以吸引那些想要远离办公室的员工。而那些受不了办公室禁锢的员工也会留在允许远程办公的公司。

5. 远程办公可以节约管理费用

办公室里的员工减少，企业也不需要再大量投资办公室维护。

6. 远程办公可以提高公司的环境恢复力

因为员工没有同处于一个空间，公司在自然灾害或者恐怖袭击中受到的伤害也会更少。

7. 远程办公有益于环境保护

远程办公人员无须再占用日常通勤资源，节约了能源，减少了污染。

8. 远程办公帮助员工节约工作开销

员工不需要购买太多的商务服装，也可以省下一笔雇人看护小孩的费用。

远程办公的劣势

远程办公也有缺点。一些公司也限制或者禁止远程办公，以下是这些公司提及的几点理由：

1. 远程办公会影响到企业威信和对管理员的控制力

当员工在控制范围外办公时，他们自然而然有更多自治权。那么管理层如何管理呢？

2. 远程办公导致员工无法与公司的消费者面对面交流

对于那些交流很重要的工作来说，远程根本无法办公。

3. 敏感信息安全度降低

如果一个人将珍贵的电子文档或纸质文档放在家里或者车上，这比保存在办公室中要危险多了。很有可能信息会被泄露或者在火灾、盗窃中遗失。

4. 组织中的成员如果不能同时出现在办公室或者不每天来上班的话，团队会议很难开展

哪怕一个员工一周只远程工作一两天，其团队中的其他成员可能会有诸多不便。

5. 远程办公的员工更容易被忽略

加薪或升职时，远程办公的员工会面临被忽视的风险。当某人不"常在周边"时，其他人会觉得此人没有为组织做贡献。

6. 当遇到问题亟须查找信息时，办公室的工作人员更倾向于联系身边的人而不是远程办公的员工

与此同时，许多远程工作人员不敢离开自己的电话一刻，怕万一工作方面有人需要他们而联系不上。他们会因此背上"不工作"的骂名。

7. 远程办公会让员工感到孤独

有些工作要求人们互相沟通碰出灵感的火花。在家里工作的人如何做到这点呢?

8. 远程工作人员在获得同等报酬的情况下工作时间更长

当一个人需要的一切工作都在家里完成时,很有可能会在家持续地工作。家就是办公室时,不离开家就可以继续工作。不赞成远程办公的人说,过度工作也是远程工作人员有更高的生产力的原因。

短期工作

现代的商业环境竞争激烈,波动性大,因此公司能给员工的承诺也在下降。一些企业曾经夸下海口说会关心雇员,在危难时刻也不裁员。而这样的时代已经过去,互联网泡沫的破灭引发信息技术领域的大规模裁员。

现在的企业通过雇用更多转包商和临时工来提高自己的灵活性,并节约成本。员工无法指望公司许诺一份长期的工作,只能依赖于自己在每份工作中获得的"工作经验"。

监控

信息技术为企业提供了许多监管员工行为的新工具。一项美国管理协会网络政策学会 2007 年的调查表明,66% 的雇主对员工使用互联网进行监控。其他美国企业监视员工的例子包括视频监控(48%)、键盘活动监控（45%）、监测手机上花的时间（45%）和电子邮件监控（43%）。

监控的主要目的是找出公司资源的不合理利用。1/4 的英国公司曾解雇过互联网使用不当的员工。在这种情况下，大多数员工在网上搜索色情内容。另一项追踪员工电子邮件的研究发现，删除含有八卦和笑话的电子邮件将削减员工阅读电子邮件时间的 30%。由 IDC（互联网数据中心）进行的一项研究认为，30%～40%使用互联网的员工做的事情与工作无关。

监控也可以及时发现员工的非法活动。通过监控即时消息对话，雇主悉知谁曾有过怎样的劣迹，包括谁在失去晋升机会后入侵了公司计算机。

监控还用于确保客户得到所需的产品和服务。查看客户给公司服务台的电话记录可以分析出公司是否应该为客户提供更完善的文件或培训。

许多公司通过监控来记录员工的生产率。例如，电话营销公司会跟踪了解自己的员工每小时进行多少通话。有时，监控可以帮助企业评估其员工的工作质量。美国职棒大联盟推出 QuesTec 裁判的信息系统，以评估裁判对好球和坏球的判断。

公司也开始使用无线网络来追踪员工的位置（图 9.7）。了解技术服务人员的位置将使自动化系统更及时地排查维修故障，可以直接通知距故障处最近技术人员前往。一个能跟踪医生地点的系统可以让医生在赶往医院前就能先通过系统了解病人的情况。

越来越多的学校使用摄像机来保证学生安全。密西西比州的比洛克西学区，将其赌博行业产出的税收用于为其 500 个教室安装数码相机。一个小学校长说，"摄像头就像吐真剂一样。学生间的矛盾十有八九都是公说公有理，婆说婆有理，我们现在需要做的就只是问问孩子是否要回去查查监控，他们的矛盾基本上就解决了"。

图 9.7　机器化的人类？在英格兰的 Amazon（亚马逊）仓库里，计
算机可以跟踪每个工人的每个行动，从为顾客填写订单，到
为他们提供在仓库里走动的最佳路径。

监控为企业带来的利益是否高过弊端，并无定论。显然，监控员工
的组织相信监控能改善他们的员工所完成工作的数量和/或质量。也有
证据表明，监控员工能会使员工更加专注于自己的任务，但会降低工作
满意度。

跨国团队

在 20 世纪 80 年代,通用电气和花旗银行最先在印度建立了软件开
发团队。从那时起，许多公司都建立了印度办事处，包括 ADI 公司、
铿腾电子科技有限公司、思科、英特尔、微软和 Sun Microsystem 公司。
特别是在班加罗尔，在经历一段艰苦历程后班加罗尔已经成为印度的硅
谷。外国企业依靠印度公司编写软件，处理信用卡申请，或者做计费系
统。在班加罗尔，德州仪器公司的芯片设计团队名下拥有 200 项专利。惠
普和甲骨文都有数千名员工在印度。思爱普在班加罗尔有 500 名工程师。

跨国团队让公司员工在工作日里工作更长时间。全天 24 小时营业的呼叫支持中心比比皆是。甚至一个项目在多个地点间穿梭运行也是有可能的，这样一来，项目可以在不同时区 24 个小时不停地运作，非常适合时间敏感型的工作。例如，一个 Palo Alto 的团队花一天时间来定位软件中的程序错误，然后另一个在班加罗尔的团队可以花一天时间来修复它。

然而，印度的主要吸引力是节约成本。印度的工资要比美国和西欧低得多。在印度雇用程序员的开销每年约为 20,000 美元。而公司总是声称自己需要降低雇用成本才能继续保留在行业中的地位。如果失去行业地位，他们美国的员工也将因此失业。因此，建立跨国团队既可以让企业保留行业地位，也间接保证了美国的就业率。

跨国团队也有缺点。主要缺点是，欠发达国家不完善的基础设施容易使完成业务更加困难。例如，印度只有两个国际机场，一个在新德里，一个在孟买，往返班加罗尔比较困难。印度高速公路体系不太健全，而且还时不时地停电。

尽管困难重重，但越来越多的企业开始组织跨国团队。在美国每年约有 9 万个与 IT 相关的工作转移到国外，而且在产值高于 50 亿美元的美国公司里，约 1/4 的 IT 职位都已被转移到国外。

全球化

全球化是指创建业务和市场的全球网络的过程。全球化让世界范围内的商品和服务具有更大的流动性和资本。人们可以进行跨越国界的投资。在一个国家生产的产品可以在另一个国家出售。消费者打一个电话到求助中心就能获得位于世界另一端技术支持人员的帮助。

　　信息技术成本的快速下跌也让全球化成为可能（图 9.8）。1975—1995 年间，计算机计算能力的成本下降了 99.99%。1930—1996 年间，纽约到伦敦间的国际长途价格下降了 99%。公司广泛使用了低成本的信息技术来协调分布在世界各地的业务。

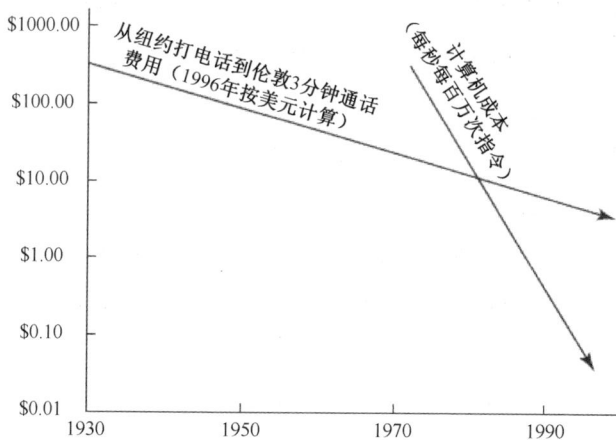

图 9.8　快速跌落的计算成本和通信成本让全球化更轻松便捷。

支持全球化的论点

　　支持全球化的人追求的是消除国家间的贸易壁垒。加拿大、美国和墨西哥之间签订的北美自由贸易协定（NAFTA）就是全球化进程中重要的一步。

世界贸易组织（WTO）是一个制定国际贸易规则和促进各国之间的自由贸易的国际机构。世界贸易组织和支持全球化的组织追求自由贸易的理由是：

1. 自由贸易可以提高每个人的生活水平。每个国家都有生产某些产品和服务的相对优势，这意味着某个国家与其他国家相比在生产某种产品时有较低的机会成本。当各地区生产的商品或服务是它最擅长的时，消费者能获得更低的价格，例如，堪萨斯州的玉米、安大略省的汽车、新加坡的半导体等。这些产品和服务可以在没有贸易壁垒的自由贸易状态中销售。当价格低廉时，消费者的实际购买力提高。因此，全球化提高了每个人的生活水平。

2. 生活在贫困国家的人也需要工作。当他们找到工作时，他们创造的财富也在增加。

3. 在过去的一个世纪里，每一个国家从贫穷发展到强国的原因都是因为它能生产受世界市场欢迎的产品，而不是自给自足。我们可以比较一下韩国经济发展成功和朝鲜经济停滞不前的原因。

4. 在世界范围内创造工作岗位可以减少动乱，让世界局势更稳定。经济互相依存的国家之间不太可能发生战争。

反对全球化的论点

拉夫·纳达（Ralph Nader）、美国贸易联盟、欧洲的农业游说团体和类似地球之友、绿色和平和乐施会等组织反对全球化。他们认为全球化趋势会带来不好的影响，原因如下：

1. 美国和其他国家政府不应该成为世界贸易组织的下属单位。虽然世界贸易组织为全球化制定规矩，但它并不民主。规矩都是在人们不知道的时候悄悄制定的。每一个成员国，包括美国和其他小国家，在世界贸易组织中都没有发言权。

2. 不应该强迫美国员工与其他国家的员工竞争，尤其是在别国员工无法获得的与其劳动相符的薪水和工作环境时。世界贸易组织没有要求其成员国为其员工提供权利保护。世界贸易组织也没有禁止童工。

3. 全球化加速了海外制造业和白领工作岗位的减少。

4. 贸易壁垒的取消也损害了其他国家员工的权益。例如北美自由贸易协定取消了加拿大、墨西哥和美国之间的关税。但由于在美国可以获得农业补贴，美国大型农业企业种玉米和小麦的成本比实际的生产成本要低，而且美国还要在墨西哥出售其粮食。墨西哥农民无法与这些价格竞争，导致墨西哥农民大量失业。大多数人无法在墨西哥找到工作，最终移民到美国。

即使全球化出发点是好的，但有些公司出于某些原因依旧不会选择将其设施转移到劳工更便宜的地方。有趣的是，反对全球化的更多的是制造业中的"蓝领"工作者而不是计算机程序员一类的"白领"工作者。随着自动化的发展，劳动力成本只占产品总成本的一小部分百分比。一旦劳动力成本降低到一个程度，公司是位于中国还是美国之间的差别并不是很大。同时，开设海外工厂还必须支付明确的额外费用。如果再加上产品运输费，海外工厂在库存上的花费要比美国的工厂更多。同时，产品在海外制造还存在安全隐患。出于这些原因，将工厂迁往发展中国家并不总是能符合公司的最佳利益。

互联网泡沫的破灭导致了 IT 行业失业率的激增

20 世纪 90 年代，英特尔的股价暴涨了 3900%，微软的股票增值 7500%，而思科系统公司的股票令人难以置信地飙升了 66 000 个百分点。这意味着在 1990 年购买 1000 美元的思科股票，1999 年变成了 661 000 美元。那时的投资者忙于寻找一个与互联网相关的创业公司来创造高回报的新机遇。投机者推高了许多没赚到一分钱的公司的价值。早在 2000 年，370 个互联网初创企业的总估价为 1.5 万亿美元，尽管他们实际上只有 400 亿美元的销售额（是销售额，不是利润）。

2000 年年初，投机泡沫破灭了，互联网公司的股票价格迅速下降。"互联网泡沫破灭"导致美国 862 个高科技创业企业在 2000 年 1 月到 2002 年 6 月之间被淘汰。在美国全境，50 万个高新技术产业就业岗位消失。在旧金山和硅谷，互联网泡沫破灭导致了 13%非农业就业机会的流失，是大萧条后最严重的一次经济衰退。

美国 IT 产业中的海外员工

虽然现在成千上万的信息技术人员失去了他们的工作,但美国公司雇用了数以万计的外国人在美国工作。美国政府授予这些工人签证，允许他们在美国工作。最常见的两种签证被称为 H-1B 和 L-1。

另外，H-1B 签证允许外国人在美国工作长达 6 年。公司要为外籍员工获得 H-1B 签证名额，就必须证明没有美国人有能力做这项工作。该公司还必须支付外国员工劳工部规定的现行工资。信息技术公司都广泛使用 H-1B 签证引进外国技术工人和从美国大学毕业的外国学生。

在高科技产业的低迷时期,美国政府依旧发行了数万个 H-1B 签证:2000—2001 年间发行了 163 600 个,2001—2002 年间发行了 79 100 个。与此同时,美国的计算机科学专家的失业率达到了 5.1%。由于政府大量发行 H-1B 签证,10 万位失业的计算机学者向国会表示不满。很多计算机专业组织认为政府不应当发行 H-1B 签证。美国国会决定,从 2003 年 10 月 1 日开始的财政年起,将 H-1B 的配额缩减至 65 000 个。然而,2004—2005 年间 65 000 个 H-1B 签证配额在一天内就被申请人一抢而光;大学和科技公司的代表认为,配额实在太少。比尔·盖茨说:"只要是受过教育和有工作经历的人,肯定都不是待业的人。"美国国会 2005 年 5 月对此的回应是,给予 20,000 名拥有高级学历的外国留学生(研究生或更高)额外名额。

每年 H-1B 签证 65 000 个配额以及 20 000 个高学历名额至今依然有效。2008—2009 年经济衰退期间,失业率急剧上升,那时美国公民及移民服务局很难完成国会规定的配额。2008—2009 财政年前的一个月,美国移民局只收到 45 000 常规 H-1B 签证申请,以及 20 000 个高学历者的申请。

另外一个重要的工作签证称为 L-1。美国企业通过 L-1 签证可以使其海外单位的员工留在美国长达 7 年。例如,在印度班加罗尔,只要有 L-1 签证,英特尔的员工就可以被调到俄勒冈州希尔斯伯勒市。对于被带到美国的持有 L-1 签证的员工,雇主不需要支付现行工资,这可以节省雇主的钱。

不赞成 L-1 签证的人认为,在美国的高科技企业中,薪酬较低的外来工人正在取代高薪酬的美国本土雇员。美国国会没有限制 L-1 签证的发行数量,但持有 L-1 签证在美国工作的外国人的数量比持有 H-1B 签证的要少得多。2006 年,约有 50 000 名外国员工通过 L-1 签证来到美国工作。

全球竞争

虽然允许外国人来到美国工作的签证配额引起了人们的争论，但同时我们也要看到：发展中国家 IT 公司的能力越来越强，尤其是在中国和印度。

2004 年，IBM 将其个人计算机部门以 17.5 亿美元的价格卖给中国计算机制造商联想，让联想跻身于世界个人计算机制造商的前三强。几个月后，中国时任总理温家宝访问印度，目的是促进中国硬件企业和印度软件企业之间的合作。今天，中国已成为了世界第一大计算机硬件制造基地（图 9.9）。

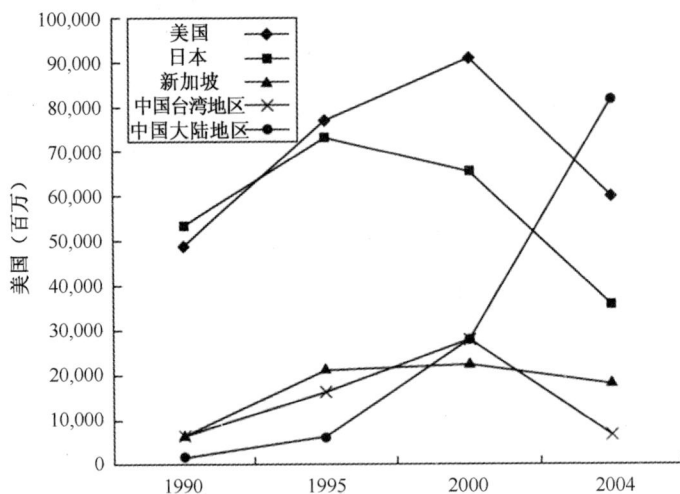

图 9.9　1990 年，中国大陆地区的计算机硬件行业基本上不存在，但到了2004 年成为了世界上首届一指的硬件制造基地。

印度的 IT 外购行业正在飞速发展；印度公司雇用了 100 多万名员工，每年的销售额超过 170 亿美元。约有 70%的销售额由软件工程创造，例如设计、编程和计算机程序维护。另外 30%的销售额是由与 IT 相关的服务业产出的，例如呼叫中心、医疗转录、CT 读图。

很多中国大学的研究专家开始崭露头角。例如，中国科技大学的计算机技术学院以及清华大学都积极参与了优化编译器 Open64 的研发工作。

全球竞争还体现在美国计算机协会举办的一年一度的国际大学生程序设计竞赛中。29 年前，当此项赛事第一次举办时，只有北美及欧洲的学校参加。而今天，它真正成为了一项国际赛事。事实上，美国队自 1997 年哈维姆德学院夺冠后就再也没有获得过冠军。从 2009 年到 2013 年的 5 年间，有 20 个国家队获得了奖牌，其中只有一个队伍来自美国。

在 2008—2009 年的经济危机中，微软、通用电气、摩根大通银行和百思买等美国的大企业仍旧将其"白领"工作迁往印度或其他国家以减少成本。

数字鸿沟

数字鸿沟指的是"有些人可以获取信息资源而有些人不行"这一差距。这一定义中包含着一个假设，即那些使用手机、计算机和互联网的人都获得了没有使用这些工具的人获得不了的机会和资讯。数字鸿沟这一概念在 20 世纪 90 年代中期随着互联网的发展得到人们的认可。

全球鸿沟

诺里斯（Norris）认为全球鸿沟现在是普遍现象。首先它体现在互联网使用的百分比上（图 9.10）。2012 年，有 22 亿人接入互联网，占世界人口的 34%。互联网在北美、大洋洲和欧洲的使用率要远远高于世界平均值，而亚洲和非洲的使用率极低，在非洲，使用率占其总人口的16%——每 6 个人中只有 1 个人能上网。

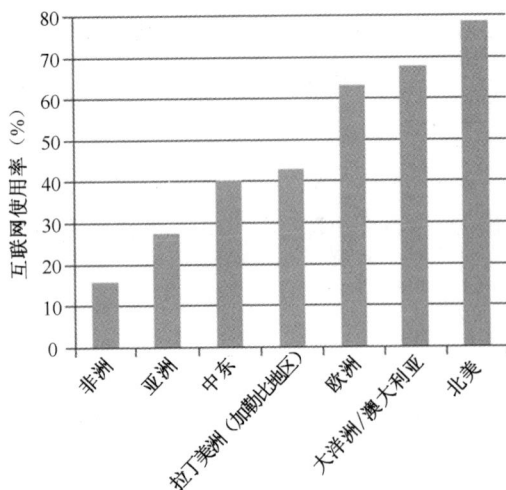

图 9.10 世界范围内互联网的使用率

在技术发展程度较低的国家，到底是什么阻碍着互联网的发展？

1. 多数情况下只是因为钱太少

2. 很多国家没有完善的电信基础设施

很多国家甚至没有足够的预算让每个人都获得生活必需品,用在互联网的预算就更少了。例如,以下国家仅有不到 25%的人拥有手机:朝鲜、厄立特里亚、古巴、基里巴斯、索马里、苏丹南部、布隆迪、埃塞俄比亚、图瓦卢和吉布提。许多穷人甚至连报纸、广播或电视都没有。

3.英语不是他们的第一语言

英语是商业和科技发展中占主导地位的语言,这使得说英语的国家在国际市场中获得了相对优势。

4.文盲多,教育水平低

在一些贫困国家,一半的人口都没有机会进入中学。教育水平和经济状况紧密相关,对个人和社会皆是如此。

5.一些国家的文化没有重视融入信息时代

社会鸿沟

即使是在美国这样的发达国家里,使用互联网的人也在年龄层次、经济状况、教育水平中有所差别。市场调研机构皮尤互联网在美国开展了一次调查,研究在 2008 年使用互联网的人群。研究发现 93%的网民年龄分布在 12～17 岁,27%的人在 76 岁以上。在 2011 年另一项研究发现,96%的网民年收入达到 75 000 美元,63%的网民年收入达到 30 000 美元;94%的网民拥有大学学历,只有 42%的人在读完高中后就辍学。

技术扩散模型

新技术价格昂贵，因此能使用新技术的人都是有钱人。随着技术越来越成熟，它的价格也会大幅度下降，让更多的人能使用新技术。最终技术的价格会下降到让大众能接受的程度。

手持摄像机（VCR）的历史就遵循了这个规律。1977 年，RCA 引进的第一个 VHS VCR 的零售价为 1 000 美元（相当于 2009 年的 3562 美元）。到 2009 年，VHS VCR 可以以不到 30 美元的价格在大型商场里买到。这意味着，从 1977 年到 2009 年，VCR 的价格持续下跌了 99%！随着价格的下跌，越来越多的人能买得起 VCR，它的销售量也迅速提高。VCR 从一个只有富人用得起的奢侈品变成了大众消费品。

技术扩散是指一项技术推广到社会上的速率。基于社会经济的不同状态，对于大众获得新技术的方式有两个不同的理论（图 9.11）。社会被分为三个不同的团体。处在社会经济上层的人为 A 团体，处在下层的为 C 团体，中间的则是 B 团体。

在归一化模型中（图 9.11（a）），A 团体最先应用技术，随后是 B 团体和 C 团体。然而，在某个时间，三个团体的人最终都能应用该项技术。

而在分层模型中（图 9.11（b）），技术应用的顺序相同。但最终 C 团体中使用技术的比率较低，A 团体有最高的使用率，而 B 团体处在中游。

技术乐观主义者认为，世界范围内信息技术的应用会如归一化模型所示，信息技术业也会让世界变得更加美好，消除世界上所有国家的贫困。

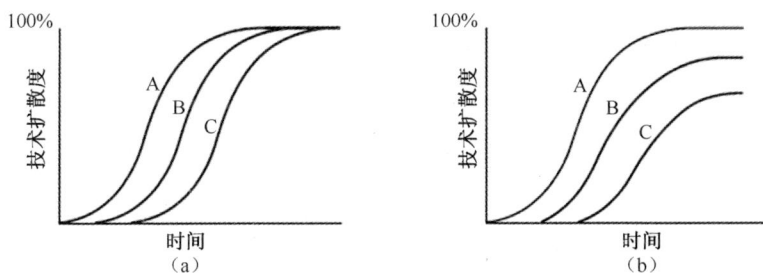

图 9.11　两个技术扩散模型。在两种曲线中，最有优势的 A 是最先
　　　　使用新技术的一群人。在归一化曲线（a）中，所有人最终都
　　　　可以获得新技术。在分层化曲线（b）中，不占优势的群体最
　　　　终使用技术的比例也会稍低。

　　技术悲观主义者认为，世界范围内信息技术的应用遵循分层化模型，
信息技术会加剧国家间贫富差距和国家内人与人之间的贫富差距。

　　技术悲观主义者指出，最富有的 20 个国家和最贫穷的 20 个国家之
间的差距将越来越大。1960 年，最富有的 20 个国家的 GDP 的平均值
比贫困国家 GDP 的平均值高 18 倍。而到 1995 年，差距扩大到 37 倍。
到 20 世纪的后 30 年，有些国家的贫困状况甚至加剧了。

有关数字鸿沟的看法

　　马克·华沙尔（Mark Warschauer）提出了"数字鸿沟"三个负面影
响。第一，数字鸿沟会让人认为"能获取信息技术的人"和"不能获取
信息技术的人"的区别仅仅在于是否持有手机、计算机、互联网。很多
政客因此直接得出结论，提供技术支持就可以消除数字鸿沟。华沙尔认
为，这条路行不通。为了证明他的观点，他列举了一个爱尔兰小镇上的

例子。

虽然由于多种原因，爱尔兰生产了很多 IT 产品，但是爱尔兰人民却很少使用 IT 产品。为了选出"信息时代镇"并为它筹资，爱尔兰的电信商在 1997 年举办了一项赛事。最终胜出的是位于北爱尔兰拥有 15 000 人口的恩尼斯（图 9.12）。2200 万美金的奖金意味着每个恩尼斯居民都能获得 1200 美元的奖励，这对穷人区来说是一大笔钱。镇上的每个企业都配备了综合服务数字网络（ISDN）、一个网络主页和一个智能卡读卡器。每个家庭都收到了一张智能卡和一台个人计算机。

图 9.12　爱尔兰恩尼斯的失业工人拒绝使用互联网来提取津贴。他们宁愿亲自到社会福利办公室领取津贴，因为在那里他们可以与其他人面对面沟通交流。(©理查德·康明斯/ 考比斯图库)

三年后，人们也没有使用这些新技术。虽然已经拥有这些设备，但人们还不知道为什么自己要使用这些高科技设备。技术的优势并不明显。有些时候，新技术必须与当地已经实行很久的体系竞争。例如，在引入新技术之前，失业人员一周三次亲自前往社会福利办公处，登记并领取失业人员补助。对于失业人员来说，去福利办公处是一项重要的社交手段。他们可以与其他人交流，给自己带来好心情。在配备了个人计算机以后，失业人员本应该在网上登记并领取补助，可很多人不喜欢这种新方式。很多人在黑市上把计算机给卖了。失业人员还是会亲自前往社会福利办公处。

如果想要 IT 发挥作用，社会体系也必须改变。引入信息技术时也必须考虑当地的文化，包括语言、教育程度和价值观。

第二，华沙尔认为，"数字鸿沟"一词意味着，每个人都站在一条鸿沟的某一边。每个人都被"数字鸿沟"打上标签：能获取信息技术的人或者不能获取信息技术的人。而现实中，获取信息的手段是连续复杂的，每个人都能用某种方式获取信息。例如，有些人只有 56Kbps 的调制解调器，同有大带宽的人相比，他们肯定不占优势，但这些人该如何归类呢？

第三，华沙尔认为，"数字鸿沟"一词意味着没有获取信息的手段就会导致社会地位的下降。可真的存在这样的因果关系吗？技术扩散的模型显示，不占优势的群体在应用新技术时会比其他人稍稍延后。现实中，因果关系不会这么直接简单，而是存在着很多影响因素。

罗伯·科林（Rob Kling）这样写道：

> "数字鸿沟"的问题在于，它鼓励人们去寻找"数字的解决方法"，例如计算机和电子通信，而忽略了让每个人都融入社会的其他资源和各种影响因素。信息技术的应用是其中一个因素，但绝不足以改变由多种资源和联系共同建立起的现状。"

最终，华沙尔指出，互联网的使用并不是信息时代的巅峰。在未来的几十年里，新技术会大量涌现。而新技术的应用速度也会大幅提升。

大型开放式网络课程

在过去的几十年里，美国大学学费增长的速度超过了通货膨胀的速度，这让穷人接受大学教育越来越困难。免费的大型开放式网络课程（MOOCs）是一种让高等教育更加便宜的方式，可以帮助所有学生，尤其是那些经济状况不佳的学生。2012 年，科罗拉多国际州立大学成为了美国第一所接受部分 MOOCs 计算机科学课程学分的学校。其他的大学也可能随之开放认证。那么网上课程是否能轻而易举地解决教育昂贵的问题呢？

美国社区大学研究中心在两个州的社区大学中开展了一项网络教育的调查，一个在美国南部，一个在美国北部。研究结果表明，上过网络课程的学生与在学校里上过课的学生相比，成绩和学业完成度都不佳。研究也显示，互联网的使用让白人学生和黑人学生之间的学业差距，还有优等生和差生之间的学业差距更为明显。

美国社区大学研究中心的研究表明网络课程会加剧学生团体之间的差距，这也能证明华沙尔的观点，数字鸿沟的优势方和劣势方之间的差距不仅仅在于有没有接入互联网。

网络中立

美国安装长途骨干网的企业表示他们可能会开始提供分层服务，对更高级、更重要的网络数据消费者收取更高的费用。这些公司都表示，在未来分层服务更有市场，能满足部分需要高服务水平公司的需求，如互联网服务提供商（VoIP）。

　　谷歌和雅虎这类内容提供商已经联合了美国图书馆协会和部分消费者抵制分层服务。这些团体要求美国国会制定"网络中立"法律，并要求互联网服务提供商对所有人群提供一样的服务。消费者群体认为一旦实行分层服务，只有大型企业可以支付得起高级的互联网服务，而其他小型创业团体就无法与大公司抗衡，因此分层服务会抑制创新力和竞争。另一些反对分层服务的人担心，互联网服务提供商可能会限制他们不希望看到的内容或者应用。例如，一个 AT&T/雅虎的 DSL 服务的客户可能发现 AT&T 频道的高清视频在其他视频网站上播放的更清晰。网络中立的支持者认为这是不公平现象，应该禁止。他们指出，95%的消费者只有两个途径获得大带宽：一是地方有线公司，二是地方电话服务公司。

　　"网络中立"法律的反对者认为，在有些情况下，消费者通过支付更高的费用获得更好的服务是有益于消费者的。例如，需要高速网络进行视频会议的人对高速的数据流量包的需求肯定比只需要发发邮件的人要高。骨干网的服务商认为，虽然现在的带宽已经足够支持大部分消费者的需要，但 YouTube 和其他视频网站客户的激增很快就会带来更多的需求。升级互联网基础设施，建造更大带宽的应用将会需要大量的资金。这些钱应该由提供大量数据服务的公司来支付。

　　在美国联邦贸易委员会 2007 年的报告中，市场竞争愈发激烈。国会建议在制定法律之前必须"谨慎考量"。虽然国会不太可能在近期通过任何"网络中立"的法律，但骨干网服务商也不太可能在获得联邦贸易委员会的批准之前实行分层服务。

"赢者全拿"型社会

独立宣言指出，"人人生而平等"，但在我们生活的社会中，总有一些人比别人有更多的财富和权力。如果每个人都能得到大致相等的收入，这个社会会怎样？传统的观点认为，这样的社会里人们无论是精神上还是物质上都无法获得激励，不会奋发向上。如果每个人都有同样的收入，也就没有必要接受教育，承担风险，或努力向上了。生产力低下，生活的整体水平将下降。出于这个原因，许多人认为市场经济是一个更好的选择。市场经济根据他们生产的商品的价值来鼓励人们的创新、拼搏和冒险精神。

经济学家罗伯特·弗兰克（Robert Frank）和菲利普·库克（Philip Cook）在研究市场增长后指出，在赢者全拿的社会中，一些优秀员工获得的奖励与其贡献不成比例。本节内容也主要来源于他们的著作。

弗兰克和库克观察到的赢者全拿现象已经在体育、娱乐和艺术领域存在了相当长一段时间。少数"明星"运动员、演员和小说家能通过工作和丰厚的代言获得数百万美元的报酬，而那些没那么红的人尽管水平不比他们低多少，赚得却少很多。然而，赢者全拿现象现在已经波及全球的经济。有时最佳产品和稍次一些的产品之间的质的差别是很轻微的，但这轻微的差距就是成功和失败之间的差别。因此，企业为了保持其竞争力，不断争夺高管人才。美国大公司 CEO 的薪酬比生产工人工资的上涨速度要快得多（图 9.13）。

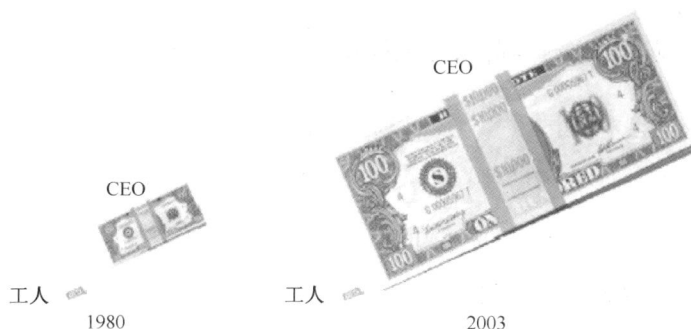

CEO

工人   1980

CEO

工人   2003

图 9.13　1980 年，美国大公司的 CEO 工资比生产工人的工资高 40
倍，到 2003 年，这一比率已上升到 400∶1。

以下几个因素导致了"赢者全拿"的经济现象：

1. 信息技术和高效的运输体系让高质量产品占领世界市场更加容易

举例来说，想象一下，使用数字录音手段录制世界上最好的交响乐团演奏的贝多芬 C 小调第五交响曲的音乐工作室。这样的工作室可以生产百万张无瑕疵唱片，每个古典音乐爱好者都可以人手一张。那谁还会想要用差不多的价格购买一张不那么好的乐队演奏的 CD 呢？

2. 网络经济引导人们使用同类产品

如果你有机会能用别人的计算机，很有可能他的计算机是微软 Windows 系统而不是苹果 Macintosh 系统。在这种情况下，知道如何操作 Windows 系统比知道如何操作 Macintosh 系统要更有价值。如果人们无法决定选择哪款计算机，那么大多数人使用什么款式将引导人们去购买同样的产品。

3. 英语成为了国际商务的通用语言

英语是世界上 12 个国家的通用语言，包括美国在内的 12 个国家是全球最重要的经济体。另外 56 个国家都实行英语教育。英语成为世界通用语言使产品走向世界市场变得更容易。

4. 商务规范已被改写

在过去，大型业务都是从自身内部找寻发展提升的动力，不会雇用其他公司的管理人才。而现在，公司激烈地争夺优秀的执行管理人才。

"赢者全拿"的负面影响

弗兰克和库克认为，赢者全拿的效应对经济不利，原因如下。首先，赢者全拿的市场会增加贫富差距。从 1979 年到 1989 年，美国 1%的顶级工薪阶层的收入在扣除通货膨胀因素后增加了一倍，中层收入持平，而底层 20%的人的平均收入实际上下降了。

赢者全拿吸引了最优秀的人才参与非社会生产型工作。而问题在于，社会吸引了太多想要参与这类工作的人。为了一个主持深夜脱口秀的职位，数以万计的喜剧演员在夜总会里互相比拼，希望获得大的突破。知名律师能有数百万美元的收入，这吸引了许多聪明学生想要挤进法学院。而结果就是律师资源的过剩。而同时，护士和核工程师职位却处于短缺中。

赢者全拿的市场造成投资和消费的浪费。例如，顶级商业和法学院的名额竞争激烈。没有人愿意在面试时着装不当，无法显示自己的价值。出于这个原因，男性受访者不愿在面试时穿低于 600 美元的西装。但是，如果每个人都穿着 600 美元的西装，这种着装优势就没有了。如果他们都只花 300 美元在西装上，也可以达到公平竞争。申请商学院的行为与军备竞赛类似。为了寻求优势导致过度消费，而且最终结果也不过是和别人一样而已。

聪明的优等生都聚集在少数几个精英教育机构中。弗兰克和库克写道："现在的社会中，如果没有成为精英学校的本科生，很多工作的大门就永远关上了，不管你有没有其他能力。"很多华尔街的公司甚至不会面试那些不是从高级法学院毕业的应聘者。这些高级的法学院又偏爱名校的本科毕业生。因此，在高中时期就对法律工作感兴趣的学生就会知道自己最好是在名校读本科。这导致精英学校招生名额虽少却竞争激烈，而实际上在美国有几百所优质的公立和私立大学。

赢者全拿并不公平，因为最出色的人可以获得大量回报，而稍逊一筹的人回报却要低得多。专业运动员中也有这样的例子，他们的成绩比较客观、透明。吉姆·福瑞克（Jim Furyk）和布莱恩·贝特曼（Brian Bateman）都参加了 PGA 巡回比赛。他们的技术水平也非常接近（表9.2），但 2009 年赛季结束后，福瑞克的奖金为贝特曼的 99 倍。

赢者全拿的市场会给文化带来负面影响。原因如下：人具有社会性；人们喜欢把读过同一本书、看过同一部电影的人当成自己的朋友。他们有可以交流的话题。假设两本书对消费者具有同样的吸引力，但其中一本位于畅销书榜单上，消费者就会选择畅销书排行榜上的那一本，因为读者很可能会遇到也读过它的朋友。这意味着，出版商将书推到畅销书榜单上十分重要。出版商也知道，名作者写的书比新作者的书登上畅销书榜的可能性要大。这样一来，知名作家的二流书籍可能比不知名作家的一流作品获得更多的机会。同样，在电影产业也有类似的问题。制片人由于期待知名导演的作品上映一周后大卖，宁愿投资知名导演的二流作品，也不愿意去投资那些不太知名的导演的好作品。

表 9.2　布莱恩·贝特曼与吉姆·福瑞克专业成绩表

比较项目	布莱恩·贝特曼	吉姆·福瑞克
击球举例（码）	289.1	278.1
准确度（%）	56.23	70.24
果岭（%）	63.95	64.67
轻击	29.42	28.17
平均得分	71.89	70.24
参加竞标赛次数	21	21
奖金	35 379 美元	3 514 215 美元

如何减轻赢者全拿的负面效应

　　既然赢者全拿市场会危害我们的经济和社会，我们应该怎么做？弗兰克和库克提出四种方式来减少赢者全拿的负面效应。第一，可以制定限制企业营业时间的法律。这种法律可以保证企业之间的平等竞争，防止他们恶性竞争。如果没有这样的法律，某家企业可能会延长工作时间，获得优于对手的竞争优势。很快所有的对手纷纷效仿。最后还是会达到平等竞争的状态，但所有的员工都必须工作更长的时间。对营业时间的规定通常被称为"蓝色法律"。

　　第二，在没有相关规定的情况下，企业间可以签订合作协议，以减少恶性竞争。例如，职业体育球队会设立工资上限。

　　第三，更先进的累进税制结构可以缓解对某些高薪职位的过度竞争。早在 1961 年，收入边际税率最高为 91%。到 1989 年，最高边际所得税率已经降至 28%。消费税和奢侈品税是针对富人的税种。针对有高收入人群的大量赋税可以使高收入的吸引力下降，一些人会因此放弃争夺高薪工作，选择产出型的工作。这样整个社会会从中获益。

　　第四，1%的人口控制了超过 1/3 的财富，竞选资金改革可以控制他们的政治权力。减少富人的政治力量是降低高薪职位吸引力的另一种方式。

总结

　　本章探索了数个信息技术和自动化对工作方式的影响。所有的探索从回答一个问题开始，自动化是否导致失业？从表面上看，对这个问题的答案似乎很明确：自动化当然会导致失业。自动化就是为了用机器替代人类劳动。在过去的 50 年间，工业机器人、语音邮件和各种其他设备已经取代了数以百万计的工人们。不过，经过深入探究，自动化其实能创造就业机会。产品价格下降，就会有更多的人想要购买，可以增加该商品生产量。如果商品更便宜，消费者又有更多的钱可支配，就会增加其他商品的需求。最后，还有一些工作岗位会要求人们建造和维护机器。由于这些原因，自动化的飞速应用也没有导致一些自动化程度高的国家大规模失业。事实上，制造业就业总人数在全球范围内仍在上升。

　　由于自动化，我们的生产效率已经是第二次世界大战时期的两倍多。然而，在工业化程度最高的国家工作的时长却没有因此减少。生产率被用于提高生活水平，而非降低工作时间。这种结果无可厚非，因为我们的社会通过财富和物质来定义成功。然而，并非所有的文化都有相同的价值观。在某些"原始"文化中，人们工作的时间缩短了。

　　智能机器人在科幻小说中存在了 60 多年。但是在过去的 10 年间，人工智能的研究人员可以借助运算速度更快的微处理器构建出能力惊人的智能体系来。一些伦理学家认为，我们应该谨慎地研发更加智能的计算机，并反思高度智能化的计算机会如何影响社会。

信息技术改变了企业的组织方式。快速和廉价的通信让组织获得了更多的信息渠道，可以加速运作并消除中间商。更灵活的组织结构体现在远程办公和跨国团队的兴起上。信息技术的改进也给管理层前所未有的权利，可以监控员工的实时活动。职场监控已经不是大公司的特权，它已成为职场惯例。

随着现代信息技术传播到世界各地，公司间形成了紧密连接的网络，并在各种市场上出售他们的产品和服务。这个过程被称为全球化。全球化的倡导者认为全球化为较贫穷国家增加了就业机会，促进了竞争，降低了商品价格，提高了每个人的生活水平。全球化的反对者认为，全球化迫使发达国家的工人与那些即使收入微薄也愿意工作的工人竞争。

越来越多的现象表明，过去人们认为只有制造业的就业岗位会因海外竞争而减少，这样的想法是不对的。虽然互联网泡沫已经让美国成千上万的 IT 专业人士失业，美国公司仍然将成百上千的工作转移到印度和其他国家，在那里受过良好教育的人要求的薪资跟美国人比起来要少得多。美国失业的高技术工人不满公司通过 H-1B 和 L-1 签证雇用大批外国人在美国工作。而公司回应，降低劳动成本在竞争激烈的市场上是必要的。为了生存和发展，企业必须保持价格低廉，利润才能提升。

"数字鸿沟"把人划分为两组：那些可以获得信息技术的人和那些无法获取信息技术的人。这个词的诞生拥有一个前提，那就是在信息时代成功的先决条件就是获取信息技术的能力。也有人认为，给予人们足够的信息技术支持就能解决数字鸿沟的问题。皮帕·诺里斯（Pippa Norris）指出，数字鸿沟存在着几个不同的维度。一种是区分工业化程度较低的国家和工业化程度较高的国家，另一种是区分一个国家中的穷人和富人。马克·华沙尔（Mark Warschauer）认为，人们对数字鸿沟的概念过于简单，原因有三：首先，人们拥有不同的信息获取技术的手段。获取信息技术应该是一个连续的统一体，而不是简单的"能获取"和"不能获取"的区别。其次，直接提供给人们信息技术设备，如计算机、手机和互联网账户，并不能保证他们将充分利用这些设备。想要 IT 发挥作用就必须把社会文化制度纳入考虑范围。华沙尔认为，利用信息技术"是一种社会实践，关系到实物、内容、技能和社会的支持"。再次，没有获取信息技术的途径会导致较低的社会经济地位，这样的想法也过于简单。我们唯一能肯定的是，社会经济地位较低的人采用新技术的速度会慢一些。在现实中，各个因素相互影响。

弗兰克和库克发明了所谓"赢者全拿型社会"一词是指，信息技术、英语的普及、网络效应以及其他因素导致部分优秀员工获得了与其劳动成果不相符的回报。他们的论据表明，赢者全拿效应损害了我们的经济和文化。他们认为，应当采取措施减轻赢者全拿现象。

人物访谈

马丁·福特（Martin Ford），《未来之光：自动化、技术发展和未来的经济》（*The Lights in the Tunnel: Automation, Accelerating Technology and the Economy of the Future*）一书的作者。这本书评论了加速发展的信息技术，认为机器人和人工智能将在未来对雇用市场和经济造成毁灭性打击。他写的有关自动化技术的文章也出现在各种出版刊物上，例如福布斯、财富周刊和华盛顿日报。

马丁·福特

福特可谓是硅谷的创始人之一，他的软件研发公司奠定了硅谷的基础。在计算机设计和软件开发的领域，他拥有 25 年的经验。他有安娜堡密歇根大学的计算机工程学位，以及洛杉矶加利福尼亚大学的商科学位。他的博客网址为 http://econfuture.wordpress.com。

谁在驱动工作自动化的浪潮？

工作自动化的首要驱动力是信息技术的加速发展。现在，人们基本上都把计算机当作是制定决策、解决问题的有力途径，这是前所未有的。而且，计算机的能力也会在未来十年中有大幅度的提升，我们可以想象未来将会发生巨大的转变，现在由白领人员做的工作在未来都会由机器人或者自动化应用软件来完成。

现在的问题是，经济体系中现在有大量的数据需要处理，包括客户的信息和产业工人的工作状况。事实上，每个交易和客户反馈，每个组织内部的活动都有记录的数据。而组织想要从这些数据中获取有益的信息，计算是不可或缺的。这促进了人工智能的迅猛发展（尤其是机器学习），而最终，人工智能的发展很有可能将应用到各种领域，包括自动化。

经济的因素也很重要。由于消费者需求持续走低，维持利润率的方法就是减少成本并提高生产效率。而这样做的风险是，企业会越来越关注减少成本带来的利润，而忽略了投资创造新市场带来的商机，这样做将有碍整个经济的发展。

我们为什么要警惕工作自动化？

这是一个程度问题。毫无疑问，在几百年的发展之后，信息技术的确有了长足的发展，我们也都从中受益。然而，我认为，我们将马上迎来一个转折点，机器将从工具进化成自动化工人。历史上，随着技术的进步，机器也变得越来越强大，每个工人操作一台机器产出的价值越来越高，所以人的平均工资也越来越高。但是，机器渐渐地可以脱离人的操作自动运行，人平均工资的增长也陷入停滞并开始下滑。事实上，我们早就意识到了，美国工人的平均工资自20世纪70年代后就没有增长。

一旦度过机器进化的转折点，技术将不再驱动共同的富裕。技术创新带来的成果将让那些站在收入分配顶端的少数人受益，即那些控制着大量资产的人。

美国的外国计算机专业工作是比工作自动化更大的威胁？

业务外包是看得见摸得着的威胁，但事实上，研究表明，自动化实际上比外包减少了更多的工作岗位。在20世纪90年代，IT人员的需求量大增，因为类似系统管理员的工作岗位激增。而这些工作到现在都自动化了，云计算的趋势也导致工作岗位减少，因为企业将IT板块外包给了更专业的团队。

我认为外包是走向自动化的第一步。两者都是由技术的进步驱动的。当技术还不能支持完全的自动化时，外包就是一个折中的解决方案，但长此以往，业务还是会走向完全的自动化。基础客户服务就是一个现例，数字语音系统逐渐替代了低薪资的外包员工。

长期以来，经济学家认为自动化带来的产品价格下跌能带来两大优势。它能提升产品需求，这就意味着需要雇用更多的工人来生产更多的商品。同样那些购买商品的人也不需要像以前那样花那么多钱在商品上，这样他们就有更多的钱去购买其他商品，这也有助于创造工作岗位。但为什么这样的逻辑推理不再令人信服呢？

一旦我们度过了转折点，即机器不再是工具而是能自己运转，从生产更多的产品的那一刻起，我们就不用雇用更多的工人了。到那个时候，不太可能每个人都有工作机会。举例来说，20 世纪初农业机械化后，数以百万计的农业工作被机械取代，但最终人们能在其他领域又找到了新的工作机会。在食品价格下跌后，消费者就有更多的钱去消费其他的商品和服务，所以在其他的领域雇用率提高了。

但在今天，这样的历史不会重演。因为信息技术无处不在：在每个产业，每个即将诞生的新行业中，信息技术都有一席之地。这和过去的农业机械化和早期的制造业自动化不同，那时候原始的机械化技术只能应用到某些特定的领域。而今天IT更加灵活，将在更广的领域发挥作用。

美国的劳工市场将在服务行业开始自动化时受到严重的打击。那些更加传统、更加劳动密集型的行业很有可能会受到技术的强烈冲击，例如快餐、零售和其他服务业。如果劳工市场真的受到冲击，很难想象我们能到哪儿创造百万个新职位来吸收劳工剩余。

很多经济学家认为经济可以自动调整并在新的行业里创造新的工作岗位。然而，我们已经发现，近几年来新生的产业都是技术或资金密集型产业，不是劳动密集型。因此可以推断，在未来，新兴企业会越来越向谷歌、脸书网、亚马逊、Netflix这样的大企业靠拢。这样的企业依赖于技术，雇用相对少量的工人。

我们也可以猜测，未来的新兴行业会在例如纳米科技、生物技术、基因工程一类的领域里发展。但这样的新兴行业不太可能雇用大量的"普通人"。只有一个行业例外，那就是所谓的"绿色职业"，但这些初级的基础设施改造工作只是安装隔音板或者太阳能电池，不是一个可持续的就业板块。现在看来，信息技术可能将孕育出新的行业，但同时会摧毁更多的传统行业，而现在正是这些传统行业吸纳了大批劳动力。

表面上看，这将是一场大众劳动力的灾难。对于每个公司来说，利用自动化来减少劳动力成本是有利的，但一旦这样做，消费者群体也会缩减。

事实上，我在《未来之光》一书中已经阐明，我们应该把商品和服务市场当作一种公众资源，就像河流或者大海一样。市场是由"购买力的河流"构成的海洋，一旦售出一个商品或服务，那么购买力的河流就流进了海洋；一旦工人从行业中获得薪酬，市场的汪洋大海就把购买力还给了消费者购买力的河流。

多数情况下，引入信息技术会导致工作岗位减少，但那些减少的工作岗位不是被自动化了；服务人员的工作实际上被转移到了消费者自己身上。例如自助加油站和自助收费站。现在，消费者自己做完了大部分的工作。

这样的趋势应引起人们的重视，因为它让工作岗位的减少更加容易。实际上服务人员的工作甚至不需要完全自动化，只要系统变得更加容易操作，消费者就能够自助。同样，ATM、自助收费站和越来越高级的自动售货机都是这个道理。崭露头角的还有手机客户端上提供的信息和服务。

值得一提的还有，自助服务也会在一个组织内部普及。比如，如今需要管理多位经验丰富员工的经理在未来很有可能掌握某种人工智能工具，帮助他直接解决现在需要员工来完成的工作。到那个时候，组织会越来越扁平化，那些需要经验的工作岗位以及一些中层管理岗位将会消失。

你反科技吗？全世界是否会在新信息技术的发展中获利？

我当然不反科技。我坚信，今天的发达国家的繁荣都依赖于技术的发展。我也相信在未来，技术发展会带来更大的繁荣。

问题不在于技术发展，而在于我们的经济体系。我们需要调整经济体系以适应信息技术发展带来的新局面。如果不这样做，信息技术的发展就只能给很少一部分人带来好处，而剩下的大部分人都会觉得经济状况停滞或者下滑。那样的话，世界经济以及政治、社会都会受到严重破坏。

你曾说，如果没有从根本上的改变，我们的经济将会持续螺旋式下滑：失业会导致消费力降低，消费力降低导致需求量下降，需求量下降导致更多的失业。那你能简单地说一说如何避免这样的惨剧吗？

从根本上来说，我们应该缓解通过传统行业来维持人们收入的局面。最简单的解决方案就是建立一个基础的、有保障的收入计划。换句话说，每个人都应该有收入，而那些有技术、有动力、有机会的人则能通过工作或者创业产出额外收入。

在今天的政治局势下，收入保障制度可能会被当作左派保守观点或者"福利型国家的觉醒"。但是，最低收入保障实际上是一个自由市场的概念，但同时也有例如弗莱德·哈耶克（Friedrick Hayek）和米尔顿·弗莱曼（Milton Friedman）等保守派经济学家支持。

收入保障制度的问题在于，工作不仅提供了薪酬，还成为了一个通过付出时间和精力来找到人生意义的方式。在《未来之光》一书中，我提出，可以通过加入激励制度来调整基本收入计划，尤其是通过教育。

例如我们假设，每个人都能有最低工资标准，如果有了高中文凭，一个人的工资就会稍高一些。对那些有更高学历的人来说，工资可以更高一点。我们还可以有其他的激励制度，例如社区工作。道理都是一样的，就是鼓励人们接受更好的教育，同时也让消费者具有更高的购买力，让他们能参与到市场中来，带动经济的发展。

附录 A 抄袭

前文已从伦理道德角度分析了一个抄袭的案例。

此附录意在更具体地定义抄袭，并提供更详尽的避免抄袭的措施。

抄袭的后果

根据美国写作项目管理员委员会（WPA）规定，"抄袭是指在一个作者有意识地用他人的语言、想法或其他原创（非常识）材料，并不引用其来源的行为"。抄袭的后果十分严重。从新闻撰写人到大学教授，都有过因抄袭而被开除的案例。大学教育把抄袭看作一种欺骗行为。几年前，在弗吉尼亚大学，48 名学生因抄袭被开除或劝退。

现在，由于网络上信息资源丰富，搜索引擎功能强大，计算机都拥有复制、粘贴功能，抄袭成为一件很容易犯的错误。但同时，搜索引擎也能帮助教师发现抄袭行为。

抄袭的种类

如果你有以下行为，你的行为将被认定为抄袭：

- 使用他人言辞并：（1）不把摘录的内容放进引号中；（2）不标注引用。
- 释义他人言辞并不标注引用。
- 使用他人的数据或图标并不标注引用。
- 提及非常识性知识并不标注引用。
- 使用他人的思想或理论却不提及原作者。

标注引用的方法

常识是指那些已普及的信息。例如，特拉华州是最早加入美国联邦的州，这是常识，你不需要为提及常识标注引用。

然而，你应该在提及非常识信息时标注引用。例如，美国大学一年级学生中对计算机科学感兴趣的人数在 2000—2004 年间下降了 60% 之多。

如果你想引用别人对这一数据的理解，就必须有所标注，可以提到这个人的名字。例如，卡斯·桑斯坦（Cass Sunstein）认为信息技术让人们忽视了那些与自己世界观相左的观点，不宜于民主的发展。如果你要原封不动地复制别人的观点，你必须标明引用来源。

如何避免抄袭

如果一段内容是从别的资料中提取出来的，一定记住要加引号。并记下足够的资料信息以便引用。这些是在草稿阶段就应该完成的，这样在写作论文的时候，就不会忘记哪段是引用或是从哪里引用的。

当你释义他人的思想时，首先要完整地理解其思想内容，在写作时不要去看文章。这样就能保证写作时是用自己的语言来阐明观点。检查时可以把自己的释义与原文进行对比，以保证没有歪曲其意思。当你发现自己和他人用词相同，注意要把相同的部分打上引号。即使不是直接引用，也要为释义标注引用来源。

最后，还要记住为引用他人的数据和图表标注来源。

资料误用

WPA 对抄袭的定义强调，抄袭是指那些有意隐藏言辞和思想来源的做法。这和我们对伦理的定义相仿，强调人们自觉做出的道德选择。如果一个人本意不是欺骗和隐瞒，但没有标注引用或者使用双引号，这样的行为则被定义为资料误用。

版权贸易合同登记号 图字： 01-2015-7892

图书在版编目（CIP）数据

互联网伦理：信息时代的道德重构 / （美）奎因（Quinn,M.J.）著；王益民译. —北京：电子工业出版社，2016.6
书名原文：Ethics for the information age（6th Edition）
ISBN 978-7-121-28408-3

Ⅰ. ①互… Ⅱ. ①奎… ②王… Ⅲ. ①互联网络—伦理学—研究 Ⅳ. ①B82-057

中国版本图书馆 CIP 数据核字（2016）第 056374 号

策划编辑：刘声峰（itsbest@phei.com.cn）
责任编辑：刘声峰 特约编辑：向 阳 文字编辑：冯 照
印 刷：三河市双峰印刷装订有限公司
装 订：三河市双峰印刷装订有限公司
出版发行：电子工业出版社
 北京市海淀区万寿路 173 信箱 邮编 100036
开 本：720×1 000 1/16 印张：31.25 字数：418.5 千字
版 次：2016 年 6 月第 1 版
印 次：2016 年 6 月第 1 次印刷
定 价：65.00 元

凡所购买电子工业出版社图书有缺损问题，请向购买书店调换。若书店售缺，请与本社发行部联系，联系及邮购电话：（010）88254888。
质量投诉请发邮件至 zlts@phei.com.cn，盗版侵权举报请发邮件至 dbqq@phei.com.cn。
服务热线：（010）88258888。